世界传世藏书

【图文珍藏版】

动植物知识大博览

赵然⊙主编

大茶药

大茶药即俗称的断肠草，是葫蔓藤科一年生的藤本植物，其主要的毒性物质是葫蔓藤碱。据记载，吃下它以后，人的肠子会变黑，并粘连在一起，人会腹痛不止而死。一般的解毒方法是洗胃，服炭灰，再用碱水和催吐剂，然后用绿豆、金银花和甘草煎后服用。在我国，大茶药主要分布在长江流域以南各地及西南地区，生长在丘陵、树林、灌丛中。大茶药的根为浅黄色，有甜味。它全身有毒，尤其是根、叶毒性最大。由于大茶药与金银花的外形相似，常有误食大茶药导致中毒的现象发生。

相思豆

相思豆是观果的园景树。著名诗人王维的诗句："红豆生南国，春来发几枝。愿君多采撷，此物最相思。"描绘的就是相思豆。这首古诗流传至今，仍然被人们广为传诵，可谓千古绝唱。

据悉，相思豆是一种致命的植物种子，其中包含蓖麻毒素，它是反恐怖主义法规定的受限制物质。仅仅吞下3微克这种毒素，就会丧命。相思豆的毒性比蓖麻毒素的毒性更大，它的毒性是这种化学制剂的两倍。中毒症状包括呕吐、腹泻、休克和潜在致命的肾功能衰竭以及急性肠胃

相思豆

炎。相思豆喜温暖湿润气候、喜光，稍耐荫，对土壤条件要求较严格，喜土层深厚、肥沃、排水良好的沙土。

大黄

大黄是多种蓼科大黄属的多年生植物的合称，也是中药材的名称。在中国的地区文献里，“大黄”指的往往是马蹄大黄。在中国，大黄主要做药用，但在欧洲及中东，大黄往往做食物。大黄的气味清香，味苦而微涩，嚼之黏牙，有砂粒感。大黄喜冷凉气候，耐寒，忌高温。野生大黄生长在我国西北及西南海拔2000米左右的高山区；家种的大黄多在海拔1400米以上的地区，那些地区冬季最低气温多在-10℃以下。大黄对土壤要求较严，一般以土层深厚，富含腐殖质，排水良好的土壤或砂质土壤最好，酸性土和低洼积水地区不宜栽种大黄。

大黄不能和叶子在一起食用

大黄本身无毒无害，甚至是有益健康的。但是，如果大黄和叶子不小心一起烹饪，会产生消化道刺激物，可能会引起胃痛、恶心、呕吐、出血、乏力、呼吸困难、口腔烧灼、肾脏疼痛和无尿症，这些症状都可能引起血液中钙含量急剧下降、心跳或呼吸停止。

狸藻

狸藻是浮游或沉水性水草，是狸藻属中最具代表性的水草。狸藻的植物体为翠绿或黄绿色，有长达100厘米的柔细主茎轴，茎轴两旁长出分枝，在分枝上又长出美丽的羽状针形裂叶。

狸藻为多年生草本植物（少数为一年生），可生于池塘、沟渠、湿地、热带雨林等地。

狸藻是植物世界最可怕的杀手之一。这种水生肉食植物依靠几个没入水中的囊状物捕获蝌蚪、小型甲壳类动物。没有疑心的“过路者”会触碰到一个外部刚毛触发器，导致囊状物打开，捕获“过路者”。被囊状物捕获后，猎物会因窒息或饥饿走向死亡，它们的尸体腐烂后变成液体并被囊状物壁上的细胞吸收。

博落回

博落回为罂粟科植物，多年生草本植物，高 1~2 米，全体带有白粉，折断后有黄汁流出。茎圆柱形，中空，绿色，有时带红紫色。博落回多生于山坡、路边及沟边，分布在我国长江流域中、下游各省。其单叶互生，叶为卵形，长 15~30 厘米，宽 12~25 厘米，叶柄长 5~12 厘米，基部巨大。博落回含多种生物碱，毒性颇大。新闻上已屡有口服或肌注后中毒乃至死亡的报道，主要是因为博落回的毒素能引起急性心源性脑缺血所导致的综合征。

八角枫

八角枫株丛宽阔，根部发达，适宜于山坡地段造林，对涵养水源、防止水土流失有良好的作用。八角枫的叶片形状较美，花期较长，可栽植在建筑物的四周，是绿化树种的较优选择。八角枫的须状根毒性很大，中毒轻者会出现头昏、无力的状况，重者会因呼吸不畅而致死。其根全年可采，挖出后，除去泥沙，斩取侧根和须状根，晒干即可入药。八角枫夏、秋采叶及花，晒干备用或鲜用。我国长江流域以南各地均有八角枫的分布。

曼珠沙华

曼珠沙华又名红花石蒜，是石蒜的一种，为血红色的彼岸花。曼珠沙华是多年生草本植物；地下有球形鳞茎，外包暗褐色膜质鳞被。其叶呈带状，较窄，深绿色，自基部抽生，发于秋末，落于夏初，花期为夏末秋初，约从 7 月至 9 月。曼珠沙华茎长 30～60 厘米，通常 4～6 朵排成伞形，着生在花茎顶端，花瓣倒披针形，花被为红色（亦有白花品种），向后开展卷曲，边缘呈皱波状，主要分布区域在我国长江中下游、西南部分地区，越南、马来西亚及东亚各地。它的球根含有生物碱利克林毒，可引致呕吐、痉挛等症状，对中枢神经系统有明显影响，被日本人称为“地狱花”。但也有一定的药效，可用于镇静、抑制药物代谢及抗癌作用。

曼珠沙华

死亡之花

曼珠沙华的寓意包括悲伤的回忆、相互思念、优美、纯洁、分离、死亡之美、永远无法相会的悲伤。其鳞茎可制酒精，可提取石蒜碱，也可做农药。其毒性为全株有毒，鳞茎毒性较大，食后会流涎、呕吐、下泻、舌硬直、惊厥、四肢发冷、休克、最后因呼吸麻痹而死。

水仙花

水仙花是多年生的草本植物，原产于我国江浙一带，在我国已有一千多年的历史，是我国的传统名花之一。现在主要分布在我国东南沿海地区、中欧、地中海沿岸和北非地区。水仙花多为水养，花香浓郁，植株亭亭玉立，故有“凌波仙子”的雅号。水仙花是中国植物图谱数据库收录的有毒植物，其毒性为全草有毒，鳞茎毒性较大，因其花瓣为白色，常被称为“雪毒”。误食水仙花会引发呕吐、腹痛、脉搏频微、出冷汗、下痢、呼吸不规律、体温上升、昏睡、虚脱等症状，严重者会因痉挛、麻痹而死。水仙的花、枝、叶都有毒，所以要防止小孩子无意间的吞食。

养殖水仙花

家养水仙不需任何花肥，只用清水即可。为使水仙生长健壮，白天可以把它拿到阳台晒太阳。如果想推迟花期，可在傍晚时把盆水倒尽，次日清晨，再加清水。此外，如果生长多天仍看不到饱满的花苞，可采用给水加温的方法催花，水温以接近体温最适宜。

铃兰

铃兰

铃兰又名君影草、山谷百合、风铃草，是铃兰属中唯一的植物。铃兰多生于深山幽谷及林缘草丛中，原种分布在亚洲、欧洲及北美洲，特别是纬度较高的地区，像我国东北林区和陕西秦岭都有野生的铃兰。

铃兰的毒性为6级，植株的各个部位都有毒，特别是叶子，甚至是保存鲜花的水也会有毒。中毒的症状表现有面部潮红、紧张、易怒、头疼、出现幻觉、瞳孔放大、呕吐、胃疼、恶心、心跳减慢、心力衰竭、昏迷，严重时可导致死亡。因其外表美丽，所以铃兰又被称为“蛇蝎美人”。

万年青

万年青是多年生常绿草本植物，又名蒀、千年蒀、开喉剑、九节莲、冬不凋、冬不凋草、铁扁担、乌木毒、白沙草、斩蛇剑等，原产于中国南方和日本，是很受欢迎的优良观赏植物。万年青在中国有悠久的栽培历史，其汉语名称“蒀”意为“性喜温暖的草本植物”。万年青的全株有毒，茎毒性最大，其次是叶。其枝叶中的液体内含有毒生物碱，触及人的皮肤会引起奇痒、皮炎。误食会引起口腔、咽喉、食道、胃肠肿痛，甚至伤害声带，使人变哑，因而民间称万年青为“哑棒”，并有“花好看、毒难挨”的说法。

识别常识

万年青喜在林下潮湿处或草地中生长。性喜半阴、温暖、湿润、通风良好的环境。不耐旱，稍耐寒；忌阳光直射、忌积水。一般园土均可栽培万年青，但以富含腐殖质、疏松透水性好的微酸性砂质壤土为最好。

山菅兰

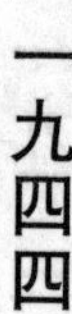

山菅兰为多年生草本植物，株高0.3~0.6米，叶线形，两列基生，革质花序，顶生，花青紫色或绿白色。山菅兰的根可入药，用于拔毒消肿，外用治痈疮脓肿、淋巴结结核、淋巴结炎等。山菅兰生长喜半阴或光线充足的环境，喜高温多湿，越冬温度在5℃以上才可，不耐旱，对土壤条件要求不严。山菅兰生于向阳山坡地、裸岩旁及岩缝内。山菅，兰毒性大，误食很危险，会因引起呼吸困难而致死，但可以利用宅的毒性来以毒攻毒。将山菅兰捣烂后可敷治毒蛇或毒虫咬伤。

识别常识

山菅兰为百合科、山菅兰属植物，别名桔梗兰、老鼠砒。从这个名字看，就知道它是有毒的。全草有毒，家畜中毒可致死。在我国，山菅兰仅生长在南方的少数几个省。

萱草

早在康乃馨成为母爱的象征之前，中国就存在一种母亲之花，它就是萱草花。萱草在中国有几千年栽培历史，萱草又名谖草，谖就是忘的意思。

萱草的别名众多，如“金针”“黄花菜”“忘忧草”“宜男草”“疗愁”“鹿箭”等。新鲜萱草的花粉里含有一种叫秋水仙碱的化学成分，毒性很大。这种物质能强烈地刺激消化道，成年人如果一次食入0.1~0.2毫克的秋水仙碱(相当于鲜黄花菜50~100克)，就会发生急性中毒，出现咽干、口渴、恶心、呕吐、腹痛、腹泻等症状，严重者还会出现血便、血尿或尿闭等症状，20毫克的秋水仙碱可致人死亡。

海芋

海芋喜高温、潮湿，耐阴，不宜强风吹，不宜强光照，适合大盆栽培。它的叶阔大，花序为肉穗状，外有大型绿色佛焰苞，开展成舟形，如同观音坐像。如果生长的环境过于湿润，海芋会从叶片上往下滴水，所以被称为滴水观音。因其有剧毒，又被称为滴水毒观音。

海芋的花瓣有毒，从花瓣上滴下的水也有毒，误碰或误食会引起咽部和口部不适，严重的还会引起中毒者窒息，导致人心脏麻痹死亡。皮肤接触海芋会发生瘙痒或强烈刺激，眼睛接触其汁液可引起严重的结膜炎，甚至失明，故应尽量减少接触海芋，有小孩的家庭最好不要种植。

海芋

杜鹃花

杜鹃花别名映山红、尖叶杜鹃、兴安杜鹃，主要生于山坡、草地、灌木丛等处。杜鹃花叶可入中药，具有解毒、化痰、止咳、平喘之功效，可以治疗感冒、头痛、咳嗽、哮喘、支气管炎等症状。

杜鹃花有一种松软组织和看起来会随风飘走的花瓣，但如果这些花瓣被动物吃了，足以致命。黄色杜鹃的植株和花内均含有毒素，误食后会引起中毒；白色杜鹃的花中含有四环二萜类毒素。我国的杜鹃花属有毒植物，数量在60种以上，而且大都毒性很强，常引起人、畜的中毒。杜鹃花主要有毒品种包括羊踯躅、大白花杜鹃和牛皮茶等，人误食中毒的症状主要为恶心、呕吐、血压下降和呼吸不畅，一般因呼吸衰竭而死。

附子花

附子花为毛茛科植物，茎高100~130厘米，种子为黄色，多而细小。这种植物的根部含有剧毒。其有毒成分是二萜类生物碱，其中毒性最大的是乌头碱，只要几毫克就可以让人丧命，而且，它和河豚毒素一样，都是神经毒素，吃下去之后会导致人全身神经活动以及肌肉活动的紊乱，不痛的地方感到痛，痛的地方不感到痛，可引起中毒者肾功能衰竭，心脏紊乱，又流口水又拉肚子，最后的死因不是呼吸中枢麻痹，就是严重心律失常。

马利筋

马利筋为多年生宿根性亚灌木状草本植物，茎基部半木质化，直立性，高30~180厘米，具乳汁，全株有毒。马利筋植株为单叶对生，其叶为披针形或矩圆形披针形；伞形花序顶生或腋生，花冠轮状，红色，副花冠黄色。马利筋可作为观赏作物用于园林绿化，但马利筋有毒，使用时应加以注意，以免产生不良后果。另外，马利筋还可以作为引蝶植物加以使用。在深秋、早春或冬季播种马利筋后，遇到寒潮低温时，可以用塑料薄膜把花盆包起来，以保湿、保温。当幼苗出土后，要及时把薄膜揭开，并让幼苗接受光照。当幼苗长出3片叶子后，可以移栽至别处。

马利筋

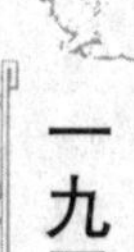

舟形乌头

舟形乌头是一种细长、竖直且有毒的多年生草本植物。有一次，有人问一位植物学家，什么植物才是晚宴谋杀的最理想选择，植物学家认真思索之后，给出了舟形乌头这个答案。植物学家说："你只要将它们的根剁碎、然后炖，就能获得一个杀人利器，根本无须求助于化工厂。"舟形乌头开出紫色的花，通常栖身于后院花园内。它们含有有毒的乌头生物碱，能够使人窒息。虽然用炖舟形乌头"招待"客人是在开玩笑，但植物学家还是强烈建议人们，在花园内修剪这种植物时，一定要戴上手套，以免发生中毒的悲剧。

识别常识

舟行乌头的毒可以治病，人们利用它的这一特点作外敷，可治疗神经性疼痛。这种植物的毒性也被恶意地使用过，古时候的人把它的汁液涂在箭上制成毒箭射杀动物，有时也用其做处罚死刑犯的毒药，因此它的花语是"恶意"。

箭毒木

箭毒木的乳白色汁液含有剧毒，如果接触到人畜的伤口，即可使中毒者心脏麻痹（心律失常导致）、血管封闭、血液凝固，以致窒息死亡，因此这种树被当地人称为"见血封喉"。

原始箭毒木生长在古代印第安人生活的地方，当地人经常割开箭毒木的树干，让树脂流出来，再把树脂涂抹在箭头上来捕杀猎物。后来英国殖民者入侵此地，英军被带毒的弓箭射中后立即中毒身亡，受到惊吓的英国人立即从此地撤兵了。

箭毒木为我国三级保护树种，它的树高可达 40 米，在春夏之际开花，秋天结出像李子一样大的红色果实。现在在印度、斯里兰卡、缅甸、越南、柬埔寨、马来西亚、印度尼西亚等地均有分布。

尽管箭毒木的毒性很大,但它也有对人类有益的一面。箭毒木的树皮特别厚,富含细长柔韧的纤维,云南省西双版纳的少数民族常巧妙地利用它制作褥垫、衣服或筒裙。用它制作的床上褥垫,既舒适又耐用,睡上几十年仍旧还有很好的弹性;用它制作的衣服或筒裙,既轻柔又保暖,深受当地居民的喜爱。

水毒芹

水毒芹原产于北美,属于伞科植物,气味十分难闻,毒性很大,被美国农业部视为"北美地区毒性最强的植物"。

水毒芹含有剧毒的毒芹素,误食后不久便感觉口腔、咽喉等部烧灼刺痛;随即出现胸闷、头痛、恶心、呕吐、行动困难、全身痉挛、肌肉震颤、四肢麻痹、眼睑下垂、失声等症状,常因呼吸肌麻痹窒息而死。从中毒到死亡,最短者数分钟,最长 25 小时。即使有幸存者,也将面临长期的亚健康的困扰,比如患上失忆症等。

银杏

银杏为落叶乔木,5 月开花,10 月结果。银杏是现存种子植物中最古老的孑遗植物,与它同门的其他所有植物都已灭绝,虽然银杏很珍贵,但是它也是有毒植物,不可误食。

银杏的果实叫白果,可加热食用。因为白果内毒性很强的氢氰酸毒素,在遇热后毒性会减小,但如果生吃则会引发中毒。银杏叶内含有大量的银杏酸,而银杏酸是有毒的。由于银杏酸是水溶性的,银杏叶泡水冲饮会使有毒物质溶出,饮用后容易造成中毒。

凤眼莲

凤眼莲原产于南美，因受生物天敌的控制，零散分布于水体，1884 年，在美国新奥尔良举行的一次植物博览会上，参加会议的人送其“美化世界水域的蓝紫色花卉”的称号。

凤眼莲的花朵为浅蓝色，每朵有 6 片花瓣，其中一个较大的花瓣中央有一鲜黄色斑点，看上去像凤眼，也像孔雀羽翎尾端的花点，十来朵花同时绽放，非常耀眼、靓丽。令人叹为观止的是，它的叶子发生了变态反应：根与叶之间有一支支长长的大气泡，形似大肚子的葫芦，犹如一个大大的救生圈，使凤眼莲植株的身体可以平稳地漂浮在水面上，自由地移动。

凤眼莲

博览会结束后，凤眼莲成了红人，被栽养在美国东南部一些花园的池塘中，供人们游玩观赏。但是好景不长，它们就本性暴露，随水流漂到了周围的河湖之中，开始疯狂地繁衍生息了起来。

凤眼莲的无性繁殖能力极强，由腋芽长出的匍匐枝可以形成新植株。新的匍匐枝很脆嫩，离断后也能迅速生长发育成完整的个体。它们顺着风向和水流，飘到新的地方，开始疯狂地征战领地。在人们还没有醒悟的时候，凤眼莲已经泛滥成灾。约在 15 年后，凤眼莲已经在美国佛罗里达的圣约翰斯河上生成了一块长达 40 千米的厚厚的地毯，大大阻碍了河流的正常运输。这种危害迅速地危及美国南部水域，对美国的经济造成不可估量的损失。据观测，在一个生长季节里，生长较壮的母株一次可分蘖4~5株新苗，25株在一个生命周期里，繁衍生息的植株就能覆盖1万平方米的水面。

虽然美国的南部水域已经出现凤眼莲灾害，但是在其他国家仍没有引起应有的关注，一些亚洲、非洲的国家又相继被引种。凤眼莲喜高温湿润的气候，尤其是温度在25~35℃之间，生长发育速度最为迅猛，而亚洲和非洲正符合这些条件。被引种的凤眼莲兴高采烈地疯狂增殖，致使尼罗河流经苏丹和埃及的河道几乎完全被阻塞，鱼类和其他水生生物因缺乏养分和氧气，窒息而死，凤眼莲腐烂的根则滋生了很多蚊蝇，导致一些疾病流行，如疟疾、脑炎等。航船无法通行，农田灌溉也成为难题。当地居民恨透了自私自利而又霸道的凤眼莲，因此凤眼莲有“水上恶鬼”之称。

俗语说：请神容易送神难。当凤眼莲开拓新的领地成功后，再想将它赶出这个水域或消灭它是非常非常困难的。当年美国为了清理凤眼莲灾，使用了各种各样的现代化方法，甚至动用了许多工程兵投入消灭凤眼莲的“战争”，收效甚微。他们用机械清除、炸药炸、毒药毒、火烧，结果目标凤眼莲没有消灭，水中的鱼类及饮用河水的牲畜却遭无妄之灾。最后，在大型水生哺乳动物海牛的帮助下，才算初步遏制住了凤眼莲疯狂繁殖的势头。一头海牛每天大约要消耗45千克凤眼莲，海牛成了“水上恶鬼”的克星。然而，在其他一些地区，如非洲、亚洲，“凤眼莲灾害”仍未得到有效控制。

当然，凤眼莲奇特的漂浮本领和顽强的无性生殖能力是物种生存繁衍的保证，并非是故意与人类为敌。相反，如果合理利用，凤眼莲完全可以改恶向善，服务于人类。在中国的武汉，专家提倡食用凤眼莲，减轻凤眼莲灾害。

白蛇根草

白蛇根草是一种原产于北美洲草原和牧场的有毒植物，学名：Eupatorium rugosum。

牛吃了白蛇根草，会引发“震颤病”，人如果喝了食用过白蛇根草的奶牛产下的牛奶

会感染乳毒病的致命性疾病。美国总统林肯的母亲南希·希克斯就是因为喝了这种牛奶而失去性命的。

白蛇根草属于多年生有毒植物,它的根、茎、叶、花都含有佩兰毒素(又称"白蛇根毒素")。佩兰毒素是一种不饱和醇,牲畜食用后,会出现肌肉震颤的症状,严重者死亡。

19世纪,许多牲畜因食用白蛇根草而死亡,当时人们发誓,要想尽一切办法查找毒死他们牲畜的元凶。直到19世纪末20世纪初,美国农业部才发现是牲畜食用了白蛇根草而死亡的,并将这一发现迅速通报全国。

现在,虽然我们可以在野外发现白蛇根草的踪影,但在农业生产区、畜牧区,这种有毒植物是不允许存在的,杜绝牛吃到这种植物的机会。

植物生物碱

虽然,植物毒蛋白的毒性比较大,但在自然界中含有这类毒素的植物很少。经过长时间的探索,人们发现,通常引起人类或动物中毒而死亡的是植物体所含有的生物碱,这种生物碱广泛存在于植物王国。

目前已发现6000多种生物碱,除极少数分布在低等植物中外,大多数分布在高等植物体内,尤其是双子叶植物中。一种植物体内多有数种或数十种生物碱共存,如毛茛科、罂粟科、茄科等。

虽然并不是所有含生物碱的植物都是有毒的,但只要这些植物中含有剧毒的生物碱,都会是大名鼎鼎的"杀手"。如:钩吻、曼陀罗、蓖麻、毒芹、天仙子、颠茄、雷公藤、乌头、飞燕草、商陆、藜芦等等。世界上有很多人就是因为这些剧毒植物而丧失性命的,尤其是一些知名人物的死亡,更使它们威名远扬。

公元前399年,苏格拉底因主张有神论和言论自由,被控告引诱青年、亵渎神圣,以藐视传统宗教、引进新神和反对民主等罪名判处死刑。当时,苏格拉底的亲友和弟子们都劝他逃亡国外，均遭到他的严正拒绝，当着弟子们的面从容服下掺有毒参（汁液）的毒酒自尽。

罗马帝国最后一任皇帝尼禄，是欧洲历史上有名的暴君，不满自己母亲的干涉朝政，用毒酒将她毒死，又以通奸的名义毒杀了自己的妻子，并在朝野上下大肆杀戮。公元 68 年他被元老院宣布为“公敌”，走投无路时，不愿被士兵侮辱，服用由天仙子、颠茄和毛地黄配制的毒药自杀。此外，据后世资料研究，古罗马提图斯、图密善等皇帝的死亡，都与有毒植物脱不了关系。

文艺复兴时期，意大利的一些显赫家族开始将植物杀毒作为一项有利可图的产业，制造、贩卖植物毒药，使用毒药的技术也大为提高。人们并开始利用中空的牙齿、手指上的戒指等携带毒物，这样可以出其不意杀死仇人而不被人发现，或在自己遭到严刑拷打、侮辱时自杀。

19 世纪初，科学家已经开始从许多剧毒植物中分离出有毒生物碱。如吗啡，是最早从鸦片中分离出来的有毒生物碱，随后人们相继从马钱子中分离出马钱子碱，从毒芹中提炼出毒芹碱，从烟草中分离出尼古丁，从曼陀罗的花中提炼出麻醉药……因此在世界各地利用生物碱杀人的案件层出不穷，尤其是欧洲。

但啼笑皆非的是：医生是首先利用生物碱来救死扶伤的人，也是首先利用它们来杀人的人。以后这些剧毒生物碱因为杀人案而声名远扬。它们最大的特点是只需几毫克或几十毫克，就能杀死目标，而且生物碱不会残留在死者体内，给案件的侦破增添了很多难度。

罂粟

罂粟为罂粟科植物，是制取鸦片的主要原料。尽管它不像钩吻那样只需几片嫩叶就能让人丧失性命，它却是成千上万种有毒植物中名气最大的一个。

未成熟罂粟果实的内皮中，含有一种与众不同的白色乳汁，当它与外界空气接触后，会迅速地变黑、凝固成块状，形成臭名昭著的鸦片。

罂粟

据说，当年古希腊哲人苏格拉底自杀时所用的毒药汁中就含有鸦片，但他的用意并不是要加速死亡，而是为了减少死亡的痛苦。苏格拉底喝完这种特制的毒药后，便在房间里不停地走动，直到双腿沉重、迈不开步子的时候才躺在床上。很快，他的双脚最先失去了感觉，接着是腿……直至死亡前，他的头脑都处于清醒状态，能从容地和亲朋好友、弟子诀别。然而，苏格拉底只利用了鸦片的药用价值——麻醉，却没有想到过量服用鸦片会使人上瘾。

公元前 3 世纪，古希腊和古罗马的书籍中就已有鸦片的记载。诗人荷马将鸦片赞为忘忧草，维吉尔将它称为催眠药。最早人们是将鸦片作为镇痛麻醉药在使用，并为许多在战争中受伤的士兵解除了痛苦。后来，人们受巨额利润的诱使，开始利用鸦片服用时带来的飘飘欲仙的快感和较强的成瘾性，贩卖非医疗用途的鸦片制品，服用者骨瘦如柴，甚至丧失性命。因为人们对鸦片不加选择、限制的使用，原本只用于医疗的罂粟逐渐成了人类的“公敌”。到了 19 世纪初，从罂粟中提出的吗啡开始进入人们的视野，人们认为罂粟是悬在人类头上的一把达摩克利斯之剑。也就是在这个时候，一位名叫泽尔蒂纳的年轻德国药剂师首次从鸦片中分离出一种白色结晶。这种物质被证明是鸦片镇痛、催眠作用的主要成分，便以睡神摩耳甫斯的名字来命名，译成中文就是“吗啡”，在那个时代，吗啡确实解除了成千上万人的痛苦。但令泽尔蒂纳没想到的，一百年后，自己所提炼的白色结晶会为人类带来无穷无尽的灾难。

吗啡镇痛、催眠的效果确实超过了鸦片，但吗啡的成瘾性远远超过了鸦片，服用量稍大就会中毒。1874年英国人莱特研制出一种据说吃了不会上瘾的特效止痛药，那就是将吗啡与乙酸酐混合沸煮，得到新合成化合物二乙酰吗啡。但天不遂人愿，临床试验证明，二乙酰吗啡的毒性比吗啡更大，于是他毁掉所有试验。然而，1897年，德国人赫夫曼却再次研制出了二乙酰吗啡，并将它作为非上瘾性止痛药，向全世界销售，使用的商标是“海洛因”，因为“海洛因”在德文中是对女英雄的称呼。

海洛因的问世，彻底将罂粟推上了“有毒植物之王”的死亡宝座。它的镇痛作用比吗啡高8~10倍，同时上瘾性也达到了炉火纯青的地步。使用海洛因的人会产生异常欢快的、飘飘欲仙的感觉，上瘾后突然停用便会产生呕吐、恶心和剧烈的痉挛，过量使用会因呼吸衰竭而死亡。长期服用海洛因的人，会食欲不振、体重迅速下降、早衰、面黄肌瘦、贫血……可以说，瘾君子每享受一次飘飘欲仙的感觉，就意味着离死亡更进一步。

第十二章　毒素植物

菊花

美国生活科学网曾评出十大有毒植物，菊花就名列其中。据说，菊花头部具有毒性，不管是人类还是动物碰触到的时候，皮肤会有疼痛和肿胀感，因此园工们常种植菊花阻止兔子前来捣乱。

花烛

花烛的别名为火鹤花、安祖花等，无茎，叶子为心形，花蕊周围是猩红的佛焰苞，全身都是毒素。一不小心吃到，嘴里会有火辣辣的刺痛，随后会肿胀并有透明的水泡，嗓音变得嘶哑，而且喉咙肿胀。多数症状会随时间的流逝而减轻，直至症状消失，使用清亮液体、止痛丸或者甘草类食物可以有效减轻痛苦。

山谷百合

山谷百合又名五月花、铃兰，花很美丽，为白色，呈钟形。其实它身体的每个部位都有毒，甚至包括其尖端和保存鲜花的水也会有毒性。轻微碰触山谷百合是不会中毒的，只有将山谷百合吃到肚子里，才会出现恶心、呕吐、口腔疼痛、腹痛、腹泻和痉挛，心律失

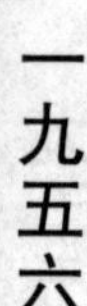

常、呼吸困难等症状，刺激肠胃呕吐、洗胃等方法可使毒素排出，此外，还可以服用相应的药物，使心跳恢复正常。

八仙花

八仙花又名绣球、紫阳花。花洁白丰满，大而美丽，形如棉花糖和大圆面包，但是绝对是不能食用的。一旦吃了八仙花，不久肚子就会疼痛，此外，还有皮肤疼痛、呕吐、虚弱无力和出汗等典型中毒症状，还有报告说严重时甚至会出现休克、抽搐和体内新陈代谢崩溃。

毛地黄

毛地黄又名洋地黄、心脏草、指顶花等。它的叶子是治疗心脏病的药品"洋地黄"的主要成分。但是误食毛地黄，不但不会治病，反而会先后出现食欲不振、恶心呕吐、腹部绞痛、腹泻和口腔疼痛症状，偶见出血性胃炎，甚至会出现各种类型的心律失常。可采用促呕、洗胃等方法促进排毒，并通过服用解毒剂或鞣酸蛋白稳定心脏。

柴藤

柴藤又名芸豆树、朱藤、招豆藤。造型颇为奇特：花朵较小，形似小甜豆花，有蓝色、粉色、白色，密密地分布在下垂的藤蔓上。柴藤全身都有毒，误食会出现恶心呕吐、腹痛腹泻、头晕头痛等症状。但有些报告说紫藤花没有毒性，但还是谨慎些为好。中毒时可以采取洗胃的方法促进毒素排出，或使用药物治疗。

一枝黄花

一种被称为一枝黄花的外来植物正在宁波城乡大肆扩张,造成其他植物不断的死亡,已引起公愤,遭到宁波市的缉杀。

瘦直而长的茎秆,细又长的叶子,茎秆顶部开着一串串犹如风铃的金黄色小花,看起来是那样娇巧可爱,凑近能闻到一股淡淡的清香……这一外形美丽却隐藏着自私自利的植物,正是遭到宁波市全面"通缉"的"植物杀手"——"加拿大一枝黄花"。

一枝黄花

加拿大一枝黄花有"恶之花"之称,在宁波的面积已超过 2 万亩,已使 30 多种土著物种灭绝。一枝黄花原产于北美,为菊科草本植物,花期为 9~10 月份,种子成熟期为 12 月。一枝黄花有着超强的繁殖能力,能快速占领一切可以占有的空间。一株植株每个生长季节可生成 2 万多粒种子,可以自动生长出约一万株花苗。小苗能在 4 个月内迅速长到 1 米以上,而到花期时植株可长到 3 米左右。在苗壮成长的过程中,它会抢夺其他物种的养分、水分、生存空间,造成大量的绿化灌木成片死亡,同时它还肆意凌虐棉花、玉米、大豆等,降低农作物的产量和质量。

我国自 1935 年开始引种一枝黄花,主要作为庭园花卉,多分布在上海、南京一带,后来转移到野外生存。20 世纪 80 年代肆意扩张为恶性杂草,大约 6 年前蔓延到宁波。在街头巷尾的花店里,一枝黄花被称为黄莺,常被当作花篮插花的配料出售。据调查,有的花店老板根本不知道这种植物的危害性,有的店主则是直接从野外采集这些免费的小黄花。因此人们应该适时抓住机会,彻底清除一枝黄花的危害,不然会有更多的土著物种消失。

一枝黄花之所以能肆无忌惮地迅速蔓延,很大程度是因为人们对它的认识不一。有人认为中国本身就有一种一枝黄花,是一种中药材,如果北美一枝黄花的药理与中国本土的一枝黄花相同,就可以变害为宝。中国本土的一枝黄花性味辛苦,微温,具有祛风清热、解毒消肿、抗菌消炎的功效,可用于治疗风热感冒头痛、咽喉肿痛、上呼吸道感染、百日咳等病症。据宁波市农技总站一位农艺师介绍,两种一枝黄花虽然花色、形状、气味比较相似,但是加拿大一枝黄花植株比较高大,而且花序也与中国本土的一枝黄花不同。后来查阅资料发现,世界上确有一些国家将“加拿大一枝黄花”全株入药,有报道称它有趋风散热、消炎抗菌的功效,有的国家还用其研制天然营养霜和沐浴露。有植物学家指出,由于中国的气候、土壤等各方面与北美相差较大,引种的一枝黄花在繁殖过程中是否发生了变异,目前还没有相关信息。

奇异的叶

树有怪树,花有奇花,就连果实中也有异果,因此叶中有奇叶也是理所当然的事情。经常在植物园中见到的王莲的叶子就非常的奇特。

王莲的故乡在亚马孙河流域,它的叶片是水生有花植物中最大的。王莲的叶片呈椭圆形或圆形,边缘向上翘起,浮在水面犹如一只巨大的碧玉盘。叶的直径可达 2 米以上,最大的可达 4 米。

王莲的叶片不但大、圆,而且它的负重能力超强,一片王莲圆叶可承担 40~70 千克的重量,所以一个 35 千克的小孩站在叶子中央,也不会沉没。

植物界中还有其他叶片更长的植物,如亚马孙棕榈,它的叶子连柄带叶长达 24.7 米。不过,亚马孙棕榈算不上世界冠军。生长在热带的长叶椰子的叶子比它更长,它的叶长

达 27 米，被评为世界长叶冠军。

然而，长叶椰子的叶片只能说最长，但并不能成为最大。生长在智利森林里的一种大根乃拉草，它的一张叶片就可以盖一间房子。由此可知，它的叶片面积是多么的大！

奇异的叶子数不胜数，像能吃虫子的食虫叶、使人醉倒的醉人叶、会跳舞的舞叶等等。

其中，更为奇特的是世界上还有一种会吹奏乐曲的叶子。生长在南美安第斯山麓的“笛树”，它的叶子像个喇叭，叶子末端有个小孔。由于叶子大小不一，叶孔也就各不相同了。挂满树梢的叶子就像是一支支“叶笛”。

这些叶片随风的大小和方向的变化，演奏的曲调和节奏也会发生变化。当微风拂过，笛声如和煦春风，悦耳动听；但狂风劲吹时，笛声、如泣如诉，非常的哀怨；当风雨交加时，它会发出密如连珠的战鼓声。这就是“叶笛”通过大小不一的叶孔，在风的吹拂下奏出一首首风格不同的乐曲。

第十三章　阳台植物

阳台格局与阳台绿化

1.几种阳台的特点

住房建筑，一般要求坐北朝南，但由于所处地理位置与环境的限制，不可避免会有不是正北正南的。由此也决定了阳台的多样性。一般来说，不管阳台朝向如何，阳台大致有以下 5 种形式：

一沿式。这种形式又称为阴台，因为台体没有突出，仅为两房之间或房与壁间白匀采光部分，呈窄长方形，只有一个台沿，一面受光。这种阳台只宜于在台沿上放置小型花草数盆，盆花种类可根据光照条件和花草习性加以选择，或采用壁附式绿化，使绿化面分布在台壁外或台侧墙壁上，对于兼作过道的阳台，这种方式尤为相宜。

二沿式。这种阳台一侧与墙壁相接，正面和另一侧面受光，有两个台沿，呈阔长方形，前沿较长，侧沿较短。下面所举的几种绿化美化方式，这种阳台都可选用，因较一沿式阳台多了一个受光面，多了一个台沿，故选栽花木的数量可多一些，种类范围也宽一些。如当西晒，则可根据日照时间的长短，选栽常绿的或落叶的藤蔓植物搭设荫栅或荫棚，以遮挡骄阳；不当西晒的，则不宜过于荫蔽，因阳台一侧的光线已为墙壁所遮。

三沿式。这种阳台台体突出，正面与两个侧面均可受光，有三个台沿，呈阔长方形，前沿较长，侧沿较短，是当前最普遍的一种形式。这种阳台除了个别的情况外，一般总有

一面当晒当风。从实用和绿化美化的角度要求,以半沿绿化美化式较为适合,做到当晒当风的方向有遮阴,其余部位通风透光,从而可配植各种不同习性的花木。

四沿式。由于这种阳台设置在整幢建筑的两侧转角处,故又称为转角阳台,由正面和侧面两个垂直相连的窄长方台组成,台体突出,有四个台沿,一般只是前沿较长,其他台沿都较短。这种阳台虽然有四个台沿,但并非可以四面受光,可按两个大小不同的三沿式阳台加以绿化美化。由于这种阳台面积较大,又当建筑两侧空旷处,光照也好一些,自然可以更多更好的选择适合的绿化方式和花木种类。

封闭式。这种阳台就是在各式阳台的台沿上安装玻璃窗而成。由于它具有挡风保温的作用,故多用以栽植不耐寒的热带或亚热带植物。但由于台沿上已经安装玻璃窗,不便利用,只宜采用花架或壁附的绿化美化方式。在台上设置花架安放盆花,或在台边种植小灌木,或落叶藤蔓,使之贴近或攀附窗棂,以收到绿化的效果。

还有一些建筑,在阳台外壁台沿下,设置了一段种花槽,这种阳台的台沿一般较窄,不便利用。花草就可种植在槽内。但最好还是种在小盆内,连盆放于槽中,以便于换花换盆。如台沿较宽,自可摆置盆花,就更能收到花木蓊翳,层次深厚之美了。

2.阳台的基本功能

阳台是室内建筑物的外延,是居室与外界相沟通联系的平台;是居住者呼吸新鲜空气,眺望外界环境最直接、最近的地方;是家庭晾晒衣物、摆放盆栽花木的场所。同时,阳台又是反映室内主人的爱好、修养及经济状况的展台。

阳台布置得好与不好,不仅影响到室内人员的日常生活活动,同时也影响到整个社区或街道的大环境的整齐与美观。怎样使两者很好地结合起来,既能方便、有利于家庭的日常活动,又能扮美社区、街道的大环境,正是我们应当思考和解决的问题。

随着社会的发展,现代人的生活日趋繁忙,尤其是住在城市中的居民,不仅生活节奏紧张,而且属于个人的空间变得狭小,周围环境常被噪声、灰尘困扰,人们与大自然的距

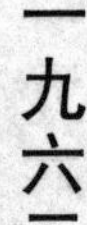

离越来越远。能不能将大自然的生命之源——绿色植物重新装点在我们身边,让我们随时都能亲近那些绿意葱茏的草木呢?阳台,它为我们提供了条件。但是,这点似乎并未被人们普遍认识。看看我们所经过的地方,不少阳台被铁栅栏围起或被砌起部分墙壁,成了居室的扩张延伸部分,或者仅被用以堆放杂物和晾衣晒物。这实在是对阳台价值的低估和误解,阳台的绿化功能、"阳台园艺"所带来的乐趣往往被忽视了,即使种养花草,也多是作为室内养花的周转站。怎样使阳台成为秀丽的"空中花园",成为城市一道靓丽的风景线,是值得我们大家共同学习的。如此,阳台的功能才更加完备,会真正成为每一个家庭的美丽窗口。

阳台应适当放置鲜花

3.阳台养花的特点

阳台养花的特点,从功能上讲,应当是两个方面的。一方面,阳台是室内盆花的转换站和休养所。室内花木,如果光照不足或者空气不流通,时间一长就会出现发黄、落叶、生长不良或生病,需要经常搬到阳台上换换空气、见见阳光和月光。一般我们都知道太阳光对植物生长的重要性,但往往忽略了月光对植物生长也同样重要,而且夏季的月光和露水,甚至比阳光更好。另一方面,是花木对阳台乃至整个建筑物的绿化美化功能。花木给建筑物带来生气与灵气,使生硬冷峻的庞然大楼变得温柔而多姿多彩、生意盎然,从而缓解都市人的紧张情绪,提高生活质量。也就是说,阳台养花不仅是一个家庭的事,而且是社会的事;阳台上的花卉,不仅是给自家看的,而且是给大家看的。所以,我们在选择花卉品种和布置上,特别是阳台外侧的花木,不仅要依据个人的喜好,而且要考虑与

所在社区、街道整个大环境的协调一致。

阳台不同于园地，有它独具的特点：

第一，面积小。最小的住宅一沿式阳台，只有2平方米左右，如兼作通道用，就只剩下台沿可以利用了；一般的三沿式阳台，约4平方米；最大的转角式阳台，也很少有超过6平方米的。公共建筑的阳台，相对说来面积要大一点，但也十分有限，向外发展都受到局限。

第二，层高有限。一般建筑，台与台间的垂直空间只有3米左右，向上发展也同样受到局限。

第三，方向固定。光照不全面，或当西晒，或有荫蔽。

第四，位置高而突出，受风强度大，花木易于受到夏秋干燥和冬春霜冻的伤害。

第五，裸露的水泥台面、墙面反射和放散的热量都很大，在盛夏和初秋，极易形成阳台小气候的高温状态。

第六，由于居民聚居，空气污染较为严重。

第七，盆花密接，易于发生病虫害的交叉感染，相互影响也较为显著。

上述特点中的四、五、六项，在一定范围内，随着建筑层次的增高而显得更加突出。

从技术上讲，阳台的形式多种多样，层次有高有低，朝向各不相同，面积有大有小，导致各个阳台的光照强弱、风速大小不一。因此在花木品种的选择、栽植方法上切不可千篇一律、生搬硬套，而应当因地制宜、灵活掌握。有时还需要增加一些必要的设施，才能养好花木。

阳台朝向的不同，使它们在接受阳光照射的时间上，有很大的差异。东向阳台，从早晨7时至下午1时前，都有直接的阳光照射，下午还有侧射和散射光照。

西向阳台，主要在下午2时至太阳落山前，都有强阳光照射。

虽然东西阳台都只有半日的阳光照射，但是，盆栽花卉有这样的光照，大都郁郁葱葱，娇姿美态，呈现一派生机。

南向阳台，是最好的养花种卉的地方，基本上从上午7时至下午6时(冬季)都有阳光照射。特别是冬天，花木最需要阳光的时候，几乎从日出到日落，全天都能受到阳光的直射或斜射，是光照最好的地方。

北向阳台，很不容易受到阳光的照射，最多为散射光照或斜射光照。所以北向阳台，只能莳养阴生性花卉。

(1)阳台绿化与地面绿化的差异

掌握阳台环境的特点以后，对阳台绿化与地面绿化的差异，就容易理解了。它们之间的差异主要有以下几点：

第一，是植物立地的不同。植物栽种在地面，因为土层深厚，根系可以得到充分的发展，水分与养分的供应与吸收充足得多；同时，因为得到地温的调节，冻害与暑害发生的可能性也较小。相反，阳台绿化，植物栽种在花盆或其他容器内，土少而浅，根系的发展受到局限，水分与养分的供应和吸收也要少得多；由于得不到地温的直接调节，冻害与暑害发生的可能性较大。

第二，是局部气候的差异。地面位置低，又常有遮阴，可以避免大风的袭击，强烈的阳光照射，以及日照、大风所造成的干燥。加以地面的吸收和地下水的蒸发，又可缓解炎热和干燥的伤害，地面植物从而得到了较好的保护。相反，阳台位置高而突出，不可避免地要较多地承受风吹、日晒和干燥的危害，给植物生长带来不利的影响。

第三，是承受污染的程度也不同。由于多数有害气体都比空气轻，细微粉尘又都向上飞扬，故地面植物受害较小；加之地面植物的群落较密，吸收和吸附有害气体和粉尘的能力较强，分散和减轻了污染的危害。相反，阳台位置高，又没有地面那样多的植物群落，因而受污染的程度较重。

(2)阳台盆栽与地面盆栽的异同

阳台与地面盆栽基本的相同点是，它们的立地条件，同样受到花盆或其他种植器皿

的局限。但由于它们所处的位置分别在地面或高层,所在的环境条件也就不同了。安放在地面的盆栽,既拥有不同程度的地面绿化的有利影响,变换花盆位置、方向的余地也较大。相反,安放在阳台的花盆,则不可避免地受到阳台环境特点的限制。由于环境条件不同,为取得绿化成效的要求和措施也就各异了。

4.创造阳台养花环境

阳台的这种环境特点,对植物的生长显然是不利的。为取得较好的绿化效果,必须在可能的范围内采取相应的措施,或对这种环境加以改善。其主要可行的方法有:

第一,选好阳台绿化植物。选择时既要重视它们的观赏价值,也要考虑到它们的生长状况和生态习性,两者必须兼顾。如选栽那些生长较为缓慢,生长期长,株形较为矮小的灌木;或经过造型矮化后的乔木、攀附性的藤蔓植物;以及其他植株较为矮小的草本花卉。选栽植物,相对的要有喜光或耐荫,耐旱和耐寒的习性,并具有一定的抗污染能力。同时还须考虑到,阳台主要是用花盆或木箱一类的种植器来进行栽植的,故对选栽植物的根系也须加以注意,如深根性的直根类花木,盆栽效果较差;浅根性的须根类,一般要好一些。此外,还须注意在一定的条件下,各种植物会分泌特有的化学物质,相互影响,对那些影响特别明显的,如铃兰与水仙,就不要把它们放在一处,以免相互伤害。

第二,改善阳台绿化条件。如为遮挡盛夏初秋的烈日,或冬春寒冷的西北风,而设置荫栅荫棚;为增加阳台小环境的湿度,缓解夏秋的炎热和干燥,而勤浇水勤洒水;为使盆花全面接受光热,而时常变换盆花的位置和方向;为避免或减少病虫害感染和有害气体污染,而注意保持阳台通风透光和远离煤灶等污染源;为保护盆花越冬,而设置棚罩等简易温室,甚至在台沿装上玻璃窗等。

具地来讲,可以从以下几方面着手。

春季

(1)防风。由于阳台位置高,风大,尤其是春季,花卉刚出房,抵抗力本身就很弱,早春寒风一吹,很容易枯萎,因此防风最为重要。尤其是凸阳台,两头应加挡风板,以减少风力。

(2)防燥。春风比较干燥,应常常向花卉周围喷洒点水。

夏季

(1)防晒。阳台前方无遮无拦,夏季烈日下温度可达40℃~50℃,即使是阳性花卉,也不免会被这种炽热的阳光灼伤,更不用说阴性、半阴性花卉了。因此,阳台养花,夏季必须采取遮阴措施。传统的遮阴方法,是于阳台的南面和西面挂上竹帘、芦帘或旧的草席,以遮挡强烈阳光,现在花卉市场上有专用的遮阴网出售,轻巧灵便而且美观实用。如果是金属栏杆的阳台或水泥栅栏空隙较大的,最好能在里边加设一道竹帘或木栅栏,这样可减轻金属栅栏的反光或水泥栅栏的热辐射,使喜阴花卉在下边更为安全。

(2)防灼、增湿、散热。应在花盆的底部垫上木条或砖块,同时阳台上最好能设置一个沙槽,将喜湿、耐阴花木放在沙槽内。若是无条件设置沙槽的,也应当经常在阳台上放置一盆清水或经常向盆花周围喷洒清水。

秋、冬季

防风、防寒。

(1)封闭阳台,是花木防风防寒最直接有效的办法。一个封闭阳台实际上就是一个天然温室,如果再将室内的暖气管接到阳台上,那么花木的越冬就没问题了。但要注意,阳台不能封闭得太死,晴好天气、中午暖和时,要开窗透透气。没有暖气的阳台,严寒季节的夜晚需挂暖帘防寒。

(2)未封闭阳台。入冬之后,各种高温型、中温型的花木需分批搬入室内过冬。只有那些耐寒的花木,像桂花、六月雪、五针松等,在长江中下游以南地区可以继续留在阳台上越冬。遇雨雪天气,加盖草帘或塑料布保护即可。

5.阳台绿化的基本方法

(1)全沿式

这种方式是阳台绿化中最简单的一种,方法是用大小、高矮,观花、观叶,和色彩、姿态各不相同的盆花配置在台沿上,有参差错落,全沿春满之美。

(2)半沿式

方法是只在部分台沿上配置盆花,或在阳台当晒的一角栽植一株株形稍微高大的花木,使阳台一部分得到疏荫;而另一部分则让其开敞,或配置矮小的花草,以取得浓淡疏密配合之美。

(3)悬垂式

由于悬垂部位的不同,又分为以下三种:

①顶悬式。用小盆或小筐栽植吊兰、蕨、蟹爪兰等枝叶下垂,具有气根或耐旱的多肉多浆植物,悬挂于阳台顶,起着美化阳台上层空间的作用。

②沿上式。在阳台上,接近台沿处,较台沿为低的地方,或侧面或正中,用花盆栽植藤蔓植物,让其藤蔓缠附垂挂于台沿上;或用盆架托住诸如蝉兰、迎春、枸杞等枝叶柔软而又较长的盆花,让其枝叶越过台沿,悬垂于台外,起到美化阳台外侧中间部位的作用。

③沿下式。一些阳台外侧设有花槽,或花盆托架;一些阳台的台壁是栅柱式的,柱间有较宽的空隙。前者,可将菊花、天竺葵、令箭荷花等枝叶可以斜出或下垂,但又不过长的花卉,种在槽内,起到美化阳台外侧稍下部位的作用;后者,则将花盆放置台内接近外侧台壁处,让花卉的枝叶,从台壁空隙垂出,也可起到同样的作用。

(4)藤荫式

当晒的阳台宜于采用这种绿美方式。由于日照的时间与季节长短不同,可分为常年荫和季节荫两类。方法是用较大的花盆栽植一株或数株藤蔓植物,将其枝叶牵引于设置在当晒方向的网棚或网栅上，也可牵引于各种造型的花架上，以收遮阴的效果。

日照长的阳台，可选金银花、络石藤等一类常绿木本藤蔓植物；若只为盛夏初秋遮阴用的，则可选牵牛、茑萝等一类一年生草本藤蔓植物。暑季过去之后，它们就枯萎了，在冬春两季，阳台仍可得到充分的光照。就是常年藤荫阳台中，也有疏荫和浓荫之别，如络石藤的叶子较稀，架下仍有斑驳的阳光，金银花的叶子较密，阳光就基本被遮住了。

(5)花架式

一般阳台在这三种情况下设置花架，一是花盆较大，不能放置台沿，必须在台内用各种结构的架子安放；二是为扩大绿化面，增加盆花的层次；三是温室式阳台，台沿已安装玻璃窗不便利用，只好在台内设置花架补救。

应当注意的是阳台花架的大小、高矮必须适度，阳台面积本来很窄，花架大了，台上无回旋余地，不便养护，太小了，又收不到预期的效果；太高了，挡住窗户影响室内明亮；太矮了，阳光为台壁所遮，花卉得不到应有的光照，不利于植物正常生长。

(6)壁附式

以上五种阳台的绿化方式，都是从台内着眼来着手布置的。这种方式却是从台外着眼来进行布置的。方法是在台外花槽或台内花盆栽植常春藤、爬山虎等一类具有气根或吸盘，吸附力很强的木本藤蔓植物，把它们的藤蔓牵引于台壁外侧或阳台两侧的墙壁上，在台外形成垂直绿化。

这种方式最适用于一沿式阳台，可以避免过多占用台沿或台内面积；对需用阳台堆置器物、晾晒衣被，以及温室式阳台，不便利用台沿的，也很适用。特别是对一些没有设计阳台的居室。

(7)组合式栽培

又称大盆混植，是将若干种习性相近、栽培方法相同的花卉，从原来的花盆中脱出，共同栽入一个大型的容器之中，形成绚丽缤纷的景观。

这是一种新型的栽培形式，优点是节省地方，花卉之间可以相辅相成，互相调节温度、湿度，同时花卉的根部互相渗透，更充分地利用土壤中的养分。但是花卉品种的搭配一定要合理，色彩的搭配要调和美观，植株的大小要相衬并有层次。

常见的组合形式有：

①同一品种相同或不同颜色的组合，如红色、粉色四季海棠的组合；蓝、紫、黄、白、粉各色三色堇的组合等。

②同一季节开花花卉的组合，例如郁金香、风信子、洋水仙和小报春的组合；矮牵牛、彩叶草、五彩椒与花叶常春藤的组合等。

③同样习性观叶植物的组合，例如玉扇凤梨、金心凤梨、富贵竹、绿萝、金脉爵床及花叶鸭跖草的组合；仙人掌、仙人山、仙人球和翡翠景天、芦荟、龙舌兰的组合等。

组合式栽培的容器以大型欧式玻璃钢高脚盆最好，塑料或木制的米桶、食品贮运箱也可使用。

(8)地栽式栽培

将阳台的地面经过处理后，铺上培养土或人造栽培基质，然后将花卉栽植于基质上面，营造出一种“虽在空中，宛如平地”的效果。此方式较适用于面积大的退层阳台和屋顶阳台。

6.阳台绿化美化的类型

常见的阳台按其选用的不同植物品种和绿化方法，分为下列三种类型，但事实上它们是各有侧重，互为补充的：

(1)花木型

这种类型在阳台绿化中最为常见，即在阳台上培植各种具有观赏价值，又适于阳台环境条件的花木为主要手段，来达到绿化的目的。

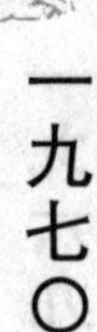

（2）盆景型

这种类型一般多与花木型结合，是以盆景为主，以花木为辅的绿化类型。盆景型中，又可以分为山石型和树桩型，但均需花木相配，方能收到美化的全面效果。

（3）蔬果型

这种类型是以栽培蔬菜或果树为主要办法的。既能收获到蔬果，又能美化阳台。近年来这类阳台有了较大的发展，适于阳台生长的蔬果种类也日益增多。虽受条件限制，收获量不多，但自种自收，历经春华秋实，自是别有一番情趣。屋顶栽培的前景也是十分宽广的。

7.选购盆栽花卉的注意事项

在花卉市场选购花卉时，往往花繁叶茂，可是在家里放了一段时间后，就每况愈下，花越来越稀，叶子也失去了当初的光泽，甚至出现了这样那样的病态，究其原因，选购不当是主要原因。所以，在选购时必须注意以下几点：

第一，要根据阳台的朝向及环境，选购相适应的花卉。例如市场上常有秋海棠中的球根海棠出售，花大色艳，极其娇美，颇吸引人。但是这种花需要湿润温暖的环境，怕干燥，更难耐30℃以上高温。要是放在阳光充足的朝南、朝西阳台上，即使对它百般呵护，恐怕也是芳容难驻的。同样，如果将石榴、桂花等喜阳的花卉，一直放在北阳台上，也会由于长期得不到直射光而难以开花。所以，购花不能单凭个人喜好，而要根据客观条件考虑。

第二，要选健壮、无虫无病的盆花。购买时要仔细观察植株是否匀称，长势是否旺盛，尤其要注意叶片的大小是否均匀，如果新、老叶大小悬殊，很可能是上市前用化肥或激素催过的，同时要注意叶片上是否有病斑、虫斑，千万别把有病、有虫的花卉选了回去。

第三，看盆。这里所说的看盆，不是单纯看花盆的好坏，而是看花木是不是“原盆”。

所谓"原盆",就是花卉原本栽于此盆,购买当然安全些。园林部门为生产上的方便,常将大批花卉栽于地里,临上市前才挖起来栽入盆中,由于起挖过程中不可避免地会损伤部分根系,加之盆土和苗圃的环境有差异,买回家后,难免会出现萎蔫现象。所以最好选购"原盆"花卉。

判断是否"原盆"的方法是:看盆与土的结合,"原盆"盆与土结合紧密,呈浸润状,即边缘的土与盆壁界限不明显,土层逐渐贴在盆壁上,呈圆弧形,有时盆壁及土层上还会有青苔。非"原盆"的,盆与土的结合处界限明显,无青苔。另外,"原盆"的花卉,底孔常有细细的根须露出,非"原盆"的则不可能有。如果买了非"原盆"的花卉,回家后应当将上部枝叶剪除一些,以适应因根部损伤带来的吸水能力下降。同时要先放于阴凉处精心养护,等其恢复元气后,再转入正常养护。

第四,看根。市场上除了盆花外,还常有裸根花卉供应。所谓裸根花卉,就是不带花盆花土的花卉。这种花卉价格低廉,携带方便,颇受欢迎。选购时要注意观察其根系是否完好。如细根部分圆润、有光泽、有水分,说明在空气中暴露的时间不长,依然鲜活;要是细根部分已经干瘦,说明挖出的时间过久,难以成活了。此外,常有商贩将根部用土团或青苔、塑料布等包裹着,应当将其打开看看,如果断根太多,则不宜购买。若是购买带土团的花卉,回家上盆时,务必将土团除去,用清水将花卉的根部冲洗干净。因为不同地区的土壤,存在着亲合问题。

第五,勿贪多。市场上有时会出现特别繁茂的花卉,例如杜鹃花开得洋洋洒洒,把枝干和叶片都遮挡得严严实实;金橘结得密密麻麻,几乎把枝条都要坠断了。这很可能是人为"催"出来的。任何花卉的生长都有其规律性,过分繁华之后,随之而来的往往是凋零。对一般家庭而言,还是选择正常生长的花卉较好,当然,为一时的需要进行选购,那就另当别论了。

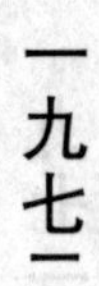

第六,勿贪大。这里所说的大,是指花卉的年龄。选购多年生花木时,除盆景树桩外,一般宜选项 1~2 年生的、长势健壮的苗株,或者 3~4 年的小树,因为这种花木比较容易驯化，对新环境也容易适应，苗株移栽后成活率高。即使是购买草本观赏花卉，也应选择花开二三成的，而不要选那些花开得正旺的。选购“小”一些的花卉，然后亲手培育，摸熟它们的脾性，看着它们越来越健壮，越来越漂亮，别有一番韵味。

第七，适时。除了家中观赏所需的应时花卉外，从栽培角度选购花卉的时间，应在春季花卉结束休眠，刚刚萌动时为宜，一则此时叶片尚不很丰满，枝干的形态容易看清楚；二则此时天气逐渐变暖，养护起来比较容易。

第八，谨防假冒。花卉市场也和其他市场一样，时有假货出现，如用雀舌黄杨冒充米兰，用油茶冒充茶花，用石蒜冒充郁金香，用单瓣的药用芍药、牡丹冒充名贵的芍药、牡丹等.购买时务必仔细辨认，如果对花卉不太认识或了解不全面，最好请一内行的作参谋。

总之，选购花卉时，一定要选适合自己阳台的品种，要选有发展前途的花卉。

8.阳台养花基质的选择

自20世纪80年代开始，国外阳台养花和室内养花的基质已逐渐由土壤栽培向无土栽培过渡，至20世纪末，已经不用土壤了。但在我国，到目前为止，一般的盆栽花卉还是以土壤为主。我国的园林花卉工作者及养花爱好者，在养花土壤的配制方面，有着丰富的经验。因此在我国，盆栽花卉的培养土短期内还不会被淘汰，但新的人造基质又以其不可忽视的优点——轻便、清洁、耐久而越来越受到人们的欢迎。同时，我们的科技工作者已研究出不少适合我国国情的混合型人造基质。所以一般的盆栽花卉，个人完全可以根据自己的条件进行选择。

但若是建造屋顶平台花园，地面种植时，由于用土量很大，最好采用以木屑、蛭石、珍珠岩、树皮、纺织厂碎棉碎纱、煤渣、泥炭等培制成的轻型基质。如果非用土壤不可，也应在土壤中掺入一些泡沫塑料碎块及纺织品碎片，以改善土壤的排水透气性，增加保温能力，减轻土壤重量。

不过，使用无土基质时，一定要和人工配制的营养液配套使用，才能取得好的效果。

9.阳台花盆要注意垫底

放在阳台上的花盆需要垫底的原因有两个:一是阳台的建筑材料吸热性高,夏季温度往往很高,足以烫坏花木幼嫩的新根。垫底就是用东西将花盆底部与阳台台面隔开,以防花木根系被灼伤。二是植物主要的呼吸器官虽然在叶片,一旦其根系深埋在土内,仍然需要一定的空气进行呼吸。而我们所用的花盆,底部虽然有孔,可让多余水分流出,让空气进入,但花盆的盆底一般都是平的,阳台的地面也很平,直接将花盆放在阳台上,底部孔洞往往会被堵住,使盆土内空气流通不畅,影响花木生长。

其实,不仅是放在阳台上的花盆要垫底,放在室内的或放在院内水泥地上的花盆,都要垫底。

垫底的方法有沙槽或沙盘垫底、砖瓦垫底或木条垫底。用砖块或木条垫底时,还要注意,并不是将花盆简单地往砖块上一摆,而是要将两个砖块或木条并排放好,中间留一条 3~4 厘米宽或更宽一点的空当,然后将花盆放在两个砖块之间的空当上,让底孔对正中间空当。

10.阳台花木的摆放技巧

在阳台矮墙的平台上,可摆放喜阳的中型花木。如 50~80 厘米高的木本花木。阳台东西两侧的外缘,还可修建长型花池,池内填放培养土,可栽培一些喜阳的攀援花卉。如迎春花、金银花、矮牵牛、炮仗花等,使阳台显得更加有声有色,更加飘逸活泼。

在阳台内侧,贴近花墙边,可用砖头水泥做成梯形垫墩,分三层放上木板或水泥预制板,从上到下摆放盆花。中间放一盆迎客松,两旁点缀一些色彩缤纷的应时鲜花,如月季花、山茶花、梅花、杜鹃花、桂花、南洋杉、海棠果、苹果、阳桃、含笑花、散尾葵、棕榈、椰子、槟榔等盆花,或盆景。在住房临阳台面的墙上和阳台顶端伸出部分,安装挂钩,悬挂一些匍匐生长的常绿花卉,如锦带花、垂盆草、绿萝、吊兰、金银花、鸭跖草等。

在阳台两边的平台上，可摆放盆栽的南蛇藤、绿萝、常春藤等绿色植物，使其向下垂吊生长。在阳台的两个角落，可用砖头砌成高、宽各35厘米的花池或用花盆填上培养土，栽培爬山虎、凌霄、金银花等，让其攀援爬满墙壁。若是内缩阳台，可在西侧墙角设置花盆，进行培育，令其攀援。这样，不但消除了强阳光对墙壁的辐射热，而且又可减弱室内受外界噪声的危害，更可以给人们带来清新、舒适的居室环境，给人以美好的享受。

11.阳台养花要正确利用光照

阳台上的受光量是由阳台的朝向方位和敞开程度所决定的。要使花卉摆放适宜，必须了解受光时间段和朝向方位等条件。以敞开式阳台为例，朝东阳台一般整个上午可以照到太阳，朝南阳台几乎整天都可以照到太阳。对多数植物来说，上午照到太阳、下午背阴是较为有利的。同时，还要注意季节的不同，光照也有所不同。例如朝南阳台，冬季的阳光可以照到阳台后方，但是到了春夏，太阳北移升高，就照不到阳台后方，逐渐推向阳台的前方。了解这些变化，可以随时调整盆花的摆放，做到恰到好处。此外，还应注意的是楼层和周围的建筑物。一般来说，3层以下往往受周围建筑物的影响，阳光会被遮挡，光线较差；3层以上光照较好，但风力相对也大，盆花容易干燥失水，浇水次数就要多。

夏季阳光灼热，对西南阳台的多数花卉来说难以承受，所以要适当遮阳。方法一是在阳台围栏上方悬挂帘子，或架设遮阳棚（或网），隔断阳光直射。二是搭设攀援网，种植藤本植物来遮阳。三是避免墙面和阳台水泥地面的反射光，可以在放置盆花时加以注意，如远离墙面、在地面上放置木板垫层，以及通过改善阳台环境等办法来解决。

12.阳台上的花盆应经常转动方向

阳台，特别是凹型阳台和半凸半凹阳台，光源的方向都比较固定。而植物的茎叶一般都有趋光性，它们总是要向光线射来的方向伸长，时间一长，植株就会向一个方向倾斜，在长势上显得半边强、半边弱，不仅影响观赏，而且容易倾倒。如果是像君子兰之类

叶片呈扇形排列的花卉，叶子还会变得歪斜，很不整齐、不美观。

所以，放在阳台上的盆花，应当每隔一段时间，就要转动一下方向，这样才能保证植株生长规则、整齐，株形优美。

转动的次数，可根据花木本身趋光性的强弱和阳台光源方向性的强弱而定，一般每周1~2次。

特别提醒一下，像君子兰、蝴蝶兰之类叶片两侧呈扇形排列的花卉，转动时叶片方向应与阳台墙面垂直，这样才能保证扇面的平整。

13.阳台养花的浇水方法

阳台花卉的浇水，不同季节有不同要求。春季随着气温回升，万物开始生长，浇水的次数和量也随之增加。此时一旦盆土干燥，应立即浇透水。浇水以在晴日上午为好。

夏季烈日当空，浇水应在早上或傍晚进行，严禁在烈日下，尤其是中午浇水。否则由于高温，助长叶片蒸腾，反而会导致花木死亡。夏季空气干燥，可以用一个大盘子，在上面放上碎石，浇上水，然后将盆花放在上面，可以达到增湿降温的效果。还可以向地面和花卉周围喷水，增加空气湿度，一些观叶植物可以直接向叶面喷水，增湿降温。

秋季的浇水大体与春季相同。放置于通风好或高处的盆花比放于地上的盆花容易失水、干燥，浇水次数和量就要多些；花盆小的比大的失水快，浇水次数也要多些；悬挂空中的吊篮也要增加浇水的次数和量。

冬季由于气温下降，植物生长减慢，浇水要相应减少，浇水的时间以晴日上午或中午为好。浇水最好定时，不要忽早忽晚。

14.阳台养花的施肥方法

阳台养花所需肥料较地栽相对要多，因为阳台花卉所需浇水的次数较地栽多，因而肥料随水流失也多。因此，除了浇水时尽量注意不过多流失外，施肥次数和量也应相对增加。

从改良土壤和植物生长发育来说,使用有机肥有许多优点,但在阳台盆花上使用,不可避免会散发出臭气。如何兼顾两者呢?

一是多用底肥,追肥时使用固体肥,埋入土中,减少臭气扩散,或尽量使用腐熟的稀薄液肥。方法是可以在头一天傍晚施肥,第二天早上浇一次水,减少臭气扩散,有利于植物吸收。

二是使用粒状、粉状和液态化肥或营养液。对于工作较繁忙的人,可用缓效性(长效)化肥。

15.阳台植物栽培的注意事项

首先,注意安全。阳台高悬空中,下边往往是道路、园地或楼下人家的院落,常有行人经过或在下边活动。因此,阳台养花特别要注意安全问题。花盆一般都应放在阳台内侧或是阳台外侧专设的栽植槽内,若要放在栏杆边,其外侧必须增设小栏杆保护,以防花盆被无意碰下或被大风刮下,造成意外事故,避免由此引起的纠纷和责任。

第二,要注意卫生及社会公德。修剪、清理花木时的枯枝败叶,应及时收集起来,放进自家的垃圾袋中,不可随便放在阳台上,晒干后被风刮起,飘落别家,更不可顺手往下一扔了事。沤肥的缸桶要加盖密封,以防臭气逸出熏人。上下左右邻居众多的,在花卉品种的选择上,还应考虑是否大家都喜欢,对于有些会引起别人过敏或有异味的“奇花异卉”尽量少栽。同时,在给花木浇水施肥时,既要注意浇足浇透,又不可让肥水漏下,淋到下边人家或污染环境,这不仅会引起邻里纠纷,更是一种不道德的行为。因此在设置外侧栽植槽时,勿忘设置漏水斗或下水管,将多余水引进楼房下水管或自家阳台内。对于放置在镂空花架及阳台沿口上的花盆,浇水时应先将花盆搬到阳台内,浇好后等到盆底不再渗水后,再放回原处,切不可只图自己一时方便,而不顾及楼下的住户。

第三,注意花木的适应能力。阳台远离土地,花木得不到“地气”,不能说没有影响。

有些原本在地上生长得很健壮的花木，如月季、杜鹃之类，到阳台上后会变得较为“娇气”，容易生病。但只要勤于观察，认真检查，细心照料，发现问题及时采取补救措施，还是可以克服的。当然，也有的花木天生不在乎，如号称“阳台骄子”的天竺葵，只要肥水充足，在什么样的阳台上都能长好。

第四，注意防护。这里讲的是针对花木自身的防护。阳台风大，气候干燥，光照强烈，对有些花木的生长是个威胁，因此需要采取适当措施加以改善。

第五，注意品种的选择。现代人生活节奏加快，大多数人没有充足的时间和精力放在养花种草上。因此最好选择一些适应性强、不怕干、不怕晒的“懒人花卉”例如前边提到的天竺葵，还有太阳花、仙人掌、芦荟之类，以及一些地产普通花木，最好不要养那些外来的或娇贵的品种。

第六，注意阳台朝向。不同的阳台朝向，适应不同的花木生长，这点很重要，在种养阳台花卉时必须留意。后边将分别叙述。

还有一个容易忽视的问题，就是要注意阳台的承载力。外延的花槽、花架不宜伸出过长，大且重的花盆，要尽可能靠近承重墙摆放。

阳台植物园花卉品种

1.山茶花

山茶花

山茶花艳丽多姿，高雅纯洁，不畏风寒，傲然盛开，具有较高的观赏价值。山茶花叶色翠绿而有光泽，四季常青，花朵大，花色美。山茶花最显著的特点是花期长久，

"雪里开花到晚春，世间耐久孰如君。"山茶花夏季现蕾，深冬开花，黄、白、红相映，衬以绿叶，格外醒目，给人带来浓郁的春意。直至翌年晚春仍可见花。山茶花是我国的传统名贵花卉，山茶花、牡丹和月季，被誉为世界三大名花。

摆放地点

东向、北向、西向阳台均可。尤以东向阳台栽培最佳。夏季要防阳光暴晒。在其生长旺盛期需多浇水；冬季为花期，也要多浇水，但不宜过湿。山茶花适于盆栽观赏，置于门厅入口、家庭的阳台、窗前，显春意盎然。

山茶花喜温暖，怕寒冷，通常于寒露节前移入室内，放在向阳处养护。

形态

山茶花植株高 30 厘米至 3~4 米（阳台盆栽一般选低矮品种），树冠圆形或卵形。

叶倒卵形或椭圆形，长 5~10 厘米，宽 2.5~6 厘米，叶片革质，光亮。

花单生或对生于叶腋或枝顶，花期因品种而异，早可在 10 月开放，晚要到第 2 年 3 月间开放。山茶花的栽培品种很多，花色有白色，淡红色，大红色，且多为重瓣。

习性

茎叶生长期要保持盆土湿润，但浇水不可超量。冬季要减少浇水，使其休眠，以求安全越冬。

栽培管理

（1）基质。栽培上的关键问题在于保持盆土的酸度，由于水为碱性导致盆土逐渐碱化而致树木死亡。盆土应选疏松肥沃、透气排水性好、pH 值 5~6 的培养土。一般用草炭 4 份、腐叶土 4 份和沙土 2 份配制而成，盆底加少量腐熟饼肥作基肥，盖上土，底部应填充 1/4 的颗粒状物，以利排水。

（2）花盆。盆要选透水性好、透气性好的泥盆，或陶质、紫砂盆，不能用瓷盆或塑料盆。

上盆宜在 8~9 月进行;换盆以春季花后为好,2~3 年换 1 次盆。小苗不宜用大盆。

上盆时不要将嫩根弄断,对长的粗根可适当短截,以诱发新根。

上盆后浇 1 次透水,以后待盆土稍干再浇,并移至阴凉处缓苗 7 天。

(3)肥料。一般每隔 10 天左右浇一次矾肥水。茶花在新梢生长初期应 10 天左右施 1 次氮肥,促进新梢生长,新梢生长后期,即 5 月下旬进入花芽分化期时,要停施氮肥,增加磷、钾肥,可用磷酸二氢钾加硼肥;9~10 月后再施 2 次磷、钾肥,夏季要淡肥勤施,更不能污染叶面。

(4)水分。注意勿使盆土积水过湿,平时浇水以保持不干不湿为宜,从春到秋每天向叶面喷水 1~2 次,夏季还要经常向花盆周围地面上洒水,以保持湿润的环境。炎夏应控制浇水和施氮肥,控制春梢徒长及夏梢的萌发,促进花芽形成。要减少浇水次数,待新梢叶面下垂时再浇,但如不放在荫棚下,早晨要浇透水,傍晚喷水,浇水不必浇透,4~5 成即可。

(5)温度。生长适温为 15℃~25℃,一般气温在 29℃以上时则生长停止。

(6)光照。山茶虽喜半阴但不喜顶部遮阴,而以侧方遮阴为宜,因此不宜终年置于阴棚之下或光照不足的室内,否则会生长不良。传统的经验是掌握“湿而冷则晒,干而热则阴”的原则。

注意:茶花忌烈日暴晒,忌改变方向,忌碱性土壤,忌浇水过多,忌施浓肥。

山茶的病虫枝、杂乱枝、徒长枝、瘦弱枝及密生枝应及时疏除。8 月以后,花芽像绿豆大小时,当年生壮枝,留 1~2 个蕾,弱枝及下部枝不留蕾,大的壮枝可留 3~5 蕾,留时注意大中小搭配,以延长开花时间。

繁殖方法

山茶花是一种生长缓慢、难于繁殖的名贵花卉。但多年来经过园艺工作者的探索和研究,除利用种子进行有性繁殖外,还可利用嫁接和扦插等进行无性繁殖。

扦插繁殖。25℃左右的温度扦插易发根,所以扦插在春末夏初和夏末秋初进行。

①把苗床选择在向阳、湿润而又不易积水的高地.深翻整理成厢。南方地区的苗床基质大都采用细河沙,用清水洗净,要用蒸气进行高温消毒。如果没有蒸气设备还可用0.5%高锰酸钾溶液,喷洒消毒,或者用新洁尔灭溶液消毒也行。然后将消毒河沙铺成宽为100厘米(长度根据需要而定),做成厚度为15厘米的河沙苗床,苗床上方搭成高为120~150厘米的荫棚,荫棚的宽度应超过苗床宽度。

②选取生长健壮、半木质化、无病虫害、枝条皮呈褐色的做插穗。长为4~8厘米左右,每只插穗顶端留两片深绿色有光泽的完整叶片(保留两个芽口),其余全部剪去。

③插穗下部用锋利快刀,削成斜的马蹄形,用0.015%~0.020%的吲哚丁酸水溶液,蘸浸5秒钟,稍晾后待插。要求做到随剪、随浸、随插。

④株行距为10厘米×3厘米,以叶片互不遮掩为宜;扦插深度应视插条芽口的疏密而定,在基质土面留出1~2个芽口,插后压实。

⑤最好当时不要浇水,4~5天后才开始浇水,保持土壤湿润;每天向叶面喷数次水,保持空间要有较大的湿度才能成活。

⑥如果空间湿度不够,白天用白色塑料薄膜覆盖。

最初还要严格遮阴,使插穗几乎不见阳光,日落后揭开塑料薄膜通风、饮露,日出又遮,一个月左右便有愈伤组织产生。这时,每周可用0.5%的磷酸二氢钾或0.3%的过磷酸钙浸出液,加0.2%的复合肥料,交替向叶面进行雾状喷施,连续4~5次后,可视其气候情况,逐渐增加光照,继续每天向叶面喷水,促使新根发育,这时可用0.2%的磷酸二氢钾施一次追肥。扦插苗进入冬季后要注意防冻,最好保持5℃的低温越冬,次年对幼苗还要适当遮阴。

注意:刚扦插成活的幼苗根系嫩弱,浇水时尤其要注意不要冲翻幼苗。要保持土壤的适当湿度,否则会造成落叶或腐根烂茎。夏季若遇干旱、高温,可多次向叶面喷水,使叶片经常保持一层薄薄的水珠。

如莳养管理得好,第二年底扦插苗株高可达30厘米,第三年春季便可上盆移栽。

病虫害防治

(1)炭疽病。6~8月发生在老叶上,多发生在叶尖和叶缘处,后期生长黑色小点,散生或轮状排列,病斑直径5~15毫米,枝梢受害引起枯梢。防治方法:发病后用80%多菌灵800倍,或50%甲基托布津800倍,7~10天1次,连喷3次,效果良好。

(2)枯枝病。叶片受害后叶色变淡,叶脉隆起,在嫩梢与老叶交界处出现坏死组织,维管束呈棕褐色,随病态加重,叶芽萎缩枯死。防治方法:可用75%甲基托布津800倍喷洒,或者用12.5%增效多菌灵在花叶芽伸出前喷洒。

(3)山茶藻斑病。叶片正面现针头状灰色或黄褐色小圆点,扩大成圆形或椭圆形隆起的毡状物,直径2~10毫米,边缘不整齐。防治方法:发病初期用0.6%石灰半量式波尔多液或1波美度石硫合剂防治。

(4)茶梢蛾。危害嫩梢,使其中空而枯,以幼虫在枝梢内过冬。防治方法:剪除病梢,幼虫危害时,可喷Bt乳剂500倍液。

注意事项

防止干蕾落蕾。茶花入房太早,这时室温比外面高,使花枝猛长如盆土养分不足,花蕾就会枯焦。室内温度骤冷骤热,使花蕾不能正常开放,就会造成落叶、落蕾。室内空气不畅,室内吸烟,放在新装修的室内,大气污染均会造成僵蕾。勤换室内位置,使温度忽高忽低,花前施肥太多,将花蕾顶掉,盆土过干过湿,空气干燥,氮肥过多,磷钾不足,花蕾过多,均会造成干蕾、落蕾与落叶。防止的措施是:

①适时浇水。花蕾形成后,秋天天气凉爽,水分蒸发量小,2~3天浇水1次,使盆土稍干,不干不浇。有些品种如什样景、鸳鸯凤冠、绿珠球,浇水过多,极易落叶落蕾。

②疏蕾。8月份花蕾如绿豆大小时,枝顶有2~3个花蕾可留1个叶腋内的花蕾,可根据位置择优留1个,对内向枝、畸形枝与弱枝上的花蕾,一般不留。

③合理施肥。不能使用未腐熟的生肥，且肥料不要单一，花芽分化后及花蕾发育期应施以磷钾肥为主，避免过多的氮肥，剥蕾后增施磷肥。

④冬季管理。冬季室内温度太高，通风不良，光照太弱，空气干燥等均会引起落蕾，开花前室温应保持5℃左右，使植株处于半休眠状态，要防止寒风吹袭。

2.长春花

长春花叶片油亮，花形质朴，是颇为大众化的观赏植物。它的分枝繁茂，花期较长，因此有着很高的观赏价值。阳台摆上几盆盛开的长春花，能够给环境带来花团锦簇的视觉效果。

摆放地点

东向、南向、西向阳台。尤以东向阳台为好。由于它高矮适中，因此可以摆放在大小不同的各类阳台上。在其生长旺盛阶段，要将植株置于每天接受日光直射不少于2小时之处。夏季通风不宜过强。长春花适合盆栽，也可做花坛、花镜。

形态

长春花为多年生草本或亚灌木状草本，常作一年生栽培。株高可达60厘米。茎直立，多分枝。

叶对生，倒卵状矩圆形，叶脉明显，白色。

花单生或数朵腋生。花玫瑰红、桃红或纯白色。花冠高脚蝶状，花瓣5裂。蓇荚果，直立，圆柱形，种子细小，为不规则的圆柱形，花期7月至下霜，果期8月至下霜。

形态

长春花喜温暖、阳光充足和稍干燥的环境。怕严寒，忌水湿，切勿栽于低洼积水之地。在阴处也能生长，但植株细弱且分枝少。对土壤要求不严，但以富含腐殖质的疏松壤土生长较好。

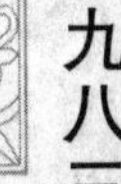

栽培管理

(1)基质。宜选用疏松肥沃、富含腐殖质的沙质壤土做栽培基质。如果有条件,所用盆土可由腐叶、细沙、园土按体积计以1∶1∶2的比例配成。

(2)花盆。长春花的植株高矮适中,通常选用中型花盆进行定植。

(3)肥料。在定植时可于花盆底部施用10克左右的腐熟鸡粪等作为基肥,生长旺盛阶段还应每隔10天追施1次富含磷、钾的稀薄液体肥料。

(4)水分。生长季注意浇水,但不能积水。炎夏如遇连续暴雨,应注意及时排水。长春花喜微潮偏干的土壤环境,忌浇水过多,特别是在植株较小时,盆土过湿对发苗不利。

(5)温度。长春花性喜温暖,在16℃~26℃的温度范围内生长良好,越冬温度不宜低于10℃,盆栽植株寒冬需采取防寒措施。

(6)光照。对光照要求不很严格,每天接受直射日光不宜少于2小时。

为了促使其分叉发棵、花繁叶茂,要进行摘心打顶,当植株高8~10厘米时,要摘心1次以促发分枝;从定植到8月中旬,可打顶2~3次。可以将其修剪呈近球形,这样看起来观赏价值更高。

注意:长春花虽然为多年生植物,但是植株较易老化。其最佳观赏时间自种苗定植后可达3~4个月。它的栽培年限通常不超过1年。

当其果实成熟后,应及时采收,将所收获的种子妥善保存,以供翌年繁殖使用。

繁殖方法

播种或扦插繁殖。以播种法繁殖为主,多在每年春季3~5月进行。

可以用经过高温灭菌的旧盆土做繁殖基质,所用盆器的大小因需苗的多寡而异。如果栽种的数量较少,可以在定植容器中进行直播。

发芽最适温度为15℃~18℃,当幼苗长出4~5片真叶时,移栽一次,具6~7片真叶时定植。

最好在阴雨天定植。一般来说，长春花的种子经1周后就可发芽，3周后即可进行分栽，5周后即可定植。在定植一个半月后即可开花，通常从播种至开花需要120天左右。

春季取越冬老株上发出的嫩枝，扦插于温床上，生根适温为20%~25℃。

病虫害防治

在阳台栽培中，长春花通常不易罹病，亦很少受到有害动物的侵袭。

3.大丽花

大丽花植株挺壮，花朵硕大，花色艳丽，色彩丰富，有白色、红色、紫红色、黄色、橘黄色、复色等，姿态万千，是世界公认的名花。大丽花品种多，花型多变，花期长，色彩丰富，应用范围广，被各国广为引种。

摆放地点

东向、南向阳台。以东向阳台最好。因为它在隐蔽的地方或高温多雨的季节都长不好，夏季注意通风凉爽；冬季气温稍低也无大碍。

大丽花品种繁多，植株高矮、花朵花形、花色等均变化多端。由于各品种特性不同，因而既适宜地栽，布置花坛，美化庭院；又适宜盆栽装饰厅堂、居室和阳台；有些品种适宜作切花瓶插和制作花篮、花束等。

形态

大丽花为多年生草本球根花卉。株高依品种而定，约为40~150厘米。具粗大纺锤状肉质块根。

茎直立，绿色、紫色或褐色，平滑，有分枝。

羽状复叶对生，1~3回羽状深裂，极少数为不裂的单叶。小叶卵形，叶缘锯齿粗钝，叶正面深绿色，背面灰绿色。

头状花序，由中间管状花和外围舌状花组成。花径大小因品种而异，约为5~25厘

米;管状花两性,多为黄色;舌状花单性,色彩艳丽,有白、黄、檀、红、紫等色。

习性

大丽花性喜阳光充足、干燥、凉爽的环境,既不耐寒,也怕高温高湿,不耐干旱又忌积水,喜排水性能好、含腐殖属较丰富的沙壤土。光照时间10~12小时为好,强光对开花不利;宜温和气候,生长期适温10℃~25℃。花期长,6~10月开放。瘦果,果熟期8月下旬至10月上旬。

繁殖方法

(1)基质。大丽花最适宜生长在疏松肥沃、排水良好的沙质壤土,需要轮作,对肥力要求中等,pH值6.7~7.8均能生长良好。盆栽大丽花的培养土以园土5份,细沙或炉渣3份,堆厩肥2份配制而成,也可在培养土中混入部分马粪土,有提高土温之效。

(2)花盆。一般盆要选透水性好、透气性好的泥盆,或陶质、紫砂盆,不能用瓷盆或塑料盆。盆底应加碎瓦片作排水层。小苗用10厘米盆,缓苗后浇1次稀饼肥水,在苗高20厘米未现蕾前进行3次换盆,每次要加入新的腐叶土,充实盆边。

换盆时可将幼苗换到比原盆直径大一些的新盆中。一般情况下,从幼苗到开花前需要换3~4次盆。当乳白色须根长到土团四周约达2/3面积时,就应及时换盆。

换盆时,可稍去"肩土",保持土球不散。如果土球散落,易伤根系,缓苗慢而影响根系发育。

适当增加换盆次数,能控制植株高度,使之茎粗株矮,使花期延后。最后一次换盆,应换到直径26厘米或33厘米的花盆中,称为定植。

盆栽大丽花怕涝,在大雨天或暴雨天,要将花盆搬入室内或倾斜放倒,以免盆内积水,天晴后将盆搬到阳台上或放平。

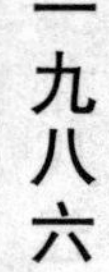

为使表土疏松,空气流通,除去青苔杂草,需要松土2~3次。

(3)肥料。大丽花块根最畏水涝和浓肥,所以不宜施液肥。在上盆或换盆时,将肥料掺入培养土中。在整个生长期内,根据生长情况可施追肥1~2次。生长期除盛夏外,每10~15天施10%饼肥水,现蕾后施1%~3%磷酸二氢钾,促进花色艳丽。夏季,植株处于半休眠状态,一般不施肥。

(4)水分。大丽花既不耐干旱,也不耐涝,一般年降雨量在500~800毫米之间不致于发生旱象。可根据天气和盆土干湿情况控制浇水量大小。盆栽大丽花在夏季处于半休眠状态,除正常浇水外,每天应往植株上喷水1~2次,以补充蒸发需要的水分。盆土要干湿均匀。开花期,夏季浇水应多一些,春秋应少一些,阴雨天要防积水,将花盆垫高,入秋收球前,少浇或不浇水。

(5)温度。大丽花在生长期内对温度要求不严,在5℃~35℃之间均可正常生长,但以10%~25℃最适宜。大丽花不耐霜,经霜打后茎叶立即枯萎。

(6)光照。大丽花喜光,但阳光过强,对开花不利。盆栽大丽花每天至少要保证6~10小时光照。夏季培育幼苗时要遮阴。

繁殖方法

扦插繁殖。大丽花的扦插繁殖,应以嫩枝扦插为主,时间在4月中下旬。

扦插前,应选择庭院或花坛的向阳处,深翻土地,精细整理作畦,畦内基质以素沙、锯木灰、蛭石等通透性较好的基质配制。

①插穗要在健壮的母株上切取,每穗长8~10厘米,剪去基部一对叶片,切口和剪口都要涂抹草木灰或木炭粉,随剪随插。

②插入基质4~5厘米,立即喷水,搭棚遮阴,保持土壤湿润,保持环境的凉爽。但土壤中水分不宜过多,要有一定的空气,因为水分过多,空气稀少,插穗容易腐烂。

③大丽花扦插生根的最适宜温度为18℃~22℃,超过30℃时,插穗照样会腐烂,所以插后要适当控制温度。一般情况扦插10天以后,要逐步进行散射光照,促进基部伤口愈合,15天以后有根原体出现,25~30天能长出新根,这时便可定株上盆移栽。

病虫害防治

危害大丽花的病虫较多,常见的有白粉病、褐斑病、病毒病、根腐病、青枯病、菌核病、白绢病、大丽花螟蛾、红蜘蛛、蚜虫、食心虫等,要及时用药剂防治。

(1)白粉病:危害叶、花梗与花蕾,初现近圆形白色粉层斑,扩大后成白粉层斑,叶片扭曲,枯萎。防治方法:发病初期可用2%抗霉菌素120水剂100~200倍,10%多硫胶悬剂800倍,10天喷1次,连喷2~3次。

(2)褐斑病:叶片染病后,初现淡黄色小点,扩大下陷,最后形成近圆形,中央灰白色,边缘暗褐色白病斑,具轮纹,直径1~5毫米,表面产生淡黑色霉状物。

防治方法:6~8月发病重,可用1%波尔多液或75%百菌清500倍液防治。

(3)病毒病:表现花叶褪绿、矮化等症状。叶蝉与蚜虫传毒,防治上可选用无毒繁殖材料,防治传毒昆虫。

注意事项

生长期管理要注意除蕾和修剪。整枝修剪,培养独本大丽花使之形成4个侧枝,每个侧枝只留一个顶芽,可开出4朵花。茎细挺直而多分枝品种,可不摘心。主干之侧芽(腋芽)仅留基部健壮者2~4个。6月底7月初,第1次开花后,选留基部侧芽以上扭折下垂,留高20~30厘米,过几天后,伤口部分干缩再剪,可以避免雨水灌入中空的茎内,引起腐烂。侧芽继续形成新枝开花。其整枝原则及修剪同主枝。为保证开花美好,大花品种以4~6枝,中小花品种以8~10枝为适。

4.杜鹃

杜鹃花,以它枝密花繁,姹紫嫣红,色彩艳丽,体态优美,绰约多姿赢得了人们的厚爱,居中国三大天然名花之首。杜鹃花,色多殷红,花瓣薄如红绢,恍若茜罗裁就。一丛千朵,自地连梢,艳如云霞,火红欲燃。白色的,更是显出娴静淡雅之美,宛若西施素妆而去，冰清玉洁，容艳俊秀，令人爱慕。是园林定植和室内栽培观赏的上品花卉。

摆放地点

东向阳台。夏季注意遮阴，保证通风；冬季最好移入室内饲养。

杜鹃花最宜成丛配植于林下、溪旁、池畔、岩边、缓坡、陡壁形成自然美，又宜在庭院或与园林建筑相配植。也可布置成杜鹃专类园。此外，杜鹃花也适宜于盆栽或培养成各式桩景。

形态

杜鹃为常绿或落叶灌木，品种繁多，树干高从 10 厘米至 20 米不等。主干直立。

叶形态多种多样，革质或纸质、互生、椭圆形或披针形、全缘，两面具糙伏毛。

花顶生或腋生，2~6 朵簇生枝端，有苞片，花冠漏斗状，花色绚丽多彩，有白、粉红、洋红、橙红、橘红、肉红、墨红、紫红、金黄以及一花多色和单瓣、重瓣等各种类型、花色及品种。花径 1~4 厘米。花期 4~6 月。蒴果。

习性

杜鹃花分布广及亚热带至温带，形成不同的地理种群，因而对温度要求各有差异，有耐寒及喜温两大类型。多数品种喜温凉湿润、怕高温干燥、畏寒，生长适温 12℃~25℃，夏季不能超过 35℃，冬季不宜低于 5℃，但毛鹃、夏鹃在华东地区可露地过冬，特别毛鹃可耐-12℃低温。对光照要求不严，但一般均不喜过于暴晒，喜半阴和湿润；喜酸性土，忌碱性土；土壤以富有腐殖质，排水良好的疏松沙质土壤，微酸性 pH 值 5~6.5；忌低洼积水的黏重土壤。

栽培管理

（1）基质。栽培基质用含腐殖质丰富的酸性土，可用腐殖土、泥炭土（苔屑）、山泥等以 2∶4∶4 的比例混合而成的培养土。使土的 pH 值为 4.2~5.5。一般用松针土、高位泥炭、腐叶土、兰花泥，亦可用腐熟锯屑加松针土加复合肥。

(2)花盆。一般用大盆。盆大小要适中,最好泥瓦盆,盆的大小不超过花冠径的1/2。杜鹃根系浅,无主根,须根多而细,在盆上部成毡团状,不易深扎。

①上盆先用瓦片搭成人字形;

②盖一层粗沙,撒厚2~3厘米的培养土;

③然后将植株放中间,使根舒展,然后加土离盆口近2厘米,压实浇透水,使土坨与盆口保持3厘米,放在半阴半阳处。

杜鹃花生长较慢,一般不必每年换盆,可每隔1~2年在花谢之后换一次盆。换盆时要填入新的培养土,并对植株进行适当的修剪,剪除枯枝、病枝、残枝、交叉枝和徒长枝,以利于通风透光。

(3)肥料。杜鹃好肥,要薄肥勤施,忌浓肥,春季开花后每7~10天1次20%人畜粪尿或饼肥水,伏天应停施或更淡一些,施肥要在土壤干后进行,施肥后洒水喷淋,第2天上午浇1次清水,帮助根系吸收。6~8月花芽分化时,加入适量的磷酸二氢钾,秋凉后追磷肥1~2次,10月停肥。对病弱株,施肥要稀而少。合理施肥是使杜鹃花枝叶茂盛多开花的重要一环。花谢以后要及时施入以氮肥为主的稀薄液肥2~3次,每次间隔10天左右,促使多发新的枝叶。冬季一般不需要施肥。春季在开花前施入以磷肥为主,磷、氮结合的薄肥1~2次,这样可使花朵大,色泽好,花瓣厚,花期长久。开花期应停止施肥,否则易落花长叶,影响观赏价值。杜鹃花的根细而密,吸收肥料能力较差,因此施肥一定要掌握"薄肥勤施"的原则。如果肥料过浓或施未充分腐熟的生肥,则容易引起烂根,叶片枯焦以至全株死亡。

(4)水分。由于杜鹃花的根系为浅根性纤细根群,既怕旱,又怕涝,浇水不当,轻则落叶,重则死亡,因此浇水是否得当就成为养好杜鹃花的关键之一。浇水要适时适量,水质要酸性。浇水要不干不浇,但千万不要干过头,否则大伤元气。杜鹃喜叶面喷水,以保持80%的相对湿度,花期浇水不宜多,更不能直接喷水在花上。

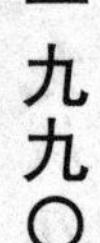

给杜鹃花浇水应根据植株生长情况和天气变化而定。雨季防盆中积水,冬季少浇

水;春季孕蕾和开花期,水分消耗较多,浇水要及时,以保持盆土湿润状态为宜。夏季杜鹃枝叶生长旺盛,气温高,水分蒸发快,除每天浇一次透水外,还应往枝叶和地面上喷水 1~2 次,以增加空气湿度和降低温度。秋季花芽已形成,气温日渐下降,天气转凉,此时保持盆土不干即可。冬季气温低,杜鹃花处于半休眠状态,代谢极为缓慢,水分消耗少,因此要严格控制浇水,否则易引起烂根。

注意:杜鹃花要求非碱性水浇灌,可用硫酸亚铁处理,或间歇性浇矾肥水、青禾草浸泡水、纯米汤或面汤发酵后的水。如用自来水,须先放桶内贮存 1~2 天后再用。

如一时疏忽,忘记浇水,叶片萎蔫卷曲,不要马上灌水,应先往枝叶上少量喷水数次,逐渐加大浇水量,使植株逐渐恢复生机。

(5)温度。10 月底杜鹃就要移入室内栽培,室内要有良好的通气条件,避免烟气污染,西鹃、东鹃要求温度不能低于 0℃,最好保持 10℃~15℃为宜。冬季室温过高,植株生理活动加强,消耗养分,影响翌年开花和生长。

(6)光照。北方地区盆栽杜鹃在栽培管理中,温度、光照要适宜。一般于谷雨之后(晚霜过后)移至盆外栽培,放在阳台上或庭院中,此时阳光较柔和,只需中午前后适当遮阴。中午前后如光线太强要遮阴,4 月下旬开始,就要保持 40%~60%透光率,用遮阳网遮阴,早晚揭网夜露,荫棚的高度应为 1.5~2 米。入夏后须移至荫棚下或室内阴面窗台上,保持通风良好。到了秋末可不再遮光,秋天早晚见光,浇水要用矾肥水,以利植株组织生长充实。入冬前移入室内,放在阳光充足处。

繁殖方法

快速繁殖杜鹃花主要采用播种、嫁接、压条、分株、扦插等方法进行,而以扦插和嫁接法应用较为普遍。其优点是:植株生长健壮,提早开花,还能保持原来品种的优良特性。大量繁殖可采用全光照扦插育苗法。此法具有生根较快、成活率高等优点。

扦插繁殖。扦插是一种大量繁殖杜鹃花的方法。但是,杜鹃花的扦插,技术性强,插

穗必须茁壮、充实、不空心、无病虫害、皮色鲜嫩、芽苞饱满、节间短密、营养充分，插后方易成活。

一般春鹃扦插可在5~6月进行；夏鹃宜在7月中、下旬花后生长一段时间进行。

①无论春鹃和夏鹃，其插穗都应该选择当年生的软枝条，因为这种枝条活力旺盛，萌发力强，插后容易成活。对于已经萌发花芽的枝条，应摘去花芽后，才能用来作为插穗。

②扦插的苗床可选用高15厘米，盆口直径在25N米的浅瓦盆，装入经过高温消毒处理的透气、渗水性强的山泥或黄沙土。同时，还要注意扦插基质中，绝不能含有未腐熟的有机质，以免基质发酵引起插穗伤口发霉腐烂。

③繁殖数量较少时可以插入浅的泥沙盆内，盆土以细河沙为主，并加入草炭土、园土等。

④扦插时选节间短、基部已木质化6~10厘米长的一年生健壮枝条作插穗。扦插的枝条要有6~7个间节，取条时宜在分叉点上带踵剪下，将插穗下端削成马蹄形，插入土壤部位的叶片全部剪除，留顶叶3~4片。如果顶叶叶面过大，可再将每片剪去1/3，以减少水分蒸发。

在采集和制作插穗时，刀片要锋利清洁，避免剪条时因刀口挤压而破坏了剪口处的皮层组织，使伤口难以愈合，甚至污染而腐烂。

⑤然后将插穗(插入部位)在0.05%浓度的萘乙酸溶液中快速浸泡5秒钟，接着将插穗的1/3或2/5插入山泥或黄沙土壤中。带叶片的扦插适宜随剪随插。插前最好先用筷子将盆土扎个洞，再把插条插入土中，用手轻轻压实，喷透水，使插穗基部与土壤紧密结合。

⑥扦插的株行距一般为5~6厘米，扦插后插条周围要压实，土壤要紧密贴着插穗，最后喷水，置于阴凉通风处。

扦插后的管理工作非常重要，是能否扦插成活的关键。扦插苗所需的温度是：扦插后应控制在18℃~22℃，最好还要创造一种气温低于土温的环境。20天以后可提高到

22℃~25℃,这样有利于插穗伤口的愈合,尽快形成根原体而先生根后发芽。

插后花盆用塑料袋罩上,放半阴处,1 周内每天早晚各喷一次水,以后经常保持盆土湿润,在 18℃~25℃温度条件下,一般品种约 40~60 天即可生根。如果插穗用生根粉或维生素 B_{12}药液处理,则可促使生根快,生根多。

病虫害防治

杜鹃花常见的病虫害较多,家庭盆栽的杜鹃花最易遭受叶肿病、冠网蝽、短须螨等危害,应及时喷药防治。

(1)褐斑病。病叶初现红褐色小点,扩大近圆形或多角形病斑,叶片枯黄,早落。防治方法:发病初期喷 70%甲基托布津 1000 倍,连喷 2~3 次防效好。

(2)叶肿病。危害嫩叶、新梢、幼芽及花,病叶初现淡绿色、凹陷、近圆形病斑,漱芽受害变成球形瘿瘤,花被害后花瓣变厚呈肉质的瘿瘤。防治方法:发芽前喷 1 波美度石硫合剂、杀灭病菌。展叶后喷 2%波尔多液 2~3 次,7~10 天 1 次。

(3)军配虫。以若虫和成虫群集叶背刺吸汁液,形成黄白色斑点,7~9 月危害最重。5 月第 1 代若虫期可 50%杀螟松 1000 倍液防治。

(4)杜鹃小叶病。是缺锌引起的,可喷 0.05%硫酸锌。

注意事项

家庭养花,要想让杜鹃在春节开花,可用打破其休眠期的方法使之提前开花。在人入秋后,植株的芽已进入休眠,休眠期的长短则依品种而有不同。为了打破芽的修剪,必须经受一个低温期,这个低温的范围大约为 5℃~10%。此外,用 1000~1500 毫克/千克的赤霉素亦可打破休眠。此后,在 18℃~20℃的温度下,每天向叶面喷水 2 次,每隔 10 天施一次薄肥,这样到了春节前后即可开花。如在 25℃时开花速度虽可加快,但不如在 20℃以下时的花色鲜艳和花朵丰硕。

杜鹃花芽形成后,温度和光照是影响开花的主要因素,花芽形成后经过一个低温过

程，每天保证4小时以上光照，温度夜间不低于15℃，白天20℃以上，土壤含水量50%，空气湿度70%~80%，氮、磷、钾、钙、镁、铁比例适合就能开花，花后保持10℃~15℃，可使花期延长1个多月。

家庭可用大塑料袋，将其连盆罩起来扎好放在阳台上，在阳光下罩内温度升到20℃左右，注意喷水和通风，含苞待放时，半打开塑料袋，2~3天后去罩。放阳光下，不低于10℃，7天就会开花。一般每天保证4~6小时光照，如光照不足，可用40瓦日光灯补充。盆土含水量保持50%左右，如水分不足，花期延迟。从9月份开始，直至花苞露色停止供肥，肥料应以磷钾肥料为主，如枯饼、鸡粪、麻油渣，每10天1次，要腐熟、要稀，肥液和水、土勿溅于叶上。

如要延迟花期，在秋后入冷室或开花前1个月放入1℃冷室内，保持土壤微湿及弱光，冷室取出后，放在20℃条件下喷水施薄肥，1个月后可开花。

5.君子兰

大花君子兰，株形端庄，叶片对称，排列整齐，翠绿挺拔，四季常青如谦谦君子。花形幽雅高洁，潇洒华丽，色彩鲜艳。君子兰是我国名花之一，现为长春市市花。

君子兰

摆放地点

东向或南向阳台。因其喜温暖、凉爽的环境，放在东向阳台更好。夏季要保证通风，防止阳光直射；冬季最好移入室内饲养。

君子兰是花叶兼美的名贵盆栽花卉，花期在元旦至春节前后。居家用来装饰厅堂、书房显得极其美观大方、清丽秀雅。

形态

君子兰为多年生常绿草本花卉。根肉质纤维状，粗壮，长约10~20厘米。

基部具叶基形成的假鳞茎。

叶剑形，互生，二列叠生，排列于植株两侧，端圆钝，边全缘，宽带状，排列整齐成扇形，质硬厚。

伞形花序顶生，每序着生5~30朵小花，有的可多达40朵。花筒短，花冠漏斗形，长约10厘米，花橘红色、橙黄、鲜红、深红、橙红里带红色。

花期30~50天，以春、夏季为主。浆果球形，初期为绿色或深绿色，成熟时为紫红色。

成熟期长，约需8~10个月。

习性

君子兰具有喜温暖湿润及耐半阴的生态特性。忌强光、高温、干燥环境，耐寒性差。春秋两季是其适宜生长的季节。

栽培管理

(1)基质。栽培君子兰的土壤以腐殖质土、黏土、细沙按2∶2∶1的比例混合配制。盆土的pH值以6.7左右最好。可到林下取富含腐殖质的黑色表土，加些腐熟的鸡粪、马粪作培养土；城市居民可购买现成的“君子兰培养土”。

(2)花盆。盆要选透水性、透气性均好的泥盆，或陶质盆、紫砂砂盆，不能用瓷盆或塑料盆。盆不要太大，盆壁不要太厚。

上盆方法：

①在盆底放两块人字形瓦片，放上绿窗纱。

②装上培养土至一半，然后将泥炭、腐叶土（或君子兰培养土）、河沙按4∶5∶1的比例配制，并将水分调好。

③将君子兰的假鳞茎及根部舒展在盆中央，填上配制好的培养土，装至离盆沿2~3

厘米。如土壤湿润，可不必浇水。

（3）肥料。君子兰是喜肥植物，生长期要定期施肥。如果肥水不足，叶片长得薄而瘦长；只有肥水适当，才能保证叶片宽厚光亮。一般生长季节3~7天1次，半休眠期10~15天1次，休眠期1个月1次，喷施应在上午8时进行。开花前3个月应施磷、钾肥。每次施肥后要结合浇水1次。

（4）水分。水分是君子兰生长发育的重要条件。君子兰虽有一定的抗旱性，但缺水也长不好，所以浇水要见干见湿，使盆内含水量在25%~30%，空气湿度在75%~85%较为适宜。切忌浇水频繁及排水不良。春秋两季视盆土干湿可2~3天浇一次水；夏季君子兰处于半休眠期，浇水以早、晚为宜，并防止积水；冬季君子兰吸水能力差，可减少浇水，如要浇水也应在中午进行。

（5）温度。君子兰的生长适温为15℃~25℃，下限温度为10℃，上限温度为30℃。冬季需保持5℃~8℃的温度，温度低于5℃则停止生长，0℃以下易受冻害；夏季气温若超过25℃，叶生长缓慢。

（6）光照。君子兰是喜阴花卉，稍耐荫。夏季应特别注意遮阴和通风；冬季应移入室内接受光照。为使叶片生长整齐美观，应每隔十天半个月将花盆转向180°。

繁殖方法

（1）分株繁殖

当腋芽的叶片长到10~15厘米以后，便可进行分株繁殖。

分株操作时，要根据其腋芽的生长位置，来确定取芽的方式。是否需要进行翻盆，要看腋芽外露的情况。如果腋芽外露条件好，母株翻盆后还不到2年，这时最好是不翻盆取芽。可将营养土扒开，只要能看见腋芽在母体上的位置，就可取芽繁殖。

如果腋芽是在君子兰母体的根茎最下部位，就必须翻盆取芽，这种情况，最好结合君子兰翻盆换土时进行。

切取腋芽时的具体操作方法也要根据子株的大小,在母体上的位置来确定。一般的方法有两种:

一是手掰;

二是切取。

如果腋芽是生长在母株假鳞茎中部,就应该有计划地、分期分批地把母株基部的叶片摘除,直至腋芽完全裸露在鳞茎外部时,再确定是掰取或是切取。

注意:不论采取哪种取苗方法,分株后母株和子株的伤口处,都要及时涂抹维生素B_{12}药液;

然后用木炭粉或细炉灰进行伤口干燥和消毒处理,以防止植株体内组织液过多的外流。

待伤口完全干燥后,用准备好的河沙基质,上盆栽植养护。

(2)利用老根培养新株

君子兰的肉质根具有较强的再生能力,在翻盆换土的时候,掰下的老根不要甩掉,可在老根着生部位用竹片刀切一 0.3~0.5 毫米的口子,或用大头针插在根中间,刺激其再生力,使其萌发新芽。

通常 3 个月后,能在切口或针插处。形成绿色球状小瘤,再经一段时间养护,球状小瘤逐渐萌发新芽,成为一棵新的君子兰。

选择掰掉的老根应该粗细适当,一般直径在 1.2~1.5 厘米为好。太粗的影响母株生长,太细的发出的幼苗生长缓慢。

但是要注意当对老根进行生理刺激后,一定要把温度稳定在 20%~25℃。并在伤口处涂抹 B_{12}药液,以刺激生长,促使萌发。

最后将老根埋在腐叶土或细河沙中,深度以 0.5 厘米为宜,太浅根露在外,不利吸收水分,减弱萌发力;太深又影响呼吸和透光作用,对愈合伤口组织不利。

病虫害防治

(1)软腐病:多发生在下部的叶片上,开始时病斑暗绿色呈水渍状,以后病斑扩散连成片,茎组织变软腐烂,导致整株倒伏。

防治方法:栽植和换盆前进行土壤消毒,浇水要适量,施肥要充分腐熟,高温多湿季节要注意通风降温。在病害初期,可用青霉素、链霉素、土霉素等稀释5000倍液喷洒叶面或涂抹病斑进行防治。

(2)炭疽病:发病后叶片上出现湿润状褐色小斑点,扩展后呈半圆形至近圆形病斑,病斑上生有轮纹,其上散生颗粒状物。此病是多雨潮湿季节常见病。发病时可用70%托布津1000倍液、50%多菌灵800倍液、70%炭疽福美600~800倍液进行喷洒防治。

(3)介壳虫:君子兰的虫害主要为介壳虫。可采用人工捉虫方法或药物防治法。

注意事项

成年的君子兰在开花前先抽出花梗,俗称拔“箭”。但是,有些植株在生长发育中,花梗未抽出来,花蕾就形成了,夹在假鳞茎中,造成“夹箭”现象。其原因是多方面的,如:室温(盆土温度)过低,不利于花梗细胞分裂和伸长;花期营养不足,特别是缺少磷、钾元素所致;盆土板结,缺乏通透性以及浇水不足等等。解决办法是适当提高盆土温度;花期前加强肥水管理,也可应用“催箭灵”药物处理。

6.四季秋海棠

四季秋海棠,株形精巧玲珑,茎枝生长健壮,彩叶摇影纷披,花形妩媚奇特,花期持久,花色十分鲜艳,花和叶都具有较高的观赏价值。四季秋海棠叶片青翠,花繁似锦,显得十分欢快,把它摆放在阳台上,可以使环境中充满生机;将其吊栽于花盆里,能够使周围洋溢着春天般的气息。

摆敝地点

东向、北向、西向阳台均可。其中东向阳台的栽培效果较好。在生长旺盛期要注意浇水，又不能积水。夏季应该保持环境适当通风。冬季气温不宜过低。

四季秋海棠四季开花；其株形矮小，为小型盆栽花卉，盛花时株型表面几乎都被花朵覆盖，叶片也美丽具有光泽，适合装饰家庭书桌、茶几、案头等，还可配置花坛和花墙。

形态

四季秋海棠为多年宿根草本花卉。茎直立，光滑肉质，多分枝。

单叶互生，有光泽，卵形或卵圆形，叶基偏斜，叶片上常有绿、紫红或绿色带有紫晕等变化，边缘具小锯齿及毛。

聚伞状花序腋生，花单性，雌雄同株；雄花较雌花大；花色有白、粉红、红色，单瓣或重瓣。花期长，四季均可开放。蒴果三棱形，内含多数细小种子。

习性

四季秋海棠喜排水良好、富含腐殖质的沙质壤土，喜温暖、湿润和荫蔽的环境，不耐阳光暴晒、雨淋、渍水和高温，生长适温为18℃~20℃，低于10℃生长缓慢。冬季不耐寒。

栽培管理

(1)基质。盆土应选择排水良好、富含腐殖质的沙质壤土。如果有条件，所用盆土可由腐叶、细沙、园土按体积计以1∶1∶2的比例配成。

(2)花盆。盆要选透水性好、透气性好的泥盆，或陶质、紫砂盆，不能用瓷盆或塑料盆。盆不要太大，盆壁不要太厚。应每年倒盆1次，及时剔除老根或坏死根。

(3)肥料。7~14天旌1次沤制好的稀液肥。夏季高温季节处于半休眠状态，宜摆放于通风良且遮阴处，此时应停止施肥。

为使株形饱满，花繁叶茂，生长期应多次摘心，同时施以磷、钾肥。四季秋海棠养殖1~2年后，即显衰老，这时可从基部重剪，促发新芽，经摘心处理，可恢复原有茂盛姿态。

(4)水分。四季秋海棠春季生长旺盛，应注意及时浇水，要求水分适中。夏季高温时处于休眠状态，应控制浇水。

(5)温度。四季秋海棠喜温暖湿润,不耐寒,最适温为20℃;雨淋易使植株烂根。夏季高温时处于休眠状态,应放置于阴凉通风处;冬季室内越冬,最低温度不得低于10℃,否则易受冻害。

(6)光照。四季秋海棠喜光.但忌阳光暴晒,光线过强,易使叶片卷缩并出现焦斑,光线不足则长得瘦弱,影响开花,且花色浅淡。

繁殖方法

四季秋海棠,大多采用播种的方法,进行有性繁殖。一般家庭莳养,需要的种苗较少,采用扦插的无性繁殖方法更为简便。

扦插繁殖。四季秋海棠,春秋两季都可进行扦插繁殖。

①苗床,可用薄木板制作,一般长40~45厘米,宽30~35厘米,高20~25厘米。

②基质,可用蛭石或珍珠岩,上床后便可进行扦插。

③扦插时,挑选生长健壮的枝条作插穗,每段长8~10厘米。

④下剪时,沿枝条节间下端剪取。然后按4厘米×4厘米的株行距,用竹签打孔,插入苗床的基质中,用细孔喷壶把水喷透;床上覆盖玻璃,置于湿润温暖的地方,早晚进行弱阳光照射,一般15~20天,便能生根。

⑤当幼苗嫩根长到2~3厘米时,便可用小号花盆盛上培养土,进行栽培。

换盆方法

(1)首先轻轻敲打花盆,使盆土松动。注意敲打的力道,不要震伤细嫩的枝芽。

(2)待盆土松动后,倒转花盆约45°。一只手扶稳植株,另一只手轻轻拍打盆底。

(3)将瓦片垫入新盆中。防止土壤流失,保证排水良好。

(4)将新底土填入盆中。

(5)加入底肥。

(6)将退好盆的植株垂直放入新盆。

(7)填入与植株适应的新土。

(8)将盆土按压实。使盆土低于盆沿 1-2 厘米。

(9)为了美观可以在土壤的表面覆盖一层石子或陶粒。

病虫害防治

(1)蚜虫。蚜虫密集在植株顶部嫩梢及花蕾上,用口器刺吸汁液,造成嫩叶萎缩卷曲,叶片发黄。不仅影响开花,还会引起植株枯萎死亡。防治方法:

①加强通风、改善栽培外环境。

②用香烟头 5 克加水 75 克浸 24 小时,然后用浸液喷洒,效果很好;或用 50%灭蚜松乳剂 1500 倍液或 25%亚胺硫磷乳剂 1000 倍液喷洒。

(2)红蜘蛛。防治方法:

①发现红蜘蛛后,管理上要增加地面喷水,或经常喷雾来增加空气湿度,可以抑制红蜘蛛的繁殖。

②危害刚开始时可及时摘除病叶,以防蔓延。

③危害严重或有一定数量时可用 40%三氯杀螨醇乳剂 2000 倍液或 40%乐果乳剂 1000~1500 倍液喷杀。

(3)卷叶虫。在 5~6 月间危害四季海棠嫩叶及嫩芽。这种虫体很小,主食嫩叶,能使叶片反卷,使植株长势减弱,开花不好。防治上只需加强检查及时摘除即可。

(4)茎腐病。这是四季海棠的常见病害,其症状是在根颈及茎的较低部位出现水湿形状的斑纹,稍不注意就会软化腐烂。该病主要因盆土过湿所致,只要控制好浇水,保持盆土不要过湿即可避免。

7.万年青

万年青是一种适宜盆栽的观叶、观花、观果花卉。鳞茎球形,颜色青翠,叶片自其顶端抽生,披散生长,别具一格,叶色翡翠碧绿,四季常青,特别是在冬日的少花季节,万年

青生机盎然，鲜果累累，深受人们喜爱。它颇耐干旱，也较耐荫蔽，日常管理十分简单，作为阳台花卉非常理想。

摆放地点

东向、南向、西向、北向阳台。西向阳台的栽培效果最好。由于它高矮适中，因此可以摆放在大小不同的各类阳台上。在其生长旺盛阶段，要将植株置于每天接受散射日光不少于 2 小时之处。夏季应该保持环境适当通风。冬季气温稍低并无妨碍。

自古至今，万年青被视为吉祥如意的象征，极适于盆栽供室内、厅堂摆放，或者布置会场，碧叶红果，相映成趣；南方可露地种植于庭院中，与竹、梅、松及拙石点缀构成小景，是良好的林下地被植物。

注意：万年青有一定刺激性和毒性。其茎叶含有哑棒酶和草酸钙，触及皮肤会产生奇痒；误尝它还会引起中毒。

形态

万年青为多年生常绿草本植株。地下根茎短粗，肉质，节处有细长须根。

叶丛生于根茎上，呈带状阔披针形，边缘呈波状，顶端极尖，基部稍狭。

花梗自叶丛中抽出，较短，簇生多数淡黄带微绿色小花，穗状花序。花小、白绿色。花期 4~5月。浆果红色，圆球形，红色，密生于梢头，经冬不凋。

习性

万年青为北亚热带林下植物，喜半阴，畏强光。喜温暖湿润气候，耐寒力较强，能耐-8℃左右的低温及霜雪，秦岭以南地区可露地越冬，但忌严寒。喜弱光，适生于半阴的环境，忌强光直射，冬、春季宜在阳光下生长。喜肥沃、疏松、排水良好的微酸性沙壤土，忌涝；忌干旱。

栽培管理

（1）基质。万年青喜排水良好、肥沃之腐殖土（呈微酸性，在碱性土中叶片会变黄）。

4月底出圃后，置于荫棚下通风良好之处。万年青盆栽宜选用腐殖土加过磷酸钙、草木灰等作基肥。

(2)花盆。一般用大盆。万年青栽植3~4年后，应换一次盆。可在3~4月或10月中下旬换盆1次，用加肥培养土，盆底可垫蹄角片作底肥。换盆时结合分株，除去部分陈土，并切除衰老的根系，补充一些营养土和基肥。

(3)肥料。生长期每隔10天左右追施1次稀有机液肥，能使植株生长健壮，叶片常年翠绿。冬季则停止施肥。

(4)水分。盆土宜经常保持湿润，避免出现因缺水而枯叶。但不要浇水过多，春、秋两季盆土不干不浇，浇则浇透；忌盆内积水，盆土过湿，易使其肉质根腐烂。冬季更要严格控制浇水，以免浇水过多引起烂根。万年青喜欢空气湿润，如果空气干燥，使叶缘、叶尖干枯。为此应经常用水喷洒叶面及周围地面，保持空气湿润，以利保持叶片清新。开花期间，避免雨淋以保证结实。

(5)温度。万年青喜温暖湿润气候，耐寒力较强，北方地区霜降前后，移入室内通风良好、阳光充足之处，减少浇水量，每隔10天左右，用水喷洒叶面1次以除去叶面蓄积尘土。越冬期间，室温应不低于5℃。室温宜控制在5℃~12℃之间，过低易受冻害。

(6)光照。万年青喜半阴，春、秋两季每天应适当见些阳光，夏季应注意遮阳，避免阳光直晒。宜置荫棚下，避开日晒和中午强光，否则叶片发黄。冬季则应置于日照充足处。

注意：立夏前后，要把植株外围的叶子剪除一些，以利萌发新芽、新叶和抽生花梗。室内栽培应经常清洗叶面，保持青翠肥润，花期移至室外阳台弱光处，以利结果。

繁殖方法

分株繁殖。万年青生长繁茂，根系发达，每年都要消耗大量的养分。因此，要年年翻盆换土，时间在2~3月。万年青萌发力强，基部容易产生蘖芽，这些新发的蘖芽就可进行分株繁殖。分株可结合翻盆换土同时进行。

①把丛生状的母株从花盆中带土团取出,抖去附着土,按其自然缝隙分切,每丛2~3株。

②切后用草木灰涂抹切口。

③然后分栽于大小适宜的宜兴紫砂盆内。

万年青再生能力强,分株后生长快,3~4年后又可再分。

换盆方法

1.首先轻轻敲打花盆,使盆土松动。注意敲打的力道,不要震伤细嫩的枝芽。

2.待盆土松动后,倒转花盆约45°。一只手扶稳植株,另一只手轻轻拍打盆底。

3.将瓦片垫入新盆中。防止土壤流失,保证排水良好。

4.将新底土填入盆中。

5.加入底肥。

6.将退好盆的植株垂直放入新盆。

7.填入与植株适应的新土。

8.将盆土按压实。使盆土低于盆沿1-2厘米。

9.为了美观可以在土壤的表面覆盖一层石子或陶粒。

病虫害防治

万年青在室内不通风处常易遭介壳虫危害,应及时喷药防除。可用40%氧化乐果1000~1500倍液防治。

8.仙客来

仙客来,是秋季生长、冬季开花的名贵花卉。花形袖珍,态若飞动,别具一格;叶形奇特,玲珑清晰,紫红有光,玉垒烟碧,耀目争辉。近年来,在园艺花卉栽培中崛起,成为早春点缀居室、客厅、美化室内的佼佼者。

摆放地点

春秋季放于东向、南向阳台，夏季放北阳台，冬季最好入室过冬。

仙客来花形奇特，花朵别致，花期长，是元旦、春节期间重要的观赏花卉。花色美丽，叶形优雅，是花、叶、茎整体协调的高级花卉，可陈设在家庭、单位及集会会场，易于管理。也可作为馈赠礼品，倍增情趣。仙客来花朵色彩明快，花形新奇可爱，作为案头插花寿命较长，因此颇受消费者的喜爱。

形态

仙客来为多年生球根植物。地下具扁圆形肉质球根。块茎扁球形，一年生球根暗红色，多年生紫黑色，外被木栓质皮。球根顶部为短缩的茎，地上无茎。

单叶丛生于球茎顶部，叶片心状卵圆形，边缘有大小不等的细圆锯齿，叶面绿色有白色斑纹，叶背紫红色。

叶梗及花梗从球茎生长点处抽生，花梗细长，长 15~25 厘米，肉质。顶生一花，花单生下垂，大型，花萼 5 裂，花瓣 5 片，基部连合成筒状，上部深裂，裂片向上翻卷而扭曲，形如兔耳，又名兔耳花。花色有红、白、粉、紫、复色等，有的带芳香。花期冬、春季。蒴果。

习性

仙客来全年喜好温和气候，既不耐寒，又不喜欢暑热。性喜凉爽、湿润及阳光充足的环境，忌炎热和雨淋。秋、冬、春季为生长季，夏季休眠，要求疏松、肥沃、排水良好的土壤，生长发育适温 15℃~25℃，土壤 pH 值 6~6.5，要求空气湿度 60%~70%。仙客来属日照中性植物，喜阳光但忌强光照射。在我国华东、华北等地需温室栽培。夏季一般处于休眠或半休眠状态，休眠期温度不宜超过 30℃。秋冬春三季为生长期，最适宜温度为 10℃~20℃左右，若促进开花不宜超过 15℃~18℃。要求疏松肥沃、排水良好的酸性沙质壤土，忌水涝。

栽培管理

仙客来作为一种球根花卉,对外界环境条件,特别是温度、湿度、光照等条件要求较严格,加之仙客来的生长周期较长,从播种到开花约需1年,所以长期以来,仙客来的栽培被视为不易之事。

(1)基质。仙客来常用栽培用土配方有下面几种:河沙:腐叶土:园土:粪肥为4:4:1:2;泥炭:河沙:粪肥为2:2:1;炉渣:蛭石:腐叶土:粪肥为1:1:2:1;泥炭:蛭石为1:1。栽培用土中要适当增加基肥,一般可在每立方米基质中加入复合肥0.1~1千克,其复合肥氮:磷:钾为2:1:2。如采用含泥炭的栽培土,则每立方米还要添加适量的碳酸钙,添加量同泥炭的pH有关。栽培用土调配好后,需要进行消毒处理。

(2)花盆。作为盆花的仙客来,通常将其幼苗栽植在直径6~8厘米的小花盆内,到幼苗进入成苗后,再栽植在直径12~14厘米的较大盆内。

在移栽前,应根据出苗率和播种量预备充足的花盆,然后把所要使用的花盆浸泡在50倍福尔马林溶液中,进行20分钟的消毒处理,晾干待用。

盆栽时以浇水喉1/3球茎露出盆土为宜。

(3)肥料。仙客来喜肥,但需施肥均匀。一般可采用定期施肥方法,即每隔7~15天追一次肥,浓度为0.1%,氮、磷、钾的比例为10:5:25。仙客来10片叶时是一个重要时期,一般出现在5~6月份,由此进入生长和生殖旺盛阶段,此时应加强肥水管理。进入夏季要停止施肥。入秋后又要注意施肥和增加光照。

(4)水分。仙客来性喜湿润,因而水分是其生长发育的必要条件。平时注意浇水,但忌浇水过频。为防止挖苗时根系损伤过大,在移苗的前几天要给仙客来种苗浇透水,便于移栽时起苗。同时,在浇水时,可适量放入杀菌剂,如多菌灵、百菌清、硫酸铜等,以提高植株机体的抗病能力,防止根系受损后病菌的侵染。

(5)温度。进入夏季要尽量降温、通风,防止徒长,保存已有叶片。温度是控制花期的主要条件，一般品种在10℃条件下，花期可延长15~40天。

(6)光照。仙客来喜光，在仙客来营养生长期，要求外界最适温度应在10℃~20℃，不能超过25℃；最佳的光照强度应在1.5万~2.5万勒克斯；栽培基质水分应充足，以满足幼苗期植株生长需求，相对湿度应保持在75%左右。每周补施1次营养液，该营养液是以氮、钾元素为主的全素营养液，每次施用浓度为0.1%左右。此外，应定期用波尔多液或链霉素等喷洒，以预防病害发生。同时应注意天气变化。

注意事项

仙客来的移栽期由仙客来幼苗生长速度和播种密度所决定。如播种时密度较大，则在种苗长至2~3片真叶时就应进行移栽；如播种密度适中，则可以在幼苗生长到4~5片真叶时再进行移苗。有些品种生长势强，出叶速度快，应适当早移，以免植株间相互遮阴而不利于幼苗继续生长。

起苗时，应用竹签或镊子将幼苗轻轻挑起，尽量不要抖落原土，以免落土时扯断根系。

幼苗取出后，最好立即上盆，避免幼嫩植株体在空气中暴露时间过长而失水变软，影响成活率。

幼苗植入盆内时，应将根系轻轻展开，再轻轻压实，使根与栽培基质充分接触。仙客来的球茎不宜埋入土中过深，必须露出表土1/3~1/2。

上盆后应用细喷壶喷水，要充分浇透，并进行2~3天遮光，以后可逐渐增加光照。

此外，花期管理中应定期转动盆钵，使仙客来植株生长均匀一致，钵体丰满美观。

繁殖方法

播种繁殖。用播种的方法繁殖仙客来，关键在于选好品种，掌握好开花的时机。可在第一批开花的植株中，选择花型优美、色彩鲜艳、有香味的健壮植株，每盆留花10朵左右，其余花蕾剪去，以便集中养分，促使种子饱满。花后施一次磷钾肥料，春季充分进行

阳光照射,5月以后转入半荫蔽处莳养,加强通风,降低环境温度,为种子的后熟创造条件。

仙客来的种子大约6月中下旬成熟,蒴果尚未开裂时采收,置于阳光下晾晒,果皮开裂后取出种子,贮藏于有河沙的花盆内,也可用布袋置于阴凉通风处,待到9月至次年的2月,在温室内播种。

①仙客来播种,可用土陶花盆作苗床,大小根据种子的多少而定。播种基质可用素沙土4份、菜园土2份、森林腐叶土2份、马粪土2份配制而成,使用前严格进行高温消毒。

②仙客来的种子在播种前,要用25℃~30℃的温开水浸泡。种子刚放入温水中要不断地搅动,水凉以后,继续浸泡24~48小时。

③再把种子捞起用湿毛巾包裹,放在20℃~22℃的恒温(注意温度过高,反而延迟种子萌发)条件下催芽。每天用22℃的温水浸湿毛巾一次。

④一周后便可以1~2厘米的株行距,把膨大的种子点播在苗床内,温水喷透后,再覆盖细沙0.5~0.7厘米。注意覆土不能过厚,厚了小苗球根不能露在盆土表面,容易烂根。

⑤播种以后,苗床覆盖玻璃,置于温室内莳养。温室的温度应控制在18℃~20%左右,一般十天半月就能发芽。

⑥一旦出现叶片,就应及时将苗床移至光照处,以利幼苗成长。再养半月就能长出1~2片真叶,这时,白天可以晒4~5小时的太阳,利于幼苗进行光合作用。

⑦一般真叶长出2~3片后,就可分盆栽植于10~12厘米的小花盆中。

⑧当小株长到5片新叶后,再定植于中号浅盆中。

仙客来小苗经过17~18个月的营养生长期,待叶片长到12~13片时,就能开花。

病虫害防治

(1)灰霉病。仙客来灰霉病是仙客来极易感染的病害,它能危害仙客来的叶片、叶柄

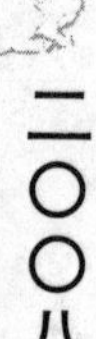

和花。病害严重时,叶片、叶柄枯死,花器腐烂,霉层密布,最终球茎腐败。防治方法:

①加强温室通风,适当降低湿度;避免机械损伤,以防病菌侵入;及时清除病叶,减少病菌来源;合理施肥,以免氮肥过量。

②发病前定期喷洒75%百菌清800~1000倍液,或1:1:200波尔多液。发病时喷施70%甲基托布津800~1000倍液,或50%溶菌灵800~1000倍液,或50%多菌灵500~800倍液,或65%代森锌500~800倍液。

(2)炭疽病。主要危害仙客来的叶片和叶柄。发病严重时,可使叶片枯死。防治方法:

①种子播种前要用次氯酸钠或高锰酸钾或升汞等消毒。病叶摘除后应及时烧毁,浇水时尽量避免浇湿叶面。

②可用代森铵500~1000倍液,或1:1:200波尔多液,或多菌灵500~800倍液喷雾防治。

(3)仙客来螨。仙客来螨寄生于球茎、叶、花蕾等处吸食汁液,使叶黄化畸形,开花异常。防治方法:注意种子消毒,用0.01%升汞溶液浸泡可以消除螨虫的传播。用3%呋喃施于盆中,每盆2克,药物有效成分被植株根系吸收后可传遍全株,以杀死螨类。用40%三氯杀螨醇1000~1500倍液,或特螨克威2000倍液喷杀。因螨类多寄生在幼叶和花蕾中,喷药时一定要注意喷到幼叶和花蕾。

注意事项

在栽培过程中,仙客来的花期往往不尽如人意,可能偏迟或提前。针对这种情况,通常可采用下列措施加以调节。提前花期可用10~50毫克/升赤霉素点涂花蕾处,可提前7~10天开花。推迟开花采用低温处理,把仙客来置于5℃~10℃环境中,延缓仙客来开花。可通过降低环境温度,或施入阿司匹林溶液,每株1片,延长仙客来花期。

9.蟹爪兰

蟹爪兰花似叶非叶的茎节连成蟹爪，翠绿的蟹爪上悬挂着色彩艳丽的花朵，色彩缤纷，娇艳夺目，幽雅、高洁、庄重，象征着吉祥如意和幸福。蟹爪兰的盛花期，恰逢圣诞节，故而西方又称它为"圣诞花"，蟹爪兰因此也更富神韵，成为花中珍品了。

摆放地点

蟹爪兰

东向、北向、西向阳台均可，尤以东向阳台为佳。

蟹爪兰喜半阴，春季宜放在室内向阳处或朝南的阳台上培养，并注意通风。入夏后移至北面阳台或室内东向窗台附近养护，注意通风，切勿让烈日直晒。入秋以后可放在阳光较多的地方接受光照，以促进花芽分化。蟹爪兰不耐寒，冬季在气温低于5℃时可移入室内向阳处越冬，室温可保持在15℃左右。

形态

蟹爪兰为常绿多肉多浆植物。茎节扁平，肉质，茎节的边缘有2~4对尖齿，边缘呈锐锯齿状。先端截形。

花着生在茎节的顶部，花被开展反卷，冬、春季开花。品种较多，花色艳丽，有大红、粉红、淡紫、黄橙、白等色，十分美丽。

蟹爪兰性喜温暖湿润的环境，宜半阴，忌强光照射，较耐旱，怕水涝，不耐寒冷。要求富含腐殖质而又疏松肥沃、排水良好的沙质土壤。是典型的短日照植物。

栽培管理

(1)基质。盆栽蟹爪兰可用腐叶土、园土、粗沙等量混合，加少量骨粉配成培养土。

(2)花盆。一般采用30厘米以上花盆。上盆和换盆多在春季新芽萌动之前进行。移植后，待新芽萌动时，可逐渐增加浇水量。每隔1~2年于春季花谢后换一次盆。

(3)肥料。蟹爪兰施肥必须把基肥和追肥互相配合使用，效果才比较显著。基肥可用有机肥与少量化学肥料配合。如基肥用量过多也会烧伤根系，造成植株死亡。

每年5~7月生长期间，每2周施一次稀薄饼肥水或复合化肥，入夏之后应暂停施肥。从立秋至开花期间，肥水供应要充足，一般每7~10天施一次稀薄液肥；孕蕾开花前增施1~2次0.2%的磷酸二氢钾溶液或0.5%的过磷酸钙溶液。

薄肥是指取3份浓肥，加水7份；或取1~2份浓肥，加水8~吩。追肥应在傍晚施用，盆土要略干，这样吸收效果才好。

(4)水分。蟹爪兰虽较耐旱，但其生长也不能缺水。特别是在生长旺盛期，其变态茎需要大量的水分。一般来说，夏季温度高，蟹爪兰生长处于停滞状态，此时应停止施肥并控制浇水，但每天需向变态茎喷水2~3次，以增加空气湿度，降低气温，使其安全越夏。孕蕾期要经常喷水，保持变态茎及花蕾湿润。

若天气转冷，霜期到来，花卉进入休眠期，此时就应减少浇水和停止施肥，将残花全部剪掉，并进行适当整形。待茎节上长出新芽后再转入正常肥水管理。

(5)温度。温度对于蟹爪兰的生长发育、生理机能，现蕾开花均有影响。凡已经定型的蟹爪兰，在南方地区，春夏秋冬既不需要遮阴，也不需要进温室越冬，可长年摆放于阳台上莳养。但开花期温度维持在12℃左右则可延长花期。

(6)光照。蟹爪兰属于短日照植物，适宜蟹爪兰孕蕾的温度一般为18℃~25℃。由于夏季长时期接受阳光照射，积温情况好，到了9月份短日照时，便现花蕾，一般11月份就能开花。

繁殖方法

繁殖蟹爪兰一般多用无性繁殖的方法进行，就是用蟹爪兰的营养器官——叶片变态

茎来培育新植株。通常采取的方法有分株法、扦插法和嫁接法三种。

1.分株繁殖

就是把蟹爪兰茎根基部所发生的蘖枝，由母体上切离栽培成新植株的方法。一般只要种了三年以上的，都可以进行分株。这种繁殖方法的特点是：手续简便，成活率高，植株发育生长快，如莳养得法，当年就能开花，但是繁殖数量小。

我国南方地区一般都没有取暖设备，主要是利用自然气候条件。因此，必须在谷雨节以后进行。这时气温可达20℃以上。其他地区可以根据当地气候情况，适当提前或推后。总之，应在当地气温已稳定在15℃~20℃时，进行分株才稳妥可靠。

在分株以前，必须做好以下准备工作：

①要根据分栽植株的大小，选好花盆、培养土和消石灰粉（陈旧性粉墙石灰）。

②是在花盆的底部扣上一块瓦片（最好放上一点干木炭碎块），上面再放培养土。

③对刀具要进行严格消毒，比较简便的方法是将刀具在磨石上面快速干磨，这样一方面可以去掉锈垢，另一方面快速摩擦产生的高温，能起到消毒的作用。

全部分株法：全部分株，是将蟹爪兰从盆中全部掘起，用消毒刀具切成若干小株，每株可带10~20片变态茎叶，下部带根，分别栽植。全部分株大株的需要两人进行。

具体操作方法是：

①将蟹爪兰的茎片全部清理，去掉尘垢，用牛皮纸捆成筒状型，保护叶片。

②双手拍打花盆，使盆中土壤和盆分离。

③一人托住蟹爪兰，一人轻轻取盆。

④蟹爪兰取出后，再解开绳子和牛皮纸，根据植株大小细心切离。切口处涂抹消石灰消毒，使伤口的黏稠液快速凝固。待切口稍干缩后重新上盆。

注意：用上述方法分株，必须对切口进行严格消毒，其做法是，在切口上涂抹消石灰粉，使伤口迅速干燥，保证植株体内黏稠液不受损失，待伤口收缩后，进行栽植。

病虫害防治

常发生炭疽病、腐烂病和叶枯病危害叶状茎，特别在高温高湿情况下，发病严重。发生严重的植株应拔除集中烧毁。病害发生初期，用50%多菌灵可湿性粉剂500倍液，每旬喷洒1次，共喷3次。介壳虫危害严重时，叶状茎表面布满白色介壳，使植株生长衰弱，被害部呈黄白色。如被害植株较轻，可用竹片刮除，严重时用25%亚胺硫磷乳油800倍液喷杀。

注意事项

要蟹爪兰在光照逐渐缩短的冬季开花，只要人为地进行光照处理，就能达到提前或推迟开花的目的。

如要蟹爪兰提前在国庆节开花，只要提前65~70天，采取遮光的特殊措施，把蟹爪兰放在阴凉通风处，每日从早晨7时至下午3时给以光照外，其余有光时间用黑布遮挡，使之不见一点光线。因这段时间正值湿热季节，夜间应拆除黑布，通风散热，平均温度不得超过20℃。这样大约经过1个月的时间，蟹爪兰的花芽便开始分化，50天左右就能现蕾，到国庆节正好开花。

如果要蟹爪兰推迟在次年清明节开花，则应反其道而行之，对蟹爪兰作加光处理。

10.紫鸭跖草

紫鸭跖草叶色美丽，粉花小巧，鸭跖草有一定程度耐阴性，是极好的室内观赏植物，并可置于高处或将盆吊起来，增加立体感，具有很强的装饰效果。它在粗放的管理条件下也能茁壮生长，因此特别适合缺少经验的人进行栽种，是装点阳台的理想植物。

摆放地点

东向、南向、西向阳台。由于它高矮适中，因此可以摆放在大小不同的各类阳台上。在其生长旺盛阶段，要将植株置于每天接受日光直射不少于2小时之处。夏季应该保持

环境适当通风。冬季气温稍低并无妨碍。

紫鸭跖草叶色红艳，终年不变，且常有花在，是很难得的观叶观花植物。既可悬挂于廊檐下、阳台顶棚上，让枝叶沿盆向四周蓬散下垂，也可高置于书架顶端和高脚花架之上，任其自然下垂。夏季也可露地成片栽植于草坪中或花坛边缘，其美丽的叶姿叶色，叫人流连忘返。

形态

紫鸭跖草为多年生草本植物。全株深紫红色，枝条细长，匍匐下垂。植株叶、茎梢肉质，节处膨大。

叶互生，狭圆形，先端锐尖，叶鞘先端有毛，叶缘、中脉两侧紫红色，中间灰绿色。

花小，多为紫色，也有红、蓝、白等色。伞形花序，有两枚阔披针形苞片。花期较长。

习性

鸭跖草对土壤要求不严，一般园土就能生长良好，但栽植在疏松、肥沃的土壤中长势更佳。喜温暖湿润及明亮光，忌阳光暴晒。也耐半阴，不耐寒。喜水喜肥。也能耐阴。花期甚长，5~10月陆续有花。单花开放时间较短，朝开夜合。

栽培管理

(1)基质。紫鸭跖草喜肥沃、疏松土壤。一般用草炭4份、腐叶土4份和沙土2份配制而成，盆底加少量腐熟饼肥作基肥，盖上土，底部应填充1/4的颗粒状物，以利排水。

(2)花盆。鸭跖草宜选用高盆或将盆吊起，使枝蔓下垂，显得潇洒自如。每年3~4月换盆1次，宜用加肥培养土，盆底垫颗粒复合肥料作底肥。

(3)肥料。4月出圃后，置于阳光充足、通风良好之处，生长期保证水肥供应，生长期间每隔半月左右施一次以氮肥为主的复合花肥或饼肥水。只有养料充足，方能保证其茎节粗壮，叶色浓绿或紫红。

(4)水分。在春、秋季将花盆悬挂在中午不受阳光直射的阳台空中或廊檐下，经常喷水增加空气湿度，并保持盆土湿润。这样可以保持叶色红艳，鲜嫩可爱。

夏季应置于室内散射光处养护，并注意通风降温，可经常往枝叶和盆花周围喷水，以降低温度。冬季可悬挂在窗前光线较充足的地方，室温保持在10℃以上，适当控制浇水，但应经常用与室温相近的清水喷洗枝叶，以防烟尘玷污叶面，影响观赏效果。

(5)温度。5月中旬出室，10月初入室。盛夏时节，应移至半阴处。10月移入室内阳光充足之处，保持盆土湿润，温度不低于10℃即可。越冬最适温度为15℃~20℃，不可低于10℃。

(6)光照。鸭跖草亦可于荫处培养，但长期光照不足，易使茎节变长，细弱瘦小，叶色变浅。

养护一定时期后，下部叶片易干，影响观赏效果，此时可自脱叶处短截，令其重发新枝。剪下部分可作插穗用。

繁殖方法

鸭跖草常用分株或扦插法繁殖，以扦插为主，极易成活，全年均可进行。但多于春季结合换盆进行。

匍匐茎遇湿润土壤极易生根，此时可以从茎基部切断；上盆培养，并进行摘心、整枝处理，使其株形饱满。

同时还可利用所剪下枝条进行扦插育苗。扦插繁殖时可剪取5~7节枝茎插入素沙土中，节节都能生根，极易成活。

病虫害防治

棉红蜘蛛：以成螨、若螨群集吮吸叶背、花蕾汁液并吐丝结网。严重危害花草，甚至死亡。防治方法：①去除杂草，结合整枝，摘除受害严重的叶片，集中处理。②可选喷15%哒嗪酮乳油1000~2000倍液，或1%灭虫灵乳油2500倍液，每7天喷1次，连续喷2~3次。

11.长寿花

长寿花,株形小巧,娇态玲珑,叶色亮绿,花态奇特鲜艳,灿烂夺目。长寿花瓣心有蕊,娇姿美态,一经开放,有如繁星点点,密布枝头,极为美丽。长寿花株形紧凑,花色鲜艳,是一种极其耐旱、十分好养的阳台花卉。对于没有时间护理花卉的人来说,种上一盆长寿花既能较好美化环境,又能节省管理时间,不失为明智的选择。

摆放地点

南向阳台。由于它的植株较为矮小,因此适合用来装点较为狭窄的阳台。在其生长旺盛阶段,最好将植株置于全日照之处,如果条件不允许,则每天至少保证要有3小时的直射日光。夏季应该保持环境通风。冬季气温稍低并无妨碍。

长寿花植株矮小,株形紧凑,叶色碧绿,花色艳丽,花团锦簇,花期甚长,开花时节正值元旦、春节,为优良的年花之一。用小型的紫砂盆栽培,摆放在窗台或茶几、书桌上,既可观叶,又可赏花,为喜庆节日增添欢乐气氛,也是新春佳节赠送亲友的好礼品。

形态

茎直立,株高10~30厘米。叶肉质,对生,椭圆状长圆形,深绿色有光泽,边缘稍带红色。

圆锥状聚伞花序,花色有绯红、桃红、橙红、黄、白等色。自然花期,一般从12月下旬开始,可持续到来年5月初,因此得名长寿花。

习性

性喜冬暖夏凉的环境,畏酷暑和严寒,喜阳光充足,也能耐半阴。耐旱怕水涝。生长适温为15℃~25℃,高于30℃生长迟缓,低于10℃生长停滞,0℃以下受冻害。

栽培管理

(1)基质。盆土以选用腐叶土4份、园土4份、河沙2份,另加少量骨粉混合配制而成为好。这种培养土疏松肥沃、排水性能好,呈微酸性反应,有利于长寿花生长发育。

(2)花盆。盆要选透水性、透气性均好的泥盆,或陶质盆、紫砂盆,不能用瓷盆或塑料盆。盆不要太大,盆壁不要太厚。一般于每年春季花谢后换一次盆。

(3)肥料。生长旺季可每隔 2~3 周施一次稀薄复合液肥,促使生长健壮,开花繁茂。11 月份花芽形成后增施 1~2 次 0.2%磷酸二氢钾或 0.5%过磷酸钙液,则花多色艳花期长。

(4)水分。长寿花耐干旱,故不需大量浇水,平时只要每隔 3~4 天浇一次透水,保持盆土略湿润即可。冬季低温时和雨季要控制浇水,以免引起烂根。

(5)温度。冬季需注意防寒,室温不能低于 12℃,以白天 15℃~18℃,夜间在 10℃以上为好。如果温度过低,则叶片发红,开花期推迟或不能正常开花,影响节日观赏。

(6)光照。长寿花喜阳光充足,家庭培养一年四季都应放在有直接阳光的地方。但夏季中午前后宜适当遮阴,或移放室内半光处,否则光照太强,易使叶色发黄。反之,若光照不足,不仅枝条瘦弱细长,叶片薄而小,株形不美,而且开花数量减少,花色不鲜艳,还会引起叶片大量脱落,失去观赏价值。

注意:长寿花具有向光性,因此生长期间应注意调换花盆的方向,调整光照,使植株受光均匀,促使枝条向四周各方匀称生长。花谢后要及时剪掉残花,以免消耗养分,影响下一次开花数量。

繁殖方法

长寿花是一种再生能力较强的花卉,常用播种、扦插和组织培养的方法,进行繁殖。

扦插繁殖。长寿花萌发力强,扦插繁殖极易成活。时间宜在春季的 3~5 月,夏末秋初的 8~9 月,如果有温室设备,全年都可进行。

①扦插前,可用大小适当的木箱作为扦插苗床,使用前严格进行清洗消毒。基质可用珍珠岩、蛭石和泥炭等,装入苗床备用。

②插穗的选择也很重要，长寿花具有肥厚的叶片和叶柄，这些生殖器官都具有再生能力，都可用来作为插穗进行扦插繁殖。扦插前，可挑选成熟的生长健壮的叶片一整张，将叶片上的支脉于接近主脉处切断数处。

③扦插时，将叶片平铺于湿润的基质上，使叶片与基质密贴，并用竹签等物加以固定。

④以后用浸盆法，保持土壤湿润，待其愈合生根、发芽后，便可分开栽培，另成一棵独立的植株。

长寿花，还可用嫩枝进行扦插繁殖，时间在夏季的6~7月。

①插穗可选当年生长的嫩枝，剪取枝条顶端一段，长约8~10厘米，一般要有4~5个芽节。

②保留顶端叶片，剪除基部叶片，置于阴凉通风干燥的地方。

③待其刀口略为干缩后，按5厘米×5厘米的株行距进行扦插，插入基质深度为插穗长度的1/3~1/2。

④插好后用细孔喷壶喷水，但不要一次把水喷透。因为，刚插上的插穗，根本无法吸收水分，水分过多，反而容易感染细菌，茎干也容易腐烂。

⑤5~7天伤口基本愈合，可把水喷透。

长寿花的营养器官内，营养丰富，内源激素充分，扦插后生根快，一般10~15天，就有根原体出现，15~20天就能长出白色嫩根。这时，要加强光照、促进幼苗生长。当植株上部开始萌动时，便可用培养土上盆栽培，每盆一株。如果莳养管理得法，秋季薄肥勤施，加强光照，到次年春季，就能长成丰满的盆花，春节便可置于室内观赏。

病虫害防治

主要有白粉病和叶枯病危害，可用65%代森锌可湿性粉剂600倍液喷洒。虫害有介壳虫和蚜虫危害叶片和嫩梢，可用40%乐果乳油1000倍液喷杀防治。

12.瓜叶菊

摆放地点

东向、南向阳台。尤以南向阳台最好。在其生长旺盛期要保证每天不少于4小时的日光直射。夏季注意遮阴、通风;冬季气温太低时要防冻害。

瓜叶菊花型变化多,颜色艳丽丰富,观赏价值高。花期长,是冬春季布置室内、厅堂、会场的重要盆花,也是切花、花环、花篮的好材料,还很适于成行或成丛种植花坛中,作镶边或构成图案。

形态

多年生草本,常作一二年生栽培,全株密生柔毛。

叶具长柄,形似瓜叶,表面浓绿,背面带紫红色。

头状花序多数聚集成伞房状,有白蓝、粉红、红、紫等色,有的品种还具有斑纹。花期特长,从11月至翌年4月。

习性

喜生于冬季温暖、夏季凉爽的气候条件,不耐寒冷霜冻或高温、高湿。当气温在50℃时,生长受抑制,长期低温或遇霜冻,植株死亡。喜生于土质疏松、肥沃、排水良好的沙质土壤,忌积水,水分过多,易引起烂根。忌炎热干燥。

栽培管理

(1)基质。上盆前,盆底应略施长效性基肥,盆土最好用腐叶土、园土、饼肥、骨粉,以60∶30∶6∶4配比。

(2)花盆。可用大小适宜的泥盆。盆底应加碎瓦片作排水层。

(3)肥料。在生长期间,每10天浇施1次稀薄液肥,夏季半个月喷一次稀薄液肥,但雨季忌施肥。在施肥时适当增施磷肥。每次施肥要防止肥水污染叶面。

(4)水分。瓜叶菊平时应保持盆土湿润,可根据盆土含水情况及时浇水。如果浇水过多,易徒长,节间伸长,影响观赏性,还会导致白粉病发生,造成叶片枯黄凋萎。瓜叶菊在生长期应保持空气湿润,炎热的夏季每日早、中、晚应向叶面及附近地表喷水,以便降低温度增加空气湿度。

(5)温度。生长适温为10℃~15℃。日常养护要控制温度和湿度,温、湿度过高花小叶大,开花早,花期短;温、湿度适当则花大叶薄而嫩,花色鲜艳花期长。冬季应置于10℃~13℃温室内,降低空气湿度。

(6)光照。瓜叶菊性喜光照,光照充足、通风良好有利于植株的生长和孕蕾。夏季室外培养应放置竹帘下,冬季每天中午气温较高时,应将花盆搬出室外,在太阳光下直接晒2~3小时,否则受光不足,易形成瘪籽。瓜叶菊有明显的趋光性,每周需转盆,以使株形匀称完整美观。

注意:采种期间每周施稀薄液肥一次,控制浇水,经40~60天可采到饱满的种子。嫩叶易遭虫食应将植株周围的杂草铲除,并注意及时喷药防治。

繁殖方法

以播种繁殖为主,重瓣品种不易结实,可用扦插或分株繁殖。采种的母株应健壮、花色泽鲜美、抗病力强,采集有阳光照射的花朵结成的种子。从播种到开花,约需8个月。

①为获得不同花期的植株,一般在4~10月在浅盆内播种。

②发芽最适温度为21℃,播种后覆盖塑料薄膜保持湿度,放阴凉处,约半个月发芽。

③苗出齐后可去掉薄膜,温度可降至16℃,并逐渐移至阳光处。

④出苗约1个月左右,待幼苗具有2~3片真叶时分苗,缓苗后温度可升至18℃~20℃,以便加速幼苗生长。再经1个月即可单株上盆。

选2月份开花的优良植株作采种母株,1~6月剪根部萌芽或花后的腋芽作插穗,插于沙中20~30天可生根。亦可用根部嫩芽分株繁殖。

病虫害防治

瓜叶菊根腐病。

①保持栽培环境的卫生。为了防止苗期猝倒病发生,育苗盆与培养土都要经过消毒处理。日常栽培环境要注意通风、透光。

②避免浇水过多,养护中浇水不能过多,尤其在温度较高时要少浇水,否则会导致白粉病的发生。

③及时喷药。发现病害,可用500~800倍液50%多菌灵稀释液,或用75%百菌清可湿性粉剂1000倍液喷洒防治。

注意事项

为使瓜叶菊花大色艳,可采取以下措施:

①宜在8月下旬至10月上旬播种。待幼苗长出2~3片真叶时移植1次,长出4~5片叶时再进行移植。

②幼苗长出5片叶子时,摘去顶芽,促使萌发侧芽,一般保留3~4个侧芽。生长期需将基部萌发的腋芽及时抹去,以免消耗养分。

③生长期间应经常保持盆土湿润,夏季除充分浇水外,还需经常向叶面和地面喷水,以增湿降温。

④生长期间每10天左右施稀薄液肥1次,直至开花前。花蕾现色后需向叶面喷1次0.2%磷酸二氢钾。开花期应减少施肥次数,入秋后需追施磷肥。

⑤从缓苗起应放在阳光充足、通风良好的地方养护,并经常转动盆花方向。温度超过25℃,会出现叶片凋萎;越冬室温应保持在10℃~15℃之间。

⑥开花时将植株移至7℃~8℃较冷的地点养护,可延长花期。

13.含羞草

含羞草,袅娜娇媚,娇姿娉婷,含情脉脉。含羞草之“含羞”,这是因为它具有一种特

殊的自卫能力。一旦叶片被外界触动刺激。运动立即传导到小叶基部,从而使叶枕上半部细胞的水分,马上渗进细胞间隙,导致膨压骤然下降,而下半部细胞膨压未动。这样,小叶片便一个个地直立起来,两片闭合。如果触动刺激量大,还能导致叶枕下半部的细胞膨压下降,于是叶柄和叶片一齐下垂,含羞草便羞答答地垂下头来。含羞草的诱人之处,就在于这种叶片受到震动便会迅速并拢下垂,显得分外有趣而赢得了大家的喜爱。在阳台上种上一盆含羞草,不仅能够装点环境,也能使欣赏者方便地看到这种奇特的植物运动现象。

含羞草

摆放地点

南向阳台。由于它高矮适中,因此可以摆放在大小不同的各类阳台上。在其生长旺盛阶段,要将植株置于每天接受日光直射不少于 4 小时之处。夏季通风不宜过大。秋季将气温保持在较高的状态有助于延长植株观赏时间。

含羞草花不艳,株形也不美,但由于它“含羞”的奇特现象,一般均作盆栽观赏。

注意事项:含羞草含有羞碱,经常接触会引起毛发脱落。

形态

含羞草为多年生草本植物。盆栽植株高 30~50 厘米。茎直立有针刺及细毛。

叶互生,2~4 回羽状复叶,着生于总叶柄先端,小叶羽状密生,小叶长圆形,全缘,叶遇触动时,小叶左右合并,羽片及叶柄下垂,夜间也同样全株枝叶闭合下垂。

头状花序 2~3 朵簇生叶腋,有长柄,粉红色。荚果扁长,内有种子 3~4 粒,成熟时分节脱落。

习性

含羞草喜温暖及阳光充足,性强健。生长迅速,适应性极强,对土壤要求不严,但在湿润较肥沃土壤中生长良好。华南等地多有野生,北方多作1年生盆栽。

栽培管理

(I)基质。含羞草上盆时,用8份沙壤土、2份腐叶土混合,可不施底肥。

(2)花盆。一般选用中型花盆进行定植。为促使生长旺盛,当幼苗长出4~5片叶时移植,须深掘,并应在苗小时作移植和定植。

(3)肥料。对肥料要求不多,施肥要适时适量,生长旺盛期以施用氮肥为主,钾肥为辅。开始浇施稀薄液肥,视植株生长情况7~10天浇施1次。为促进花芽分化和花后坐果,则要以钾磷肥为主,氮肥为辅。其氮、磷、钾元素的比例为5∶10∶15。含羞草挂果后,如有落果危险,可用0.0015%的赤霉素水溶液进行叶面喷施。

(4)水分。含羞草喜温暖湿润,但怕盆底积水。因此,生长期间注意适量灌水,保持土壤湿润即可。春秋两季,含羞草浇水宜在上午10时进行;夏季宜早晚进行;冬季宜在中午进行。同时,不论什么时候浇水,水温一定要接近气温。

(5)温度。含羞草喜温暖,怕严寒,适宜生长温度为16℃~28℃。冬季要移入室内,保持10℃以上的温度,能继续供观赏。

(6)光照。含羞草适宜在阳光充足的环境中生长,不耐荫蔽。只要保持环境适当通风即可。但不能将其放在风口处,否则刮大风会使含羞草的叶片合拢下垂,从而对其生长不利。

繁殖方法

含羞草主要采用播种的方法繁殖。含羞草的种子11~12月成熟,因此,播种宜在早春室内进行。苗床可用花盆,基质可用腐叶土3份、山泥土3份、沙质土3份、基肥1份配制。

①播种前，要挑选成熟、饱满、粒大，充实、有色泽的种子。

②种子选好后，可用35℃~40℃的温开水浸种24~36小时，容器上面覆盖湿润纱布，确保水分不被蒸发。

③待种子吸足水分，开始膨大后捞起。

④把种子均匀地点播在苗床内。

⑤用浸盆的方法浇一次透水，苗床上覆盖白色玻璃。

换盆方法

1.首先轻轻敲打花盆，使盆土松动。注意敲打的力道，不要震伤细嫩的枝芽。

2.待盆土松动后，倒转花盆约45°。一只手扶稳植株，另一只手轻轻拍打盆底。

3.将瓦片垫入新盆中。防止土壤流失，保证排水良好。

4.将新底土填入盆中。

5.加入底肥。

6.将退好盆的植株垂直放入新盆。

7.填入与植株适应的新土。

8.将盆土按压实。使盆土低于盆沿1~2厘米。

9.为了美观可以在土壤的表面覆盖一层石子或陶粒。

在适宜萌动的温度（18℃~22℃）条件下，种子经过7~8天的培育便破土而出。这时，要揭盖，注意小苗不能放到烈日下暴晒，否则会灼伤嫩芽。一般刚出苗后，通常都把花盆放在半阴半阳或花搭光照处莳养，加强肥水管理。

含羞草小苗，初期长势缓慢，当长到2~3厘米时，生长速度加快，5~6月当幼苗长到4~5厘米时，可进行第一次分盆，秋季便可作小分株定植栽培。

病虫害防治

基本无病虫害。如有蛞蝓，可在早晨用新鲜石灰粉防治。

14.鸡冠花

鸡冠花盛开时，穗状花序，亭亭玉立，高冠突兀，俨然一只雄健的公鸡。鸡冠花，花色丰富，艳美多姿，它的最大特点是花序即使遭受风吹雨淋，照样能够艳丽依旧，经霜如故，因此显得颇为与众不同。鸡冠花的花期长，宜于布置花坛、花境，也可植于庭院阳台盆栽观赏。鸡冠花生长势强，管理容易，具有很好的装饰效果。特别适合种植在露天的阳台上。

摆放地点

东向、南向、西向阳台。尤以南向阳台的栽培效果最好。由于它高矮适中，因此可以摆放在大小不同的各类阳台上。在其生长旺盛阶段，要将植株置于每天接受日光直射不少于3小时之处，夏季应该保持环境适当通风。秋季将气温控制在较高状态，有助于延长植株的观赏时间。

鸡冠花颜色鲜艳，品种繁多，矮中型鸡冠花用于花坛及盆栽置于阳台、窗台莳养，开花后布置室内和观赏。高品种可以布置花坛、花境；还可做切花，水养持久，制成干花经久不凋。

形态

一年生草本花卉，株高30~100厘米，高、中、矮型株高不一。茎直立粗壮，有棱线或沟，上部扁平状。

叶互生，叶形多变化，长卵形或卵状披针形，全缘，具短柄，先端尖，叶色有绿、黄绿、红或红绿相间等色泽之分。

穗状花序，大而扁平呈鸡冠状，雌花着生于花冠基部，花色有紫红、红、玫瑰红、橙黄等；在花序的中下部集生膜质小花，花色深红，也有黄、白和复色。叶色与花色常有相关性。种子着生在胞果内，成熟时环状裂开，种子黑色。花期7~10月，9~10月下旬种子

成熟。

习性

喜高温干燥环境，不耐寒冷。适于栽植在排水良好，疏松肥沃的沙壤土上，若排水不良，易患根腐病。喜光和空气流通，荫蔽处生长不良，花序小，观赏价值降低。生长迅速，栽培容易，种子生活力可保持 4~5 年。

栽培管理

（1）基质。用腐熟有机肥作底肥，采用腐叶土、沙壤土各 50%的培养土较为理想。盆土用园土 5 份、腐叶土 2 份、厩肥土 2 份、草木灰 1 份加少量石灰、骨粉配制而成。

（2）花盆。盆要选透水性、透气性均好的泥盆，或陶质盆、紫砂盆，不能用瓷盆或塑料盆。盆不要太大，盆壁不要太厚。盆底应加碎瓦片作排水层。

（3）肥料。播种时施足基肥，3~6 月是鸡冠花的生长旺盛期，这时要注意施肥.施肥的原则是薄肥勤施。花前及花期施 1~2 次复合肥，氮肥量不宜过多，以防徒长倒伏。用培养土栽培的鸡冠花，可用豆饼、骨粉、禽粪和鲜鱼内脏等沤制的有机液体肥料，充分腐熟后以 1∶6、1∶8、1∶10 的浓度，每十天半月追施 1 次。

（4）水分。鸡冠花喜空气干燥，忌涝，但是它枝粗叶茂，生长期消耗大量水分，所以炎夏必须充分灌水。一般盆土见干，土表发白，用手指按压有硬度感时，就必须把水浇透。同时也要防止水分过多，遇连雨天，盆栽花应搬入室内，地植花应注意排水。浇水要适度，否则易烂根，如果发现有根腐病，应拔除病株，并喷硫酸铜防治。

（5）温度。鸡冠花的生长适温为 20℃~32℃，但是幼苗生长期要控制温度，一般由 15℃~20℃就可以了，否则会造成幼苗徒长。

（6）光照。鸡冠花性喜温暖干燥和阳光照射的环境，盆栽置于南阳台莳养最佳，因阳光充足，光合作用旺盛，植株矮壮，茎干肥大，花序强健。

繁殖方法

鸡冠花的种子 9~10 月成熟，采收后置于干燥的地方，晾晒数日，便可抖出种子。鸡冠花属于一年生花卉，因此，不宜随采随播，应将种子装入纱布袋中贮藏，待到次年春暖花开时播种。

①准备苗床，可用土陶花盆。

②配制基质，可用森林腐叶土3份、山泥土2份、沙质菜园土3份、堆积的于杂肥2份配制。配好后充分混合，暴晒数日，整细过筛，上床备用。

③播种时，将花盆底孔盖好，装上培养土，经刮压平整后便可播种。

④鸡冠花的种子细小，可撒播于苗床土表，覆盖细沙土，厚度为1.5厘米。

⑤播种后可将苗床置于盛水的大容器中，用浸盆的方法把基质湿透。

⑥花盆上面覆盖白色玻璃，再把苗床置于温暖的地方，促进种子萌发。

鸡冠花播种以后，要经常检查基质的干湿情况，随时补充水分，保持基质的绝对湿润。苗床温度控制在20℃~25℃，3~4天后温度可提高到25℃~28℃。如果遇上倒春寒，要设法加温。如在玻璃上覆盖废报纸，把苗床置于阳光下，使之温度升高。

鸡冠花的种子萌发快，只要水分、温度管理得法，一般7~10天便可看见新芽破土长出。这时，要揭去玻璃，放在散射光照处莳养，并逐步加强阳光的照射，真叶出现后，追施0.2%的磷酸二氢钾水溶液，培育健壮苗子，当小幼苗长到5~8厘米高时，便可进行定植栽培。

换盆方法

(1)首先轻轻敲打花盆，使盆土松动。注意敲打的力道，不要震伤细嫩的枝芽。

(2)待盆土松动后，倒转花盆约45°。一只手扶稳植株。另一只手轻轻拍打盆底。

(3)将瓦片垫入新盆中。防止土壤流失，保证排水良好。

(4)将新底土填入盆中。

(5)加入底肥。

(6)将退好盆的植株垂直放入新盆。

(7)填入与植株适应的新土。

(8)将盆土按压实。使盆土低于盆沿 1-2 厘米。

(9)为了美观可以在土壤的表面覆盖一层石子或陶粒。

病虫害防治

鸡冠花病虫害较少,苗期易发生立枯病,可撒一些生石灰;生长期有蚜虫危害,用稀释的洗涤剂,乐果或菊酯类农药叶面喷洒,可起防治作用。

注意事项

在栽培中如果管理养护不当,往往开花稀少,花色暗淡,影响鸡冠花的观赏价值。要使鸡冠花花大色艳,栽培养护中需注意:①种植在地势高燥、向阳、肥沃、排水良好的沙质壤土中。②生长期浇水不能过多,开花后控制浇水,天气干旱时适当浇水,阴雨天及时排水。③从苗期开始摘除全部腋芽。④等到鸡冠形成后,每隔 10 天施 1 次稀薄的复合液肥(2~3 次)。

15.菊花

菊花作为一种传统名花,适应性强,品种繁多,色彩艳丽,是一种十分常见的应时花卉。菊花花姿优美,形态丰腴,花色鲜艳,五彩缤纷,清香醇正。每逢金秋送爽之时,绽蕊怒放,为秋天增添瑰丽迷人的色彩,让人赏心悦目。

摆放地点

南向阳台。它的植株高大,适合摆放于宽敞的阳台上栽种。在生长旺盛期每日日照不得少于 6 小时。夏季保证通风良好;冬季气温稍低并无大碍。

菊花品种繁多,花型及花色丰富多彩,为我国十大名花之一,也是世界上重要的切花之一。适合盆栽观赏及各类菊艺盆景造型;也可布置花坛、花境及岩石园等。菊花切花水养时花色鲜艳而持久,是插花、花束、花圈、花篮等的重要材料。

形态

菊花为多年生宿根草本。茎基部半木质化,高 60~150 厘米。茎直立多分枝。

叶大,互生,卵形,羽状浅裂至深裂,依品种不同,其叶形变化较大。

头状花序单生或数朵聚生茎顶,微香;花茎 2~30 厘米;边缘为舌状的雌花,形、色、大小多变,多具有鲜明的颜色,有白、粉红、雪青、紫红、墨红、黄、棕色、淡绿色及复色等颜色;中心为管状花,两性,可结实,多为黄绿色。花期 10~12 月,也有夏季、冬季及四季开花等不同生态型。

习性

菊花喜温暖气候和阳光充足的环境。菊花喜光,为典型的短日照植物,对日照长短反应很敏感,每天不超过 10~11 小时的光照,才能现蕾开花。人工控制光照时间,可以提早或延迟开花。能耐旱,怕水涝。在荫蔽的环境中生长不良。菊花有一定的耐寒性,其中尤以小菊类耐寒性更强。部分品种在华北地区可露地越冬,在东北地区可覆盖越冬。

生长期要求土壤湿润,但水分过多,则易造成烂根死苗。菊花喜肥,在肥沃、疏松、排水良好、含腐殖质丰富的夹沙土中生长良好。黏土或低洼之地不宜种植。土壤以中性至微酸或微碱性为好。忌渍涝及连作。

栽培管理

(1)基质。用腐熟有机肥作底肥,采用腐叶土、沙壤土各 50%的培养土较为理想。盆土用园土 5 份、腐叶土 2 份、厩肥土 2 份、草木灰 1 份加少量石灰、骨粉配制而成。

(2)花盆。盆要选透水性、透气性均好的泥盆,或陶质盆、紫砂盆,不能用瓷盆或塑料盆。盆不要太大,盆壁不要太厚。

移植方法有瓦筒植、盆植、套盆植三种。盆植法可根据菊花生长状况,先移植到口径 15 厘米的瓦盆中,8 月后定植到口径 25 厘米的盆中。移植上盆后放在阴凉处,4~5 天后移至阳光充足处。

(3)肥料。菊花喜肥,除施足基肥外,生长期还应进行 3 次追肥。第 1 次于移栽后半个月,当菊苗已成活并开始生长时:第 2 次在植株开始分枝时,以促多分枝;第 3 次在孕蕾前,追施 1 次较浓的人畜粪水,以促多结蕾开花。此外,若在花蕾期,于无风的下午或傍晚给叶面喷施 0.2%磷酸二氢钾,能促进开花整齐,花色纯正、花期长。一般在盛夏施肥不要过多过浓,以免造成伤根落叶。但自立秋后孕蕾开始到开花前,每 7~10 天施一次稀薄液肥,并逐渐增加肥水浓度。每次施肥的第二天一定要浇水,并及时进行松土。施肥时也要防止液肥溅污叶片,如叶片已溅上残肥,应立即用清水冲洗干净,以免叶片枯黄。

(4)水分。浇水能否做到适时适量,是养好盆菊的关键技术之一。菊花幼苗期浇水量不宜过大,保持盆土湿润即可。夏季浇水应适当增加,可于早、晚各浇一次。雨天不浇,阴天少浇。雨后应及时倾倒盆内积水,以免菊花根系受涝死亡。菊花含苞待放时需水量较多,开花时水量则适当减少,以免落花脱蕾。

(5)温度。菊花的生长最适温度为 18℃~25℃,忌烈日高温。冬季可室内越冬,以保证来年再次开花。

(6)光照。菊花属短日照植物,日照短(8~10 小时)发育快,如果日照过长(12 小时以上),反而会抑制菊花的正常生长发育。

注意:一般盆菊留花 5~7 朵。菊花定植后留 4~5 片叶进行摘心,待其腋芽长大后每个分枝留 2~3 片叶 3 进行第二次摘心,这样即可达到所需要的花朵数,以后应停止摘心。现蕾后,每枝除选留一个蕾形圆正的主蕾以外,其余的侧蕾应及时除掉,这样可使主蕾开花硕大。

繁殖方法

今天人们见到的五彩缤纷、千姿百态,红、黄、蓝、白、青、绿、紫的菊花品种,是千百年来,人们精心培育而获得的。

分株繁殖

菊花分株繁殖是一种最简单的繁殖方法,次年3月把花盆搬出,置于向阳避风处,及时浇水、施肥进行正常管理。这时春暖花开,温度适宜,菊芽徒长,枝叶繁茂。4月初便可根据发芽的情况进行分株。

①操作时,先将老株倒出,抖散土团,用利剪将菊花带根分剪。

②然后植于土盆,一盆一株。

③5月摘心,促进多发新株,6月再摘一次,诱导腋芽再度萌发。

④加强肥水管理,满足新枝旺盛生长所需养分,达到培育粗壮插穗的目的。8月初便可切取枝条进行扦插。

病虫害防治

(1)霜霉病。危害叶片和漱茎。春秋两季均能发病。防治方法:选育抗病品种;在未曾发生霜霉病的田块种植菊花;移栽前,将幼苗用40%乙磷铝300倍液浸苗5~10分钟,晾干后栽种;春季发病,喷40%乙磷铝250~300倍液,每隔7~10天1次,共喷2次;秋季发病,于9月上旬发病前和发病初期,喷50%多菌灵800~1000倍液或40%乙磷铝300倍液或50%瑞毒霉300倍液,每10天1次,连喷3次,效果显著。

(2)褐斑病又称叶枯病、斑枯病。危害叶片,由下至上蔓延。严重时,叶片干枯不脱落:湿度大时枯死率高达90%以上。防治方法:增施磷钾肥,给叶面喷施磷酸二氢钾,可提高菊花抗病力;发病初期喷50%多菌灵800~1000倍液,50%托布津1000~1500倍液。在梅雨季节喷1次1:1:100波尔多液,在9月上旬和中旬再喷上述农药2次。每次相隔10天。

(3)菊天牛又名菊虎、蛀心虫。防治方法:5~7月在清晨露水未干前捕杀成虫;大量发生时喷40%乐果1000倍液或2.5%敌杀死10微升/升或50%磷胺乳油1500倍液;结合摘心打顶,从断茎以下4厘米处,摘除枯茎,集中烧毁。

(4)菊蚜4~5月间,菊蚜密集于嫩梢、花蕾或叶背上吸取汁液,使叶片发黄、皱缩、枯

萎，严重影响菊花产量。防治方法：用 40%乐果 1000~1500 倍液喷杀。

注意事项

如果要菊花提前在 10 月初开花，就必须对其进行短日照处理。具体方法是：5 月上旬扦插，月底上盆，6 月上旬摘心，从 7 月 15 日开始，每天只给菊花进行 8~10 小时的光照，其余时间进行全黑遮光，即每天下午 5 时左右用外黑内红的布罩或黑色塑料薄膜严密遮盖，次日早晨 7~8 时揭开进行光照，到花蕾长大后停止遮光，10 月初便可鲜花盛开。

16.茉莉

摆放地点

俗话说："晒不死的茉莉，阴不败的兰花。"茉莉放置南向、西向阳台均可。尤以南向阳台的栽培效果最好。由于它高矮适中，因此可以摆放在大小不同的各类阳台上。在其生长旺盛阶段，最好将植株置于全日照之处，如果条件不允许，则每天至少保证要有 4 小时的直射日光。夏季应该保持环境适当通风。冬季气温不宜过高。

茉莉花叶色翠绿，终年不凋。夏秋两季，开花不绝。其色如玉，其香浓郁，是家庭盆栽的上品，可置于家庭南向窗台及阳台之上，亦可短期置于室内陈设。它的花朵在半开时清香四溢，因此常被镶嵌在插花作品中，以增加香气。

形态

茉莉为常绿直立灌木。植株高 1 米左右，枝基部树皮灰褐色，下部枝长，近匍匐状，枝柔软。

叶对生，椭圆形倒卵形或卵形，长 1.5~8.5 厘米，宽 1.1~5.5 厘米。叶翠绿有光泽。

花顶生或腋生，聚伞花序或单生，成熟花蕾为浅白色；花朵小，常 2~4 朵一束，花白色有浓香，花朵将要凋谢时有淡紫色晕，单瓣或重瓣。花期 6~10 月，陆续开花不断。

习性

茉莉属于热带植物，性喜温暖湿润和阳光充足，耐寒力弱，经不起低温霜冻。生长适温为25℃~35℃。生长期需要充足的水分和湿润的气候，耐旱力弱。茉莉是阳性植物，对光照要求较严格。在阳光充足气温高的环境下则叶片碧绿，枝条粗壮，花蕾多，香气浓。茉莉吸肥力强，适于微酸性，pH值5.5~7的肥沃、疏松、结构良好的沙壤土。

茉莉

栽培管理

茉莉花在华南地区可露地栽培，管理比较粗放，如为生产鲜花，每年秋末施一次基肥，在生长旺季，追施4~5次液肥即可。北方地区只能盆栽，在养护管理上比露地栽培要精细的多，管理不好容易发生叶片发黄，不开花，甚至衰弱死亡的现象。

(1)基质。盆栽茉莉应选用疏松肥沃呈微酸性的盆土，如可用腐叶土(或草炭灰)5份、园土4份、饼肥1份混合配制而成。

(2)花盆。一般用大盆。上盆时在盆底放少许骨粉作基肥。最好每年或隔年换盆一次，换人新的培养土。换盆后浇透水，并注意松土，温度保持在22℃~24℃之间，可加速新芽的萌发。

(3)肥料。茉莉喜肥，生育期间每隔7~10天施一次腐熟的稀薄饼肥水或麻酱渣水。从10月份开始应停止施肥。每次施肥后应及时浇水，并进行松土。茉莉喜微酸性土壤，在其生长期间应每15天左右浇一次0.2%硫酸亚铁液，以保持盆土酸性。

(4)水分。生长季节水肥应充足，但不宜过量，这是盆栽茉莉生长好坏的关键。茉莉怕积水，盆土过湿容易烂根落叶，甚至死亡。春季，北方地区气候干燥多风，蒸发量较大，可每隔1~2天浇一次水，每次浇七八成水，约每5天浇一次透水。夏季气温高，植株生长旺盛，需水量大，应每天浇一次透水，并向叶片上喷水1~2次和向花盆周围地面洒水，以

增加空气湿度。连阴雨天避免雨淋,防止因盆土积水面烂根。秋季天气转凉,浇水量与春季相同,并逐渐减少。冬季应严格控制浇水,一般以保持盆土稍湿润即可。茉莉浇水要注意定时,形成规律,不然容易出现生理性的干叶和枯枝。当发现叶片刚刚发黄时,注意停水,几天后,再适当浇些水,尚可挽救。

(5)温度。茉莉喜温暖,当气温在20℃以上时就开始孕蕾而陆续开花,气温高于30℃时,花蕾的形成和发育速度大大加快,而且花香更加浓烈;气温降到10℃以下则生长缓慢,并开始进入休眠期。

(6)光照。如光照不足,则易形成枝条徒长,叶大而薄,光合作用受抑制,制造的养分满足不了开花的需要。

繁殖方法

茉莉花的繁殖,主要采用扦插、压条和分株等方法进行。

扦插繁殖。扦插茉莉,是一种最简易的繁殖方法。茉莉花扦插最好是3~4月或梅雨季节。从2~4年生的母株上,切取1~2年生的健壮枝条作插穗,插穗长8~10厘米。露地苗床可用细黄沙土,花盆苗床也可用蛭石,插入土壤深度为插穗长度的1/2。最好随剪随插,插后用食指和中指带泥围住插穗向下压。

扦插成活的关键是浇水。从实践得知,伤口愈合前土壤湿度为75%~80%,伤口愈合后,土壤湿度为50%~60%,生根以后土壤湿度为40%~50%。插完后灌透水,再用塑料地膜拱棚,保持空气湿度,温度控制在25℃左右,大约20~30天就能生根。

实践证明茉莉花春插最好,因为植株经过冬季休眠,枝条丰满健壮,养分比较充足,内部生理机能正待活动,所以扦插成活率高。长江流域及其以南地区,但以立夏小满之间最好。

①插时用33厘米(10寸)口径的花盆作为苗床,内盛生根培养土,剪取插穗8~10厘米,注意插口要剪成斜面,上端为平面。

②扦插工具打孔,然后将枝条插入小孔,手压泥土使之密贴,每盆20根左右。

③插后将苗床放在盛有清水的大盆中,见上面湿润为止。如果没有大盆,可用细孔喷壶,进行雾状喷水。

④将花盆放于向阳通风处,中午和雨天要覆盖,不能让阳光直射或大雨冲打,避免幼苗霉烂,30天左右能长出新根,50~60天就可移栽。

病虫害防治

(1)茉莉叶螟。又称卷叶虫,为主要害虫,危害叶片、花蕾、小枝及新梢。防治方法:可采用40%乐果800~1000倍液或1%杀虫醚进行喷杀。

(2)茉莉蕾螟。又称花心虫,也是重要的害虫,危害花蕾及枝梢。防治方法:可采用40%乐果800~1000倍液或1%杀虫醚进行喷杀。

(3)蕾紫叶蛾。又称蛀虫,主要也是危害花蕾及枝梢。防治方法:可采用40%乐果800~1000倍液或1%杀虫醚进行喷杀。

17.三色堇

三色堇早春开花,色彩美丽,是一种适宜阳台绿化、美化的草本花卉。三色堇,株形小巧玲珑,叶态别致,花形奇特,花色特别鲜艳,以至"美人笑来扑,误使损芳丛"。

摆放地点

东向、南向、西向阳台,其中以南向阳台的栽培效果最好。由于它高矮适中,因此可以摆放在大小不同的各类阳台上。在其生长旺盛阶段,要将植株置于每天接受日光直射不少于3小时之处。冬季应该保持环境适当通风。由于三色堇惧怕高温,因此春季摆放地点的气温较低则有助于延长植株的观赏时间。冬季气温较低并无妨碍。

三色堇株形低矮,花色瑰丽,是早春重要花卉,多用于花坛、花境及镶边植物或作春季球根花卉的"衬底"栽植。也有用于盆栽及用于切花、襟花等。

形态

多年生草本花卉，常作二年生栽培，株高约30厘米。茎干节间多分枝，略为匍匐状生长。

叶具短柄，茎干基生叶片，形如心脏，托叶肥大而宿存。

花大腋生，两侧对称，径约5厘米，花瓣5，一瓣有距，两瓣有附属体，花复色，有黄、白、紫，或单色。花期4~6月。5~7月果实成熟。

习性

三色堇性喜凉爽的环境。能耐寒，耐半阴，喜凉爽气候和富含腐殖质的疏松肥沃、排水良好的沙质土壤。忌炎热和雨涝。在炎热多雨的夏季生长不好。

栽培管理

(1)基质。一般用山泥土2份、腐叶土2份、肥田泥2份和沙质园土2份配制而成，配好后必须进行暴晒、整细过筛，然后在盆底加少量腐熟饼肥作基肥，盖上土。

(2)花盆。花盆可选用大小适宜的土陶盆。花盆要用水清洗浸泡，再用数片碎盆瓦片盖在底孔上，做好排水层。

(3)肥料。三色堇苗期生长较迅速，应给予充足的水肥，则花多而大，花期长。如果肥料供给不足，则着花少而小，品种显著退化。

(4)水分。三色堇属于浅根性花卉，不耐干旱，生长期间要保持盆土湿润，浇水要多，如果雨水量少，空气干燥，可2~3天浇1次水；如果雨水多，空气湿度大，则每隔4~5天浇1次水。同时，雨季应注意及时排水，以防水涝。

(5)温度。三色堇性喜湿润凉爽的环境，不耐高温，夏季注意降温，如遮阴、喷水等；其最适生长温度为18℃~25℃，如果气温继续升高，三色堇便生长不好，叶片萎黄。冬季室内越冬要保证室温在10℃~15℃。

(6)光照。在阳光强烈的夏季，要注意搭棚遮阴，这样既不至于暴晒，又可接收散射

光照射，从而接收到生长必要的阳光照射。冬季则可放于室内向阳的地方莳养。

繁殖方法

三色堇，主要利用种子进行播种繁殖。三色苋的果实5~7月成熟。

莳养者应根据种子的成熟度及时采收，经晾晒除去杂质后用纱布袋装好，置于干燥的地方，待蒴果盖裂后取出种子，待到9月天气凉爽后，播于露地苗床，培育幼苗。

①三色堇进行播种繁殖，要选地势稍高、质地肥沃、富含有机质的沙质土壤的地方。施一些腐熟的干杂肥和厩肥后进行深翻，把基肥埋入土壤中，制作露地苗床。苗床的长度为500~600厘米，宽度为80~120厘米，高度为20~25厘米。

②苗床做好后，可用药物对土壤进行消毒，再经晾晒后便可播种。

⑧播种前可用40℃左右的温水浸泡种子24~48小时，然后捞起播撒在苗床里。覆盖一层细沙土，厚度以完全盖住种子为宜。

④用细孔喷壶把水喷透，苗床上再盖一层稀薄的稻草，保持土壤湿润，苗床温度控制在15℃~20℃，以利种子吸水萌发。

⑤三色堇种子发育快，只要水分适宜，一般8~10天小苗便破土而出。三色苋的幼苗出土比较整齐，长势也很迅速。

幼苗出土后要及时揭去稻草，使之见光透气。

当幼苗长出3~4片真叶后可进行一次间苗，追施0.2%的磷酸二氢钾水溶液，促进幼苗健壮成长。当幼苗长到10~12厘米高时，便可进行定植栽培。

病虫害防治

虫害主要是黄胸蓟马。用2.5%的溴氰菊酯4000倍液或杀螟松1500倍液，每隔10天喷洒1次。

18.石榴

五月石榴红似火，火红的石榴花缀满翠绿的枝头，宛若美丽朝霞。石榴的美，主要表

现在它的色彩美、姿态美和风韵。春日，新梢萌动，干叶竞红；夏时，艳丽花朵，婀娜多姿；秋日，果实累累，压满枝头；冬时，铁骨虬枝，壮人情怀。它十分适宜阳台小气候环境。

摆放地点

南向阳台。由于它高矮适中，因此可以摆放在大小不同的各类阳台上。在其生长旺盛期，最好将植株置于全日照之处，如果条件不允许，则每天至少保证要有6小时的直射日光。夏季应该保持环境通风。冬季气温低于-10℃并无大碍。

石榴既是著名果树，又是很好的观花观果花木。树姿优美，枝叶秀丽，花色红艳，果实累累。最宜栽植在庭园中、阶前或假山、亭廊之旁，点缀或成片配置，每当开花季节形成一片如火如荼的艳丽景色，十分引人注目。盆栽摆设群花盆或供室内欣赏，效果均好。

形态

石榴为落叶灌木或小乔木，高5~7米。分枝多，小枝圆而微具棱角。

叶倒卵状长椭圆形，在长枝上对生，在短枝上簇生。

花1~5朵生于小枝顶端或叶腋内，萼筒钟形，红色，质厚，顶端5~7裂，花瓣与萼片同数，通常红色，也有黄白色、殷红色等其他颜色的，皱缩状，有单瓣和复瓣之分。花期夏季。果期7~9月。

浆果近球形，成熟后果皮呈铜红色或酱褐色。栽培品种分果石榴和花石榴两大类。果石榴类有红石榴、白石榴、墨石榴、酸石榴等；花石榴类有单瓣白石榴、黄石榴、重瓣玛瑙石榴、四季石榴、千瓣白石榴、千瓣红石榴、火石榴等。

习性

石榴性喜阳光充足、温暖气候，耐旱、耐瘠薄，但抗冻性不强，在天津及其以南地区均可露地栽培。怕水涝，适宜疏松肥沃的石灰质土壤。开花时节忌雾和雨水，如多次遇之，则花朵易脱落、幼果易腐烂。怕水渍。

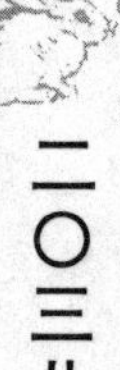

栽培管理

(1)基质。石榴对土壤要求不严,但以中性的沙质土壤最好。盆栽可选择疏松肥沃的土壤,栽植时施入适量骨粉或饼肥末等肥料作基肥。

(2)花盆。一般用大小适宜的土陶盆。花盆底部要用碎瓦片搭桥覆盖盆孔,以利排水。即先用一块瓦片盖住盆孔的一半,再用另一瓦片斜搭在排水孔的另一半上。

(3)肥料。石榴较喜肥,每年春季展叶期、夏季孕蕾开花期和花后结果期都应分别施1~2次稀薄饼肥水,孕蕾期用0.2%磷酸二氢钾液喷施叶面一次。但每次施肥不宜过多,尤其是氮肥量不能过多,否则容易引起枝叶徒长,着花稀少甚至不开花。开花期间暂停施肥。花谢后坐果时一般不宜过多施肥,以免落果。

(4)水分。石榴较耐干旱,最怕盆底积水,平时浇水应见干见湿,盆内不宜积水,夏季多雨时,注意及时排水。盆栽保持土壤湿润即可。特别是开花期间浇水要适当减少,否则容易引起落花。冬季放冷室(0℃左右)内越冬,严格控制浇水,约每个月浇水一次即可。

(5)温度。石榴稍抗冻,对温度要求不是太严,冬季只要气温不低于-20℃即可室外越冬。

(6)光照。石榴属阳性花木,生长季节要有充足的光照才能生长健壮,最好把它置于全日照的地方莳养。光照充足则花色鲜艳,果实丰硕。如果阳光不足,容易引起枝叶徒长,花少色淡,且很少结果。因此在整个生长季节都需将其放在阳光充足处,每天日照至少要保持在5小时以上。

繁殖方法

石榴的繁殖,有播种、扦插、压条和嫁接等方法,但以繁殖简便、快速的播种和扦插为主。

扦插繁殖。石榴的扦插,春秋两季都可进行。春季宜在早春新芽尚未萌动前,秋季

宜在10月中旬落叶后进行。

①扦插时可利用修枝造型剪下的枝条，选其无病虫害的壮枝，剪成8~10厘米长的插穗，最好两端都剪成平口，这样刀口小，能减小感染面。

②备好的枝条在扦插前，可用95%的工业用酒精，浸一下插穗下端，再把插穗插入装有清水的瓶子中，水淹深度为插穗长度的1/3或1/2，然后把插瓶放置在向阳通风处。

③每3~4天换水一次，换水时要清洗插瓶，大约浸泡15天左右。

④再把插穗插入盛有培养土的苗床内，浇一次透水。

以后的管理和其他植株扦插繁殖相同。秋季扦插的在11月份天气转冷时，要移入室内低温（1℃~5℃）越冬，来年早春出室，加强肥水管理，5月便能孕蕾，6月就能开花。

还有一种是用花芽已经分化的枝条进行扦插，时间在6月上旬。扦插时将母株上已经半木质化，并已形成花芽的健壮枝条，扦插于已发过酵的砻糠灰基质中，在充分浸水以后，放置于通风阴凉之处，每天中午和傍晚向叶片各喷水一次，精心养护半月左右，再移至向阳处。在阳光的作用下，插穗的根原体很快就能从机体中生出根来。这时，再把已生根的石榴移栽于花盆中，基质可用砻糠灰和菜园土各半配制，上盆以后要隐蔽3~5天，再把它放在阳光下照射。只要按照其生长习性精心管理，它也能与其他盆栽石榴一样，开花结果。一盆小巧精美的石榴，开上几朵花，挂上两个果，确实别有一番情趣。

换盆方法

1.首先轻轻敲打花盆，使盆土松动。注意敲打的力道，不要震伤细嫩的枝芽。

2.待盆土松动后，倒转花盆约45°。一只手扶稳植株。另一只手轻轻拍打盆底。

3.将瓦片垫入新盆中。防止土壤流失，保证排水良好。

4.将新底土填入盆中。

5.加入底肥。

6.将退好盆的植株垂直放入新盆。

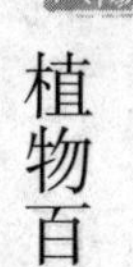

7.填入与植株适应的新土。

8.将盆土按压实。使盆土低于盆沿1~2厘米。

9.为了美观可以在土壤的表面覆盖一层石子或陶粒。

病虫害防治

石榴的抗病能力较强，一般不易发生病害。常见的害虫有蚜虫、介壳虫等，可分别用40%氧化乐果乳油1000~1500倍液及3~5波美度的石硫合剂防治。另外，在石榴的根际常有蚂蚁筑窝，损伤根系，可用烟草水浇灌驱杀。

注意事项

石榴花着生在当年生的枝条上，所以合理修剪十分关键。要注意培养和保留结果母株。生长期间对于生长旺盛的直立徒长枝要进行摘心，以控制其生长，促使基部腋芽饱满。春季萌芽前把枯枝、纤弱枝、交叉枝以及根部萌蘖枝统统从基部剪除，但不能将结果母枝短截，否则将不能开花、结果。每个结果枝上一般着花2~5朵，其中以顶花最易坐果。盆栽石榴开花后要及时疏花、疏果，使留下的果实个大、色艳、味美。

19.睡莲

雪白睡莲，是一种多年生的水生花卉，根状茎直立或斜出，叶柄细长，丛生状生长，叶片浮于水面，密密相连，翠绿的叶片铺展得一片碧绿。雪白睡莲，为观赏莲中的佼佼者，白花绿叶相配，完美无缺，莲叶之舒卷，白花之开合，相互映衬，美丽无比。睡莲叶浮绿水面，花开艳阳天，是颇具特色的阳台水生花卉。

摆放地点

南向阳台。它的植株虽不很高，但叶片平铺生长，适合在十分宽敞的阳台上栽种。在其生长旺盛阶段，最好将植株置于全日照环境。如果条件不允许，则每天至少保证要有4小时的直射日光，夏季通风不宜过强。冬季气温较低并无妨碍。

睡莲

睡莲为重要水生花卉，常用于点缀平静的水池、湖面或作盆栽观赏，也可做切花。

形态

根状茎横生于泥土中；叶丛生，并浮于水面，圆形或卵圆形，基部深裂近戟形，全缘，叶表浓绿有光泽，背面红紫色。叶柄细长而柔软。

花较大，单生于花梗顶端，浮于或略高于水面，花瓣多数，有白、粉红、黄、紫红及浅蓝等色。花期夏季。

习性

耐寒、喜光，喜水质清洁、温暖的净水环境。春季萌芽生长，夏季开花，花后果实沉于水中，成熟后开裂散出的种子最初浮于水面，而后沉底。单朵花期2~5天，依种类不同而午间开放、夜间闭合或夜间开放、白天闭合。

栽培管理

(1)基质。取肥沃池塘的泥土铺在缸底，然后注水20~60厘米。

(2)花盆。小型品种可用缸、钵栽培，每缸一株，大型花钵(缸)可植2株。

(3)肥料。春季可施底肥，可每隔2~3年分栽一次。

(4)水分。一般水深保持10~60厘米之间，要相对稳定。

(5)温度。冬季应将不耐寒的睡莲移入温室，并使水位维持在较高水平。

(6)光照。在生长期间保持阳光充足，通风良好，否则生长势弱，易遭蚜虫危害。

繁殖方法

播种繁殖。为了使雪白睡莲当年播种，当年开花，就播种时间而言，应该是越早越

好。但是，早春温度低，并时有寒潮侵袭，故在3月下旬或4月上旬播种最好。这时的气温能使睡莲种子萌发，不需要人工加温。

①睡莲种子的外壳，具有特殊的组织结构，在种子成熟干缩以后，水分不易进入，种子被迫处于休眠状态。为了使种子尽快吸收水分，开始萌发生长，在播种以前，必须对莲子进行破壳处理。睡莲的种子属于倒生性胚珠，着生于种子的顶端（带微孔的一端），所以，破壳时要特别注意，不要破颠倒了。

破壳有两种方法：

一种是用牙口锋利的老虎钳，夹破种子的基部，只要夹去垂直高度为2~3毫米即可，切勿夹去太多，以免损伤胚乳。

另一种方法是用锉刀，锉去种子基部的硬壳（不能伤着胚乳）2~3毫米也可。但是，不论采用哪种措施，都不能把种壳去得太多，如果胚乳或胚芽一旦受到损伤，种子就容易感染腐烂。

②种壳处理好了后，可将种子集中起来，放在玻璃杯或瓷质杯中，用50℃左右的温水浸泡（禁用鲜开水）。

③待水温自然降到30℃左右时，再用保温杯把水温控制在28℃。注意这种方法，水温不能高于40℃，或者低于20℃。如果水温长时间高达40℃，种子虽然头两天吸收膨大都比较迅速，但以后播入泥土的发育却会受到抑制；如果水温低于20℃，则种子发育就较为缓慢，这是播种时必须注意的问题。

④在适宜的水温中，只要浸泡24~48小时，种皮便吸水变软，胚乳吸水膨胀。此时，可沿破壳处削去种壳1/3，使胚乳进一步显露，以利胚芽发育后伸长。

⑤在适宜的温度条件下，一般浸泡到第三天后，胚芽便开始萌动，第一片幼小的真叶便从破口处伸出。在浸种催芽的头三天，需每日换水1~2次，并注意清除腐烂种子，保持水的清洁，利于种子萌发。

⑥种子萌发出小叶以后，继续放在温暖的光照处，促进胚芽生长，待长出两片小叶，

茎节间长出须根后，可用拇指和食指捏住莲子，放在事先准备好的泥盆中，在 25℃～25℃中的温度条件下，进行水培育苗 5～7 天。

在此期间，睡莲实生幼苗的活动，主要靠胚乳提供养分，不需要施肥。但是，在水培育苗过程中，一定要给予适宜的阳光照射，不宜经常换水和翻盆，以免使叶片经常改动方向，而叶柄过度伸长。盆内水分的深度应以叶柄完全浸入水中，而叶片自然平展水面为宜，具体来说，一般水深为 10 厘米左右即可。当第一片真叶全部展平、第二片真叶即将伸展、根系开始生长时，莳养者可根据具体情况，进行定植上盆栽培。

同时，睡莲也可点播，在睡莲的果实成熟后，花葶萎蔫弯曲，花托下沉水底，捞取不易，因此，莳养者可在授粉形成果实以后，套上纱布口袋，待秋季种子完全成熟时，取出清洗干净再贮藏于水盆中，次年清明节前后，在装着培养土的缸、盆中点播。待莲子发出新芽和浮叶以后，逐步加水，使浮叶浮在水面，4 月上旬定植，最迟不得超过 4 月下旬。

操作时，先从育种盆内提取睡莲幼苗，种植于大缸或水泥池中。小型品种一般当年就能开花，大型品种正常生长，也要在第二年才能开花。

病虫害防治

病虫害较少，生长旺盛期注意防治食叶害虫。

20.大花马齿苋

马齿苋叶姿圆润，花态奇异，色彩艳丽，品种繁多，是一种适应性强、生长极其旺盛的热带观赏花卉。生长旺季，在阳光的映衬下，茎干枝叶绿中透红，玲珑妩媚，花色五光十色，璀璨晶莹，煞是美丽，十分招人喜爱。花在阳光下开放，阴天、傍晚至清晨闭合，故名太阳花。

摆放地点

可摆放于东向、南向、西向阳台。尤以南向阳台栽培效果最好。由于它株形矮小，比较适合装点较为狭窄的阳台。生长旺盛期每日日照时间不得少于4小时。保持较高的环境温度可以相对延长植株的观赏时间。

马齿苋花色鲜艳，植株较矮，枝叶繁茂，是作花坛的良好植物，可作毛毡花坛或花境、花丛、花坛的镶边材料，也用于饰瓶、窗台栽植或盆栽。

形态

一年生肉质草本。株高10~20厘米，茎平卧或匍匐，茎节处生白毛。

叶圆柱形。花单生或数朵簇生于枝的顶端，花径2~3厘米，有白、粉、红、黄、橙等色，单瓣或重瓣。蒴果盖裂，种子细小，棕黑色。

花期6~10月。蒴果，成熟时顶盖开裂。

习性

马齿苋喜温暖、阳光充足而干燥的环境，阴暗潮湿处生长不良。不耐寒，必须栽培在阳光充足的环境下，花迎阳光开放，日落闭合，光弱时花朵不能充分开放。适应性强，极耐瘠薄，在干旱的沙质土壤中生长良好。能自播繁衍。

栽培管理

(1)基质。马齿苋具有顽强的生命力，对土壤要求不严，移植后容易恢复生长，大苗也可裸根移栽。栽培时要用沙质培养土，盆底还要施入基肥，最好是禽类干粪。如果没有这种肥料，也可施入干杂肥和少量过磷酸钙。

(2)花盆。盆要选透水性、透气性均好的泥盆，或陶质盆、紫砂盆，不能用瓷盆或塑料盆。盆不要太大，盆壁不要太厚。盆底应加碎瓦片作排水层。

(3)肥料。太阳花性喜固体肥料，盆栽时一定要施足基肥。在其生长旺盛期也可追施3~4次有机或无机肥料，但浓度都不宜过大，有机肥以1∶10或1∶15的浓度追施；无机肥可用尿素、磷酸二氢钾，浓度控制在0.2%左右。要进行有效施肥，最好两种肥料交替使用，这样对植株生长更为有利。

(4)水分。太阳花的肉质茎干、枝条、叶片含有较多的水分和养分,因此它既耐贫瘠,又耐干旱。在干燥的气候环境中生长最好,如果将其置于阴湿的环境,反而生长不好。盆栽植株,不论什么季节,都要保证盆土湿润。每次施肥后的次日,要灌透水1次,保证不伤根系,植株就能长好。

(5)温度。太阳花性喜温暖,不耐寒冷,当春季气温回升到15℃以后,长势比较好;当气温升到20℃~30℃时,植株花繁叶茂;秋季气温低于15℃时,植株便开始老化。

(6)光照。太阳花性喜阳光照射,在阳光充足的生态环境中,枝叶繁茂,鲜花盛开,多姿多彩,十分悦目。充足的光照不仅能够使植株冠丛直立向上,减少倒伏,而且株形紧凑,增强抗性,减少病虫害;如果光照不足,会使肉质茎过细,体内营养不充分,影响植株的正常孕蕾开花。

繁殖方法

大花马齿苋,主要采用播种的方法,进行有性繁殖;对一些难于结实重瓣品种,也可采用扦插的方法进行营养枝条的繁殖。

播种繁殖。大花马齿苋的种子,8~9月陆续成熟,成熟的蒴果会自动开裂,因此,要及时采收。收集后可将其置于阳光下晒裂,便可收集种子。大花马齿苋的种子发芽容易,莳养者可根据各地的气候条件,春、夏、秋三季都可播种。但是,它的萌发温度为20℃左右,如果环境温度达到这个标准,全年都可播种。

大花马齿苋的种子宜保湿浅播,促进发芽。因为种子细小,播种时最好用小木板将基质刮平或者先用洒水壶将基质湿润后播下。

①操作时,可将种子和细沙拌和,一般种子与沙土的比例为1∶500,在盆碗中拌匀。

②然后将种子倒在厚纸板上,用手指轻轻弹动纸板,将种子均匀地抖落在土壤表面。

③再用小木板轻轻压一压,但不要压实,使其种子接触土壤为宜。

④次日见土壤略干后把水喷透。

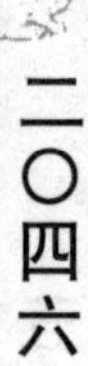

⑤大花马齿苋播种以后，要保持基质的湿润，如果是早春播种，温度尚未稳定的时候，育种场地可用白色塑料薄膜覆盖，这样，既保温又保湿，对种子的萌发极为有利。如果基质湿润，薄膜内温度控制在20℃~25℃，种子萌发很快，一般只要8~10天，种子的胚芽便破土而出，这时，要揭去薄膜使透气见光，当见到真叶后，便可按5厘米×6厘米的株行距进行间苗和分栽。

病虫害防治

斜纹夜蛾以幼虫危害植物幼嫩部分。防治方法：

①结合冬季翻土，消灭越冬虫态。

②利用黑光灯、糖醋液、甘薯、豆饼发酵液诱杀成虫，糖醋液中可加少许敌百虫。

③幼虫发生期，可喷施40%乐斯本乳油800~1000倍液，或50%辛硫磷乳油1000~2000倍液，或1%灭虫灵乳油1000~2000倍液。

21.五色椒

五色椒树态矮健，株形笼状，密枝扶疏，秀叶浓绿。花开满树，清香淡雅，秀丽恬静。观赏辣椒，花朵素雅，果实形态优美，娇小玲珑，红黄白紫，点缀绿叶之中，色泽鲜艳，光彩生辉，极为可爱。它的果实先呈白色，再现紫色，最后变为红色，在此过程中还会出现一些中间色。因此，已经结果的植株异彩纷呈，艳丽动人。

摆放地点

东向、南向、西向阳台。尤以南向阳台的栽培效果为最好。由于它高矮适中，因此可以摆放在大小不同的各类阳台上。在其生长旺盛阶段，最好将植株置于每天接受日光直射6小时之处。如果条件不允许，则每天至少保证要有2小时的直射日光。夏季应该保持环境通风；秋季将气温保持在较高状态，有助于延长植株的观赏时间。

五彩椒植株小巧，红果绿叶，十分醒目美丽，可用小盆栽植置于案头，亦可培育成大

的盆栽花卉,供阳台、厅堂等处陈列,或植于庭院、花坛等处,配置风景。有些品种可兼作蔬菜,供食用。

形态

五彩椒为多年生草本植物,常作一年生栽培。株高 40~60 厘米。茎半木质化或半灌木状,分枝多。

单叶互生,卵状披针形或矩圆形,叶如辣椒。

花小,白色;果形多种,单生叶腋或簇生枝梢顶端,有梗,为辣椒的变种。花期 7~10 月,果熟期 8~10 月。浆果直立,指形、网锥形或球形,有红、黄、白、紫等色。着果期从夏至秋,可经历半年的时间。

习性

五彩椒喜生于气候温暖、日照较长、空气干爽的环境。不耐寒,茎叶遇霜即枯萎,如在温室内,冬季可继续开花结果。喜光和通风向阳地,耐高温和干旱,适宜于湿润肥沃、排水良好的沙壤土,忌积水及干风吹袭。

栽培管理

(1)基质。盆栽宜选用富含腐殖质、疏松肥沃、排水良好的沙壤土或园土。基质可用森林土 3 份、山泥土 3 份、腐殖土 2 份和含磷肥较多的干杂肥 2 份配制而成。配制好的基质要暴晒,整细过筛。

(2)花盆。一般用大小适宜、质量较好的土陶花盆。

操作:

将培育的小苗用铁锹撬起,注意保护根系。

植入花盆中央,覆土后轻轻压一压,用细孔喷壶把水浇透,然后放于隐蔽通风处缓苗 3~5 天。

(3)肥料。五色椒根系发达,生长强健,喜肥而不择肥。生长前期每半月施一次稀薄的液肥(浓度控制在0.5%~1.0%之间),主要是腐熟的饼类肥料;开花前可增施些磷、钾肥,以提高坐果率,还可用元素花肥进行追肥,其配方为:植物发酵液体肥料500克、过磷酸钙100克、硫酸亚铁1克、硼砂2克、硫酸锌0.25克、硫酸锰0.25克、硫酸铜0.25克。

(4)水分。五色椒喜湿润,春季可每2天浇水一次;夏季需水量大,一般早晚各浇水一次,必要时还可在上午10时和下午5时以后向叶片各喷水一次,使盆土始终保持湿润状态;秋季果实成熟后要控制浇水,一般每周浇水一次即可。平时浇水要见干见湿,切忌浇水过多,造成盆内积水而引起落叶、落花。

(5)温度。五色椒不耐寒冷,最适宜生长温度为20℃~32℃。在适宜的温度下,阳光又充足,植株的光合作用也特别旺盛,生理生长迅猛,植株的花期、果期特别长久。

(6)光照。在阳台莳养的植株,三伏天要注意保护好五色椒的叶片,必要时在中午12时至下午3时这段时间进行半荫蔽莳养,使之生长更加旺盛。晚霜过后可将花盆放在阳台上或庭院背风向阳处。

为了使果实早变色,充分发育成熟,要适当进行疏花疏果,及时摘除枯黄叶片,培育成丰满匀称的株形。

繁殖方法

五色椒的种子,7~11月陆续成熟。莳养者可将成熟的果实,采收后用剪刀剪开外壳,刮出种子,用清水淘洗干净,置于阴凉通风处、晾干,用纱布袋子贮藏,待到次年3月上中旬,便可进行播种繁殖。也可将果实采收后,置于通风干燥处,待果实全部干燥后,再脱粒用纱布袋子贮藏。

①播种前,可挑选大号土陶花盆代替苗床。

②基质可用森林腐叶土3份、沙质菜园土3份、腐殖土3份、厩肥1份配制。这些土壤配制后都要经过园林技术的处理后,才能上盆使用。

③为了种子萌发快.莳养者可用40℃左右的温开水,浸泡种子24小时,待其吸水膨

胀后捞起,准备播种。

④播种时,要将花盆中的基质刮平压实,再把种子均匀地撒播在苗床内,覆土盖好种子。

⑤用浸盆的方法把水浸透,花盆上盖块白色玻璃,置于向阳温暖处,保持基质的绝对湿润,苗床温度控制在20℃~25℃。

⑥一般10~15天,小苗便破土而出,这时要揭去玻璃,进行光照和通风。

当小苗长出2~4片真叶时,要进行一次间苗,扩大行间距离,加强肥水管理,加强光照,使幼苗茁壮成长。待壮苗长到8~10厘米高时,便可用大小适宜土陶花盆,进行定植栽培。

换盆方法

1.首先轻轻敲打花盆,使盆土松动。注意敲打的力道,不要震伤细嫩的枝芽。

2.待盆土松动后,倒转花盆约45°。一只手扶稳植株,另一只手轻轻拍打盆底。

3.将瓦片垫入新盆中。防止土壤流失,保证排水良好。

4.将新底土填入盆中。

5.加入底肥。

6.将退好盆的植株垂直放入新盆。

7.填入与植株适应的新土。

8.将盆土按压实。使盆土低于盆沿1-2厘米。

9.为了美观可以在土壤的表面覆盖一层石子或陶粒。

病虫害防治

斑驳病。是由芜菁花叶病毒引起,感染叶片。据悉用5%蓖麻油、玉米油乳剂250倍液对芜菁花叶病毒引起的观赏辣椒脉斑驳病治疗效果很好。

22.夜来香

夜来香,香味浓郁。其浓香有驱赶蚊虫的妙用,是一种绝妙的驱蚊花卉。宜于庭园栽培或阳台盆栽。从初夏至晚秋,花开不断,花冠呈高脚碟状,黄绿色,香味浓,白天它那含羞似的小花闭合着,每当夜幕渐降,它才大大方方地张开花瓣,送来浓郁的芳香。

夜来香

摆放地点

南向阳台。因为在强烈的阳光作用下,花瓣中的配糖体聚集的更多,这样它晚上放出来的香味就更浓郁。由于它株形矮小,比较适合狭窄的阳台栽种。因其香气有毒,晚上不能摆放于室内,特别是不能放入卧室。

夜来香植株较高,生长健壮,因其傍晚开放,清香沁人,夜幕中色彩尤为亮丽,特别是夏季傍晚,把盆花移入室内驱赶蚊虫,更受广大莳养者喜爱。

形态

二年生草本花卉,可作一年生栽培。株高60~100厘米,全株具毛,分枝开展。

下部叶倒披针形,上部叶卵圆形。

花大,径约4~5厘米,黄色,有芳香;穗状花序顶生。花期6~9月。

习性

植株生长强健,喜光,要求排水良好的肥沃土壤。能自播繁衍,有时一次种植,自播苗每年开花不绝。

栽培管理

月见草莳养管理较简单,给予适当的施肥、灌水及除草即可令花朵繁茂。

(1)基质。可用堆肥加腐殖土配制而成。一般用草炭4份、腐叶土4份和沙土2份配制而成,盆底加少量腐熟饼肥作基肥,盖上土,底部应填充1/4的颗粒状物,以利排水。

(2)花盆。盆要选透水性、透气性均好的泥盆,或陶质盆、紫砂盆,不能用瓷盆或塑料盆。盆不要太大,盆壁不要太厚。

(3)肥料。夜来香根系发达,生性强健,耗肥量大,在生长旺盛期每10天施1次1∶6的腐熟的液体肥料,平时以1∶10的稀薄肥料,结合浇水进行灌溉。生长期以氮肥为主,孕蕾期以磷钾肥为主。盆栽夜来香冬季要停止施肥。

(4)水分。平时要勤浇水,保持盆土湿润;浇水掌握见干即浇的原则。冬季浇水要逐渐减少,不可过湿,否则也会烂根死亡。

(5)温度和光照。盆栽夜来香冬季需移入室内,置于南向窗台内,接受阳光照射。如遇大冷天,可在花盆上用竹片拱一十字架,架上套上白色塑料袋,以便安全越冬。

注意摘心分枝。定植成活后进行1次摘心,促使其分支和植株矮化,并多开花。

繁殖方法

夜来香,大多采用扦插的方法繁殖。时间可分为春插和秋插两个阶段,春插在3~4月,秋插在8~9月。

①不论春插或秋插,扦插前,都要根据繁殖数量的多少,制作露地苗床、木箱苗床,或花盆苗床。

②扦插基质可用细沙土和山泥土配制。

③扦插时剪取半木质化的健壮、充实、无病虫害的枝条,长约12~14厘米,每条插穗要有5~6个节间。

④选好插穗后插入基质,深度为插穗长度的2/3,插后用手压实。

⑤花盆苗床可用浸盆的方法,浇一次透水,其他苗床可用喷壶喷透基质。置于通风荫蔽处精心管理。

若是露地扦插，可用竹片拱架，上盖白色塑料薄膜，使之保温保湿，10天以后上午10时前、下午5时后要揭开覆盖物，让其接受弱阳光照射，促进伤口愈合。一般20天以后便有根原体出现。30天以上能长出新根，50天以上便可根据幼苗的长势分株定植移栽。春季扦插的小苗，如果管理和莳养的方法正确，有的秋季就能开花。秋季扦插的第二年春季移栽，夏季就能开花。

网友支招

播种春季、秋季均可，但花的品质以秋播的为好。播种出苗后待长出2~3片真叶时移植1次，长到4~5片真叶时定植。夜来香主根较发达，一般上盆成活后即可摘心，可使其多分枝、多开花。花谢后及时剪除残花，减少养分消耗，以利再次开花。生育期间约每隔20天左右追施1次稀薄饼肥水，并保持土壤湿润，就能即时开花。家庭盆栽夜来香可将种子直接播于盆内，保持盆土湿润，出苗后每盆仅留1株壮苗，其余都除去。生长期应放在阳光充足处，7~10天施1次液肥，能促使其生长健壮，开花良好。

病虫害防治

常发生煤传染病和轮纹病，可用50%甲基托布津可湿性粉剂500倍液喷洒。虫害主要有螨类和介壳类，病害有枯萎病。防治螨类可采用抗螨23乳油800倍液、73%克螨特2000倍液等。防治介壳虫，可用40%乐果乳剂600~800倍液。

23.一串红

一串红，枝叶翡翠碧绿，花穗鲜艳如火，盛开时，灿烂夺目。一串红株形紧凑，花色猩红，是颇为大众化的观花植物。在良好的管理下，花朵开放可达数月之久，能够给环境带来无限生机。

摆放地点

东向、南向、西向阳台。由于它高矮适中，因此可以摆放在大小不同的各类阳台上，

在其生长旺盛阶段，要将植株置于每天接受日光直射不少于 4 小时之处。夏季，应该保持环境适当通风；秋季，将气温保持在较高状态，有助于延长植株的观赏时间。

一串红常用作花坛、花丛的主体材料，及带状花坛或自然式纯植于林缘；或盆栽于门前、街头、广场、会场等处布景，还可做切花、花束等。

形态

为多年生草本，作一年生栽培，株高 90 厘米。茎方形，节间有紫色横纹。

叶对生，叶片卵形，先端渐尖，有锯齿。

顶生总状花序，被红色柔毛，花冠唇形，深红色，有长筒伸出萼外，小坚果卵形，花期 7~10 月，果熟期 8~10 月。花冠有鲜红、白、粉、紫色，且有矮生变种。花谢时花冠先脱落而花萼仍可观赏。

习性

一串红喜温暖、湿润、凉爽的气候，不耐严寒。喜阳光充足，但也能耐半阴，忌霜害。最适生长温度为 15℃~30℃，低于 12℃生长停滞，叶片变黄、脱落，花朵逐渐脱落。喜疏松肥沃的沙壤土，忌渍水，耐旱。

栽培管理

(1)基质。盆栽土需施基肥。用腐熟有机肥作底肥，采用腐叶土、沙壤土各 50%的培养土较为理想。盆土用园土 5 份、腐叶土 2 份、厩肥土 2 份、草木灰 1 份加少量石灰、骨粉配制而成。

(2)花盆。一串红植株高矮适中，通常采用中号花盆进行定植，也可使用大型花盆进行合栽。

(3)肥料。一串红因其不耐热，故 7~8 月间往往生长不良，每遇雨季叶片发黄时，可施硫酸铵使叶转绿。为了防止徒长，要少浇水、勤松土，并施追肥。生长旺盛期应每隔 10 天追施 1 次富含磷、钾的稀薄液体肥料。花后及时将植株从距地面 20 厘米处剪掉，浇足水,1 周后施淡肥水,其后勤施肥,12 月份可在温室再度开花。

(4)水分。生长期宜保持土壤适当湿润,过湿、过干皆对生长不利。空气湿度应适当,如过干则易造成落花、落叶;过湿则枝叶又易腐烂。

(5)温度。一串红性喜温暖,其适宜生长温度为 16℃~30℃。它不耐寒冷,受冻植株易死亡。另外,温度对控制一串红花期尤为重要。

(6)光照。一串红在阳光充足的条件下生长良好,但在高温季节应避免日光西晒。夏季盆栽,需适当遮蔽中午的烈日,当花由红转白、接近凋谢时,即应及时采种。

繁殖方法

一串红主要采用播种和扦插的方法,进行繁殖。

扦插繁殖。一串红常用扦插的方法进行繁殖。有温室设备的一年四季均可进行。

①扦插前,选取当年萌发的新枝顶梢,每段长 8~10 厘米,摘除基部叶片。

②然后 10~20 株一起,用湿毛巾包上浸于与气温相同的清水中,浸泡插穗 3~4 小时。

③待其吸足水分后,扦插于沙质土壤的苗床中,株行距为 12 厘米×15 厘米。

④插后用细孔喷壶喷透水分。

⑤苗床上部要搭架用草帘遮阴。

每天数次向叶面喷水,约 8~10 天就能愈合生根,当新苗长到 10~12 厘米时,便可分苗定植。

换盆方法

1.首先轻轻敲打花盆,使盆土松动。注意敲打的力道,不要震伤细嫩的枝芽。

2.待盆土松动后,倒转花盆约 45°。一只手扶稳植株,另一只手轻轻拍打盆底。

3.将瓦片垫入新盆中。防止土壤流失,保证排水良好。

4.将新底土填入盆中。

5.加入底肥。

6.将退好盆的植株垂直放入新盆。

7.填入与植株适应的新土。

8.将盆土按压实。使盆土低于盆沿 1-2 厘米。

病虫害防治

温室莳养一串红,如室内高温、高湿或光照不足,易发生腐烂病,必须注意调节温度、湿度,使空气流通。

在阳台栽培中,一串红易患花叶病,受害植株叶片出现黄色斑纹。此病难于防治,因而要在引种时加以注意,避免引进带病植株。

此外,一串红易发生红蜘蛛、蚜虫等,可喷 1500 倍的乐果防治红蜘蛛,马拉硫磷消灭蚜虫,敌敌畏消灭粉虱(敌敌畏中加中性洗衣粉效果亦佳)。

专家支招

摘心控制花期利用一串红已进入开花期的植株,去掉花序后约 25 天左右可再次开花的习性,可通过摘心来左右花期,如 8 月播种 11 月上盆,在高温室内培养的一串红,于 4 月中旬现蕾后移出室外,“五一”节盛开。花后将残花序和枝顶均摘心修剪,剪后,施肥 1~2 次,如中午日照过强应置半阴处精心管理,7 月可第 2 次开花。花后再次摘心修剪施肥,10 月初再次花满枝头。如花后再摘心修剪,施肥,11 月仍可再开 1 次花,但应注意气温变化,修剪后应置温室内培养才能如愿开花。

24.虞美人

虞美人是一种潇洒美丽的观赏花卉。“花开时,薄如蝉衣的花瓣,娇态婀娜,高雅纯洁。花色鲜艳,有朱红、鲜红和玉白等色。虞美人,花葶温柔直立,姿容绰约葱秀,袅袅轻盈。旧时传说,此花系西楚王项羽战败后不愿过江,而宠姬虞美人含泪自刎垓下,以碧血幻化而成。虞美人株形柔美，花色鲜艳，是十分有名的观赏植物。由于它不喜炎热环境，因此适合在我国北方凉冷地区种植。

摆放地点

南向阳台。它的植株较为高大，适合在十分宽敞的阳台上栽种。在其生长旺盛阶段，要将植株置于每天接受日光直射不少于4小时之处。春季应该保持环境通风。由于虞美人惧怕高温，春季摆放地点的气温较低则有助于延长植株的观赏时间；冬季气温较低

形态

一二年生草本，株高30~80厘米，全株被疏毛。

叶互生，长椭圆形，不整齐羽裂。

花单生，有长梗，含苞待放时下垂，开后挺立。花瓣4，薄而具有光泽，花色有纯白、紫红、粉红、红、攻红、斑纹等色，轻盈柔美。花期5~6月。园艺品种有半重瓣和重瓣类型。

习性

喜温暖、阳光充足、通风良好的气候条件，在疏松肥沃、排水良好的沙壤土上生长良好，须根少，不耐移植。忌炎热、高湿，能自播繁衍。

栽培管理

（1）基质。基质可用疏松肥沃、富含有机质的沙质土壤，栽培时加入少量底肥。可用腐叶土、园土、粗沙等量混合，加少量骨粉配成培养土。

（2）花盆。一般用大小适宜的土陶盆。盆底应加碎瓦片作排水层。

（3）肥料。虞美人喜肥，在生长旺盛期要及时施肥。春季可用饼类液体肥料，以1∶6、1∶8的浓度，结合浇水施肥；初夏时节，可施腐熟的肉骨、鱼鳞和蛋壳等沤制的肥料，每15天追施1次，促进虞美人花色鲜艳；挂果后再施2次肥料，促进种子充实饱满。

（4）水分。虞美人性喜湿润，不耐干旱，日常管理要保持土壤湿润。在生长旺盛期可

每隔 2~3 天浇水 1 次,6~8 月要根据土壤情况适当增加浇水量和浇水次数,一般以盆土不干为准;秋季浇水要少,只要土壤湿润即可;种子成熟后停止浇水。

(5)温度和光照。虞美人喜欢温暖和阳光照射的生态环境,其生长最适温度 20℃~26℃。一般温度要控制在 6℃~10℃就可以了,因为温度过高容易造成植株细弱徒长,影响孕蕾开花。

注意:开花前追肥 1~2 次,开花后要及时剪除残花,以便使后开的花更大,且可延长花期;做切花应在花半开时剪下立即浸入温水中,防止乳汁外流过多,引起花苞萎蔫。虞美人不能连作,施肥也不可过多,否则病虫害多。如发现病株,要及时拔除烧毁或深埋。

繁殖方法

为了使虞美人提前开花,莳养者可在虞美人果皮变黄时,提前剪下,置于阴凉通风处,让蒴果自然干燥开裂,取出种子后再晾干,用纱布袋子贮藏于室内通风处,待到 9 月上中旬,便可进行播种繁殖。

①播种苗床,可用大号土陶花盆,基质可用素沙土 5 份、腐殖土 3 份、炉碴灰 2 份配制。配好后充分混合,装盆后便可进行播种繁殖。

②虞美人的种子细小,播种时在种子中拌入细沙土,然后把种子均匀地撒播在苗床内。

③用浸盆的方法把基质湿透,床上覆盖玻璃,置于温暖的地方。

④虞美人播种后,要保持基质湿润,苗床内的温度控制在 20℃~25℃,在水分和温度都比较适宜的情况下,种子发芽快。

⑤当幼苗出土后要揭去玻璃,加强通风透气工作。

当小苗长出 2 片真叶时,可进行间苗,扩大株行距,培育壮苗。如果需要种苗数量少,可不间苗,而用竹夹扒掉一些细弱小苗,保留健壮苗株,一般小苗长出 5~6 片真叶后,便可进行定植栽培。

病虫害防治

病害有白粉病，锈病，可用65%代森锌可湿性粉剂600倍液喷洒；虫害有蚜虫等，可用40%乐果乳油1000倍液喷杀防治。

25.月季

月季花色丰富，品种繁多，是具浪漫色彩的观花植物。历代诗人、墨客无不为之倾倒。苏轼曾赞月季："花落花开无间断，春去春来不相关。牡丹最贵惟春晚，芍药花繁只夏初。唯有此花开不厌，一年长占四时春。"

月季

摆放地点

南向阳台。它的植株较为高大，适合在宽敞的阳台上栽种。在生长旺盛期最好将月季摆放于全日照的地方，每日最少要有4小时以上的直射日照。夏季保持环境通风；冬季气温稍低并无大碍。

月季花大色美，四季开放，月季向来以开花季节长，色泽艳丽而著称，是园林布置的好材料，宜作花坛、花境及基础栽植用，在草坪、园路角隅、庭院、假山等处配置也很合适。盆栽月季，置于阳台上或居室供人欣赏，会给人们增添生活乐趣。月季也是著名的切花，供插瓶水养或制作成花篮、花束等。

注意：月季花如果久闻，可能会使人感到胸闷不适。

形态

落叶或半常绿灌木，也有呈藤本状。植株高30~150厘米。枝纤弱，常有倒钩皮刺，叶柄及叶轴上常散生皮刺，也有个别近无刺品种。

叶互生，奇数羽状复叶，小叶 3~7 枚，卵圆形、椭圆形、倒卵形或阔披针形，边缘有锐锯齿，托叶与叶柄合生。顶生小叶有柄，侧生者近无柄。叶面平展有光泽，叶背及枝、干有刺。

花生于枝顶，单生、数朵簇生或丛生的伞房花序。多为重瓣，瓣数 5~80 片不等。

花色有红、黄、蓝、紫、橙、绿、茶、墨、白和中间色，而且有正背两面、上下的二重色和多种复色，以及斑条双纹色等。花微香，花期较长，可全年开花，一般集中在 4 月下旬至 10 月。果实为肉质蔷薇果，红黄色。

习性

月季对环境适应性很强，性喜阳光充足、通风良好的环境。喜温暖，怕炎热，夏季的高温对开花不利。对土壤要求不严，但以富含有机质、排水良好而呈微酸性的土壤最好，但也具有一定的耐盐碱能力。喜肥，好阳光，对日照长短无严格要求，但过于强烈的阳光照射对花蕾发育不利。

栽培管理

(1)基质。盆栽月季要选择生长势中等、花大色艳、花期较长的优良品种。盆栽月季一定要求盆土疏松透气、排水便利、酸碱适宜。栽培用土可用腐熟有机肥(如马粪土)、腐叶土加少量河沙配制而成。上盆时，盆底放少量骨粉或蹄片作基肥。

(2)花盆。盆要选透水性、透气性均好的泥盆，或陶质盆、紫砂盆，不能用瓷盆或塑料盆。盆不要太大，盆壁不要太厚。盆的大小与植株的大小要适当，不要大株小盆或小株大盆。

(3)肥料。生长期间每隔 10 天左右施一次腐熟的稀薄饼肥水，生长旺盛期每周施一次，孕蕾开花期加施 1~2 次速效性磷肥，入秋以后也要注意增施磷、钾肥，减少氯肥，以控制新枝生长。

(4)水分。浇水应掌握见干见湿，每次施肥后都要及时浇水和松土，以保持土壤疏松，通气良好，促使养分分解和吸收，供给不断开花的需要。

(5)温度。其生长适温，白天为22℃～25℃，夜间为12℃～15℃；温度降到5℃以下即进入休眠期，停止生长。

(6)光照。盆栽月季要放置在阳光充足的地方，夏季可移到阳台上或庭院中养护，冬季移入室内冷凉处，满足其休眠要求，这样翌年才能茁壮生长，开花良好。

注意：盆栽月季需要经常修剪，促发新枝，而不断开花。修剪宜结合早春换盆进行，从基部剪除所有的枯枝、病枝、弱枝及交叉枝，保留3～5个健壮的主枝，一般生长强壮的枝条约剪去1/2，生长较弱的枝条剪去2/3，按照不同品种，每枝保留一定数量向外侧生长的腋芽，即可形成适当数量的花枝。

繁殖方法

月季花的扦插繁殖方法。扦插繁殖月季花，是园艺工作者和爱好者普遍采用的一种无性繁殖方法，通过扦插技术，可以获得大量的幼苗。其特点是：可以完全保持名贵品种的优良特性，对于高度瓣化、三倍体或染色体不整齐、不完整、不结实的品种最适宜这种技术，它和播种苗比较，具有开花早、成苗快、株形美的绝对优势。

①扦插基质和苗床准备。月季花扦插的基质，可用细沙、锯末和砻糠灰等。但是，比较理想和方便的扦插基质，是用黄沙土和煤渣灰混合最好。煤渣灰须经过筛，颗粒不宜过大，一般以菜籽大小为好，并去掉粉末，最好用消毒杀菌剂进行处理后备用。同时还需准备马粪、兔粪、羊粪等造热物质，垫在苗床底部，作为增加底温的材料。

苗床选在向阳干燥的地方平整理厢，填土制作苗床。方法是：在苗床底部先填一层马粪等造热物质，上面再放一层厚度为3～5厘米的菜园土，最后盖上扦插基质，其厚度为15～20厘米，平整后待用。

这种苗床的优点是：能使地温高于气温，促进插穗早生根晚发芽，提高扦插成活率。

②月季花的扦插，时间以春夏之交和秋末初冬最好。实践证明，选择当年开花后的

健壮、无病虫害的半木质化的顶枝作为插穗最好，时间在花后两天，腋芽尚未萌动时最佳。这种枝条生长时间短，植株体内营养丰富，有较强的生根能力；另外月季花的封顶条也可采用。但是，过粗或过分木质化的枝条不宜用作插穗。

③剪取插穗也是一种技术，插穗的长度一般为6~8厘米，具有三个芽眼。操作时用干净刀片，在接近腋芽处沿45°向下削成斜口，削口要平滑无挤压伤组织，为伤口愈合创造条件。

④插穗叶片有促进生根和抑制腋芽萌发的作用，同时还能制造养分。所以除插入土壤部分的叶片应剪去外，其余叶片必须保留。但是为了减少水分蒸发、保持枝条体内水分平衡，一个插穗保留2~3片小叶最为适宜。

⑤插条选好后，应用湿润毛巾盖住，放在阴凉处备用。

⑥为了保证扦插苗成活，可采用生长调节素处理插穗。通常使用的有萘乙酸和吲哚丁酸，浓度为0.05%。扦插前，将插穗的基部在上述两种溶液中的任何一种浸沾一下立即扦插，这可提高插穗生根率。

⑦将处理好的插条，按5~10厘米的株行距进行扦插，深度为2~3厘米，用竹签打孔，插后封土要实，然后进行一次喷浇，使土壤充分湿润为止。

⑧接着用厚竹块制作拱架，覆盖塑料薄膜，以保持足够的温度和湿度。

如果是热天，温度过高，还要用草帘遮阴、通风，降低小棚内温度，最高温度不能超过30℃，否则插穗伤口会腐烂，光发芽不生根，造成扦插失败。

⑨月季扦插后，一般20天左右就能长出新根。届时要注意观察，当新根长到2~3厘米，腋芽开始萌发时，就可从苗床中取出进行定株移栽。

⑩起苗时最好带上基质，随取随栽，如果移栽时正好时值夏日，栽后要进行1周左右的时间遮阴，尔后逐渐见光，适应环境。

月季花的扦插工作，如果掌握好各个环节，扦插成活率可达90%左右。

换盆方法

1.首先轻轻敲打花盆,使盆土松动。注意敲打的力道,不要震伤细嫩的枝芽。

2.待盆土松动后,倒转花盆约45°。一只手扶稳植株,另一只手轻轻拍打盆底。

3.将瓦片垫入新盆中。防止土壤流失,保证排水良好。

4.将新底土填入盆中。

5.加入底肥。

6.将退好盆的植株垂直放人新盆。

7.填入与植株适应的新土。

8.将盆土按压实。使盆土低于盆沿1-2厘米。

9.为了美观可以在土壤的表面覆盖一层石子或陶粒。

病虫害防治

(1)黑斑病。病叶首先出现褐色小斑块,逐渐扩大,皮为黑褐色或紫褐色圆形大斑块,最后叶片因坏死而脱落。防治方法,可用200倍波尔多液,或60%可湿性代森铵500倍液喷洒;同时要及时清理病叶,烧毁病叶,以减少传染。

(2)白粉病。在叶片、叶柄、枝条嫩梢等部位着生1层白粉,使叶片等处受害。防治方法:加强通风,降低温度,去除病叶、病枝并应及时将其烧毁;用50%代森铵1000倍液喷洒,或用50%多菌灵可湿性粉剂1200倍液喷洒;波尔多液200倍液也可抑制病害发展。

(3)月季常见虫害有蚜虫、红蜘蛛、金龟子等。防治方法:用80%敌敌畏稀释1000~2000倍或40%氧乐果稀释1500~2000倍,每周喷施1次。叶面、叶背、嫩枝、花蕾等处要均匀喷洒。

26.矮牵牛

矮牵牛花色丰富,品种繁多,其株形低矮,花如牵牛,叶似茄叶,美其名曰碧冬茄。矮牵牛花瓣柔软,花色娇艳,单瓣品种姿态端庄秀丽,重瓣品种态若牡丹,雍容华贵,是欧美人特别喜爱的观花植物。用它来装点阳台,能够给环境带来温馨气息和浪漫色彩,因此颇受栽培者的喜爱。

摆放地点

东向、南向、西向阳台。尤以西向阳台最佳。由于它的植株较为矮小,因此适合用来装点较为狭窄的阳台。在其生长旺盛阶段,要将植株置于每天接受日光直射不少于 2 小时之处。夏季应该保持环境通风。冬季昼夜温差不宜过大。

矮牵牛花大而色彩丰富,花期长,开花繁茂,栽植庭园中适于花丛、花坛及自然式布置。大花和重瓣品种常作盆栽观赏,亦可做切花。

形态

一年生或多年生草本花卉,株高 20~60 厘米,全株具黏毛。茎直立或斜卧。

叶有短柄或无柄,上部叶对生,下部叶互生全缘,卵形。

花着生于梢端或叶腋。花冠漏斗状,先端具钝波状浅裂,花径可达 12 厘米。花瓣多变化,有单瓣、重瓣、半重瓣和各式斑纹。花色有白、堇、深紫、红、红白相间以及各种彩斑镶边等色。花期 4~10 月。

摆放地点

矮牵牛喜温暖、干燥和阳光充沛的环境,不耐寒,忌积水雨涝。遇阴凉天气则花少而叶茂。以疏松肥沃、排水良好的微酸性土壤生长最佳。怕积水,土壤不宜过湿、过肥,否则植株极易徒长而倒伏。耐高温,在盛暑下开花最盛。

栽培管理

(1)基质。可用疏松肥沃的沙质土壤,如果有条件,所用盆土可由腐叶、细沙、园土按体积计以 1∶1∶2 的比例配成。基肥宜施腐熟的禽类粪便、过磷酸钙。

(2)花盆。分栽成活的小苗当长到 7~8 厘米时,可留基部 4~5 厘米摘心,以促生分枝.以后苗高 15 厘米左右时,即可上盆培养。移植时要带土球勿使松散,否则缓苗困难,不利成活。秋播苗经过移植,上盆后再翻盆 1 次,可在不加温的温室或冷床越冬。

(3)肥料。除基肥外,花盛期和修剪后可各追施稀薄液肥 1~2 次。生长过程中不能施过多、过浓的肥料,特别是氮肥,以防徒长致使植株倒伏。如果在其营养期小苗生长不良,茎干不壮,可用 0.2%的尿素和 0.2%的磷酸二氢钾交替进行叶面喷施,以利壮苗。

(4)水分。矮牵牛喜干润,平时浇水要少,盆土保持半墒为宜。开花期需补充水分,特别是夏季不可缺水,每天可向叶面喷水 2~3 次,降低环境温度。如阳台气候干燥,中午时叶片萎蔫,也无大碍,可在傍晚时分浇一次透水,植株很快就能恢复原状。

(5)温度。矮牵牛在夏季惧怕高温酷热,如果气温超过 26℃以上,要把花盆放在略有光照、通风干燥的地方莳养,在 26℃~28℃的情况下,有时还能见花。华北地区冬季可在室内盆栽,温度保持在 15℃~20℃,可四季开花。冬季温度最好不低于 10℃,至翌春即可开花。

(6)光照。矮牵牛是一种喜阳植物。盆栽应置于通风向阳的地方,同时,随着植株的生长,要及时调整盆间距离,使之全年都能接受阳光照射。

注意:矮牵牛移植后恢复生长较慢,苗期应尽早定植,严防土球松散,以免过多伤根。

繁殖方法

矮牵牛多用播种和扦插的方法,进行繁殖。

扦插繁殖。矮牵牛的重瓣品种,一般都不结实,若要获得重瓣品种的苗株,可用扦插的方法,进行繁殖。时间在春芽基本长定后的 5 月进行。

①选取当年生长的健壮枝条,每段长 8~10 厘米,剪除基部叶片,保留顶端 1~2 片和嫩尖。

②为了愈合生根块,可用 0.004%的萘乙酸水溶液,浸泡插穗基部 24 小时,再进行扦插。

③苗床用花盆,基质用珍珠岩。

④操作时,将准备好的插穗取出稍为晾一下,就可进行扦插,插入土壤深度为3~4厘米。

⑤插后用细孔喷壶把水喷透。

⑥然后套上塑料袋,置于温暖荫蔽处。

⑦若能把温度控制在20℃~23℃,一般15~20天就能愈合生根,当小苗发出新芽后,便可带土团移出,定植于花坛、花台、花径,也可盆栽置于阳台莳养,如果管理得好,秋季就能见花。

病虫害防治

(1)白霉病。叶片上出现大型病斑,呈现淡黄色,严重时会使叶片枯萎脱落。防治方法:可摘除病叶,并喷射75%百菌清药剂600~800倍液。

(2)叶斑病。防治方法:可剪除病枝、病叶。发病前用65%代森锌600倍液进行喷洒。

(3)柑橘粉虱。幼虫群集吮吸叶片、嫩枝干汁液。防治方法:卵孵化期选喷1次24%万灵水剂800~1500倍液,或25%喹硫磷乳油500~1000倍液,或2.5%溴氰菊酯,或10%二氯苯醚菊酯2000~3000倍液,每隔7~10天喷1次,连续喷3~4次。

27.百日草

百日草是一种直立生长的草本观赏花卉,大多以独本生长。一葶一花,形成一种孤芳自赏的风姿。花色娇美艳丽,花朵硕大,锦绣夺目,6~10月鲜花不断。百日草分枝性强,花色丰富,具有很好的观赏价值。矮生性品种也宜盆栽莳养观赏。它稍耐干旱,易于管理,摆放在阳台上能够使环境显得绚丽多彩。

摆放地点

东向、南向、西向阳台。由于它高矮适中,因此可以摆放在大小不同的各类阳台上,

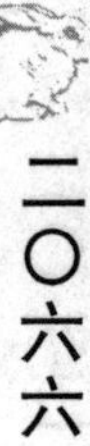

在其生长旺盛阶段，最好将植株置于全日照之处，如果条件不允许，则每天至少保证要有2小时的直射日光。夏季应该保持通风良好。秋季将气温保持在较高状态，有助于延长植株的观赏时间。

百日草

百日草适宜布置花坛、花境，又可用于丛植和切花。矮壮种类还可盆栽，置于阳台莳养和观赏，高品种又可作装饰瓶景欣赏，为室内环境增添光彩。

形态

百日草茎直立，茎有粗毛。高度因品种而异，高者90厘米，矮者20~30厘米。

叶对生，长卵形至椭圆形，基部稍抱茎。

头状花序单生于枝顶，花梗甚长，花径约4~6厘米。舌状花，花有白、黄、红、粉、紫等色。有单瓣、重瓣和半重瓣之分。花期6~10月。

习性

百日草喜阳光充足，在15℃以上就能正常生长。植株健壮，耐干旱，适肥沃而排水良好的土壤。如瘠薄干旱则花朵显著减少，且花色不良，花朵瘦小。

栽培管理

(1)基质。基质可用森林腐叶土或泥炭藓2.5份、沙质菜园土2份、蛭石或珍珠岩0.5份、干牛粪1份、肥田泥2份、堆积的厩肥2份配制。配好后可用2000倍的福尔马林水溶液进行喷洒消毒，一周后便可上盆使用。

(2)花盆。盆栽百日草，可挑选美观大方的紫砂盆，一般直径为15~20厘米。栽培时带土团取苗，植于花盆中央，把水浇透，置于荫蔽通风处，经常进行雾状喷水，缓苗5~7

天便可进行正常管理。

(3)肥料。百日草喜肥,肥足才能叶茂枝繁,花朵硕大,花色鲜艳。百日草生长迅速,在营养生长期需要及时补充肥料。盆栽的植株,可在培养土中加入10%~15%的牲畜干粪,或5%~10%的鸡干粪。因为百日草最喜欢固体肥料。植株栽培恢复生长后,每星期可施一次全元素型复合花肥(配方见蛾蝶花施用的肥料),浓度为1%~3%,使其营养生长旺盛,15~20天后,改施以磷钾肥为主的有机液体肥料,控制营养生长而进入抽葶、孕蕾开花。开花时停止施肥,花谢以后剪除残花,继续追施肥料,促使蘖芽生长,而进行第二次开花。

(4)水分。百日草性喜湿润,用培养土栽培的植株,因基质保水保肥,利于植株生长。但是,莳养者一定要根据各个时期的气候条件,和百日草的长势,随时补充水分,盆土要保持湿润。春季一般每星期浇水2~3次,夏季每天浇水一次,秋季每3天浇水一次,冬季培育的幼苗可每隔10天半月浇水一次即可。

(5)温度。百日草最适宜的生长温度为20℃~32℃。一般在夜间温度为15℃~18℃,白天温度为20℃~32℃的条件下,植株生长极其繁茂,茎干粗壮,叶片肥大,光合作用特别旺盛,植株不但可以提前开花,而且花期长。但是,夏季开花的植株,温度反而不能太高,一般白天在26℃左右,夜间为16℃~18℃开花最好。冬季培育的幼苗,室内温度可控制在8℃~15℃,这样植株才能顺利进行营养生长而春季就能开花。

(6)光照。百日草最喜欢阳光照射,移入室内莳养每天也应不少于6小时以上的光照。特别是冬季在温室里培育的幼苗,一定要放在南向的玻璃窗内,使之阳光充足,幼苗茁壮成长。为了开好花,盆栽植株在夏季也要移至有散射光照的地方,并采用地面喷水的方法降温,使其花期待久。其他季节都应把花盆置于向阳的地方,进行强阳光照射。光照多,光合作用旺盛,植株体内养料积累多,这样百日草就开花早,花朵大,花色鲜。

繁殖方法

百日草,生性强健,生长迅速,一般播种后3个月就能孕蕾开花。所以,园林部门大多利用百日草的生长习性，采取分期播种的方法，调节花期，使之全年开花。冬季播种春季开花，春季播种夏季开花，夏季播种秋季开花。

百日草播种繁殖，除冬季可在温室内播种外，其他季节都可在露地制作苗床，进行播种繁殖。

①播种基质可用森林腐叶土2份、田园土2份、泥炭藓2份、粗河沙或蛭石2份、干牛粪1份、堆积的土杂肥1份配制。一般经过堆积、腐熟、暴晒，整细过筛，再按总体积加入1.5%的骨粉，3%的草木灰0.5%的全元素复合花肥。

②苗床场地要进行深翻，整细耙平，填上培养土，厚度为15~25厘米。

③苗床全部做好后，再把百日草种子均匀地撒播在苗床内，覆盖细沙土。

④用喷壶把水喷透，床上再覆盖一层薄薄的稻草，使之保湿。

百日草播种，苗床温度要控制在22℃~28℃，如果能控制在26℃最好，因为这种温度最适宜种子的生理生化发育。在这样的温度条件下，基质保持湿润，一般3~5天种子便能萌发新芽，这时就要揭去覆盖物，进行弱阳光照射，使幼苗茁壮成长。

夏季播种，因为气温过高，阵雨、大雨较多，莳养者还应在苗床搭设荫棚，注意防暑降温，避免大雨冲刷，损坏幼苗。如做切花，可以不再移栽，不予摘心，待花葶顶端的花朵盛开，或微开时，齐地面切取，就是美丽鲜艳的切花了。

百日草的种子培育，莳养者要提前做好准备工作，各个品种栽培的地方，要按照子代系统严加隔离，以免空气中的其他花粉影响百日草种子品质。

病虫害防治

(1)棉铃虫。以幼虫钻蛀花蕾，咬食花朵。防治方法：

①利用黑光灯诱杀成虫。

②冬季翻土、中耕，消灭土中越冬虫蛹。

③喷施40%甲乐磷乳油1000~2000倍液，或50%杀螟松乳油1000倍液，或20%杀灭

菊酯乳油 1000~1500 倍液,或 25%菊乐合酯乳油 1000~2000 倍液。

(2)小地老虎。是一种主要地下害虫。防治方法:

①清晨在缺苗株附近用人工挖虫,有一定除虫效果。

②在受害严重地区可用 50%辛硫磷乳油 1000 倍液喷浇苗间及根际附近的土壤。

(3)桃赤蚜。成虫、若虫危害叶片。防治方法:在蚜虫危害期,可选喷施 15%哒螨灵乳油 1000~200 倍液,或 25%喹硫磷乳油 1000 倍液,或 10%蚜虱净超微可湿性粉剂 3000~5000 倍液。

(4)百日草黑斑病。防治方法:选用 65%代森锌或 70%代森锰锌 600 倍液,喷 1 次。喷药时叶背必须喷布周到。

(5)百日草白粉病。防治方法:发病初期,喷 1 次 20%粉锈宁 4000 倍液,并且与周围其他植物的白粉病一起防治。

28.雏菊

雏菊株形紧凑,叶色碧绿,是富于春天气息的阳台花卉。由于它忌酷暑,喜凉爽,进入夏季长势便会越来越弱,因此更适合我国北方地区种植。

摆放地点

东向、南向、西向阳台。尤以西向阳台的栽培效果最好。由于它高矮适中,因此可以摆放在大小不同的各类阳台上。在其生长旺盛阶段,要将植株置于全日照之处。冬季保持环境适当通风。由于雏菊惧怕高温,因此春季摆放地点的气温较低,则有助于延长植株的观赏时间。冬季气温稍低并无妨碍。

雏菊植株小巧玲珑,花期较长,是华北地区早春至“五一”节布置花坛、花境、草坪边缘的重要花卉,亦可盆栽装饰室内案边、窗台,优美别致。还可用于岩石园栽培。

形态

多年生草本,常作二年生栽培。植株高 7~15 厘米,全株被毛。

叶基部簇生，莲座状。头状花序单生，花葶自叶丛中抽出，舌状花多数，线形或管状，花梗长 7~15 厘米，花径约 5 厘米，花色有白、粉、桃红、大红、紫色等。花期 4~6 月，果熟期 5~7 月。瘦果扁平。

习性

雏菊性强健，具有一定的耐寒能力，可耐-3℃~-4℃的低温，冬季如地表温度不低于 3℃~4℃，且有雪覆盖，可以露地越冬，但重瓣大花品种耐寒力较差。喜冷凉、湿润，要求疏松、肥沃、富含腐殖质且排水良好的土壤。忌炎热，夏季高温时，生长势及开花均衰退，如在半阴下，则可延长花期。

栽培管理

（1）基质。雏菊对土壤适应性较强，盆土可用腐叶土、细沙土、园土按体积计 1：1：1 的比例混合配成，花盆底部要加入 10 克左右的鸡粪作为基肥。

（2）花盆。雏菊植株不是很高，一般用中型花盆进行定植。

（3）肥料。雏菊喜肥，定植后要加强肥水管理，适时浇水、追肥，使幼苗在入冬前发棵。追肥要薄肥勤施，一般每 2 周追 1 次稀薄液肥。夏季开花后，可以将老株分开栽植，加强管理，保证肥水的供应，秋凉后施 2~3 次追肥，移入室内冬季可继续开花。

（4）水分。雏菊喜水，定植后要适时浇水，保持土壤湿润。生长期间要保证水分的供应充足。

（5）温度。雏菊喜凉爽环境，忌炎热，夏季高温时，长势及开花均衰退，如在半阴环境下则可延长花期。其适宜生长温度为 10℃~18℃。在夏季凉爽、冬季温暖地区，调节播种期，可周年开花。花后将老株分株上盆，置阴凉处越夏。它较耐寒冷，越冬温度不得低于 0℃。北方地区冬季可移入室内越冬，室温维持在 8℃~10℃为好。

（6）光照。雏菊喜日光充足的环境，日照好则开花良好。在环境荫蔽的条件下，植株易徒长，开花也会受到影响。

注意：雏菊种子极小，成熟期不一，需及时采种，以免散失。其品种极易退化，花期要注意选留采种母株，以保持品种的优良形态。

繁殖方法

常用播种繁殖，个别生长良好的植株也可采用分株繁殖。种子发芽的最适温度为22℃~28℃。多在每年8~9月进行播种，种子播种后一般经5~10天萌发。寒冷地区可于早春在温室内播种。

①苗床可根据具体需要进行选择。可以用细沙作为繁殖基质。

②雏菊的种子细小，在播种时最好将其与适量的干燥细沙混合在一起，具体比例以体积计为1∶20。

③将繁殖基质装入盆器后浇1次透水。

④将混合均匀的种子撒在花盆里，不必另行覆土。

⑤覆盖一层玻璃进行保湿。

⑥待小苗长出一对真叶后拿开玻璃，并保持空气流通。

⑦当小苗长出4~5片真叶后再上盆移栽。

病虫害防治

在阳台莳养中，雏菊很少罹病。只是要注意小地老虎的危害，小地老虎是一种主要地下害虫。防治方法：

①清晨在缺苗株附近用人工挖虫，有一定除虫效果。

②在受害严重地区可用50%辛硫磷乳油1000倍液喷浇苗间及根际附近的土壤。

扶桑

扶桑花形独特，枝叶扶疏，花朵硕大，姿态优美，色彩艳丽。有的似吊钟，有的状若灯笼，悬空飘垂，依风荡漾，煞是迷人。更为难得的是它花期长，从春至冬，长开不衰。用其装点阳台，可使阳台长留春意。

摆放地点

西向阳台。在生长旺盛期需要充足的阳光和大量的水分。夏季要保持土壤湿润；冬季要注意保温，气温低于15℃时要移入室内。

扶桑花大色艳，花期甚长，四季开放不绝，是著名的观赏花卉，素有"中国蔷薇"之美称。其重瓣良种，花瓣丰富，形似牡丹，因而得名"朱槿牡丹"。它既有蔷薇艳丽的色彩，又具有牡丹富丽的姿态，是家庭养花中最喜欢栽植的优良花木。华南地区常露地植于公园中、道路两侧或作为花篱。北方地区多采用盆栽，用于客厅、门厅和阳台等摆设。

形态

扶桑为常绿灌木，株高2~3米。茎直立多分枝。

叶长卵形至卵形，锐尖，叶面深绿色而有光泽。花单生叶腋，径10~18厘米，阔漏斗形。

原种花红色，栽培品种有白、粉、紫红、橙、黄等多种花色变化。并有半重瓣、重瓣及斑叶的品种。花期夏季，在室内冬春也可开花。

习性

扶桑性喜阳光充足、气候温暖，不耐寒，除华南亚热带地区外，其他地区均作盆栽。喜湿润，既怕涝，又怕旱。对土壤要求不严，但以疏松肥沃的腐殖土为宜。枝条萌发力强，耐修剪。

栽培管理

(1)基质。扶桑扦插苗上盆可用园土4份、沙土2份、干粪1份混匀的培养土。如能在盆底放少许腐熟的鸡鸭粪或骨粉作基肥，则更为理想。

(2)花盆。盆要选透水性、透气性均好的泥盆，或陶质盆、紫砂盆，不能用瓷盆或塑料盆。盆不要太大，盆壁不要太厚。一般每年于早春换一次盆，并对植株进行重剪，每个侧枝基部留2~3个芽，将上部全部剪掉，促使萌发新枝，这样长势会更加旺盛，花多色艳。

(3)肥料。扶桑喜肥,由于其花期长,且不断开花,因此,对肥料的需求较大,在栽培过程中,及时给以补充,才能保证其生长健壮,开花不绝。一般从5月出室后至9月下旬,约每10天施一次稀薄饼肥水,每月加施一次0.2%磷酸二氢钾叶面肥,这样就能花繁叶茂。

(4)水分。扶桑喜水,但怕积水,春秋两季一般每天浇水一次,夏季最好上午、下午各浇水一次。雨季要及时排除盆内积水。

干燥多风季节和盛夏炎热天气,均需经常向枝叶上喷水,以增加空气湿度,使其生长健壮,叶片清新舒展,叶色碧绿。越冬期间应控制浇水,并停止施肥。此时温度低,若浇水过多容易引起烂根落叶,影响翌年开花。

(5)温度。北方地区冬季于10月初移入室内越冬,放置在向阳处,室温以8℃~12℃为宜。

(6)光照。扶桑是强阳性植物,喜欢阳光充足,最好每天给予不少于6小时的日照。如果将其放在较庇荫的地方养护,则易花蕾脱落,花朵缩小,色泽暗淡。但是,在阳光过强时,尤其在北方地区盛夏的中午,也应适当遮阴,以防灼伤。

繁殖方法

扶桑的繁殖,主要是扦插和嫁接两种。

嫁接繁殖。扶桑好品种多,要想每样都莳养一棵,确有困难。莳养者可采用嫩枝劈头换接的技术,嫁接上几种不同形态和色彩的嫩枝,培养一株数花,更具观赏价值。方法是:

①选一株树形美观的大花扶桑,上盆莳养,待其生长繁茂以后,选取当年生长的枝条4~6根,每根都从第四片叶子处剪去顶端,注意高矮一致。

②在修剪砧木前4~6天,用同样的方法修剪接穗的母株,待发新芽。

③当温度在20℃~30℃时,砧木和接穗的嫩枝一般都能长出6~8厘米,这时可用消

毒(0.5%的高锰酸钾)双面刀片,切取母株顶芽3~4厘米,顶端只留一尖一叶,再从基部以下1.5厘米处,两面分别各向下削一刀,削口成斜楔形,含入口中。

④把选好的砧木嫩芽,自基部留叶3片横切顶端,在正中往下切1.6厘米深的切口,套上带扣的塑料绳,随即将接穗插入砧木,对准形成层,适度拉紧塑料绳。

⑤嫁接好后套上适宜的塑料袋,防止污染和嫁接工作失败。

在养护管理上,要把花盆置于荫蔽通风处,20天以后,伤口愈合,可去掉塑料袋,30天以后把花盆移至散射光照处,40天以后便可进行正常管理。

病虫害防治

扶桑常见的病虫害有蚜虫、介壳虫、花腐病、煤烟病等,春夏之交最易蔓延猖獗,在光照不足、通风不良的环境下也易患病。对蚜虫可喷洒800~1000倍乐果水溶液或40%氧化乐果乳剂1000~1500倍液。对介壳虫可用80%敌敌畏乳剂或50%马拉硫磷乳剂1000倍液喷杀,或用中性洗衣粉和面粉喷布,使介壳虫窒息而死。

专家支招

扶桑花期长久,但秋凉后着花不多,如果冬季及早春用花,可将其提前进入温室(室内),置于向阳处养护,以达到催花的目的。

29.龙舌兰

龙舌兰植株高大健壮,在南京中山植物园温室内曾开过花,花枝高达五六米,蔚为壮观。叶形美观大方,为大型观叶盆花,摆放在门厅、客室,给人以端庄幽雅的气氛,观赏效果极佳。

摆放地点

西向、南向阳台。夏季注意遮阴并保证通风良好;冬季气温低于5℃要移入室内越冬。

摆放在门厅、客室，给人以端庄幽雅的气氛，观赏效果极佳。也可群植于花坛中心、草坪一角，装饰庭院阳台可使景色更加雅致大方。

形态

龙舌兰为多年生常绿大型草本。植株高大健壮，叶形美观大方，为大型观叶盆花。植株茎极短。

叶匙状披针形，叶片肥厚多浆，自植株基部呈轮状互生，相互抱合；叶色灰绿，被白粉，长可达60厘米，先端具硬尖刺，横截面呈V型，边缘具锯齿状钩刺。

圆锥花序自叶丛中抽生，花淡黄绿色，花期6~7月。蒴果椭圆形或球形。

习性

龙舌兰性强健。喜阳光，不耐阴。稍耐寒，在5℃以上的气温下可露地越冬栽培。耐旱力强。喜排水良好、肥沃而湿润的沙质壤土，在酸性土壤生长较好。忌积水。新生植株一般需10年以上开花，开花后植株枯死。属异花受粉植物，白花受粉不易结实。

龙舌兰在热带、亚热带地区可露地栽培，其余地区均作盆栽养护。

栽培管理

(1)基质。盆栽可用腐叶土、沙壤土等量混合，另加少量骨粉配制的培养土。

(2)花盆。盆要选透水性、透气性均好的泥盆，或陶质盆、紫砂盆，不能用瓷盆或塑料盆。盆不要太大，盆壁不要太厚。春季换盆时，可细心抖去老土，切去死根，换上疏松透水的沙质土，少浇水，让其生长。

(3)肥料。应适时适量追肥，以使叶色浓绿，不可大肥大水浇灌。每月施一次稀薄腐熟饼肥水或复合花肥。随着新叶的生长，要将植株基部枯黄的老叶及时剪除。

(4)水分。生长季节应保持盆土湿润，浇水时不可将水洒在叶片上，以防发生褐斑病。阳光充足的夏季生长季节可以充足浇水，在连雨天，要防涝，防积水，最好雨天移入室内避雨，雨后再出室养护。

(5)温度。生长适温15℃~25℃,入冬前入室,放置在光照充足处,保持室温在8℃以上即可安全越冬。

(6)光照。每年5月上旬移至室外,放在阳光充足、通风良好的地方。彩色品种在夏季要适当遮阳。

繁殖方法

多用分株法繁殖。一般于春季3~4月时进行。

①将植株从培养土中连根掘起。

②用小刀将老株根际处萌发的萌蘖苗带根切下,另行栽植。

③如萌蘖苗无根系或根系较少,可先扦插于素沙土中,等生根至根系较多后再上盆定植。

也可在春季换盆或移栽时,切取带4~6个芽的一段根栽于土中。

病虫害防治

(1)病害。常发生叶斑病、炭疽病和灰霉病危害。防治方法:可用50%退菌特可湿性粉剂1000倍液喷洒。

(2)介壳虫。防治方法:用80%敌敌畏乳油1000倍液喷杀。

30.芦荟

芦荟株型端庄,叶形美观,四季常绿,花色橙红,栽种十分广泛。它非常耐旱,易于管理,是一种理想的阳台花卉。

摆放地点

东向、南向、西向阳台。由于它的植株较为矮小,因此适合用来装点较为狭窄的阳台。在其生长旺盛阶段,最好将植株置于全日照之处。如果条件不允许,则每天至少保证要有2小时的直射日光。夏季应该保持环境通风。冬季气温稍低并无妨碍。

芦荟株形丰满，叶片翠绿，花茎挺立，顶部着生总状的橙红色花序，颇为鲜艳，且耐旱性极强，为优良的盆栽观赏植物。

芦荟

形态

多年生常绿多肉植物。叶长披针形，簇生于茎上，呈螺旋状排列，叶片肥厚而多汁，黄绿色，两面有长矩圆形的白色斑纹，边缘有小齿。

总状花序自叶丛中抽生，花梗高出叶片，花橙红色。花期12月。

习性

芦荟性喜温暖湿润和阳光充足的环境，也耐半阴。怕寒冷，当气温降低至0℃时即遭寒害，在-1℃时植株开始死亡，但在有覆盖的条件下能忍受-3℃的短暂霜冻。生长最适宜温度为15℃~30℃，湿度为45%~80%。喜光，耐旱，要求有充足的光照，过于荫蔽容易引起叶片局部腐烂，忌潮湿环境。对土壤要求不严，但在旱、瘠土壤上叶瘦色黄，在潮湿肥沃土壤中生长时则叶片肥厚浓绿，土壤过湿或积水会导致植株根叶腐烂。

栽培管理

（1）基质。盆土可用园土4份、腐叶土4份、河沙2份混合配制的培养土，如能加入少量骨粉或草木灰作基肥则生长更好。

（2）花盆。芦荟生长迅速，扦插苗上盆后头几年，应在每年春季出室前翻盆换土1次，培养土中多加沙，以利排水透气。

（3）肥料。夏季为旺长季节，应酌情施肥，可7~10天追施腐熟的有机液肥1次，全年追肥4—5次以保证营养充足。供肥不足，长势太弱则不易开花。

（4）水分。夏季浇水要充足，并经常向叶面上喷水，其他季节都应适当控制浇水，否则盆土过湿易造成茎叶腐烂。

(5)温度。10月中下旬气温降低，应移入低温温室，室温不低于10℃为宜。控制浇水，保持盆土稍干，并给予充足光照，即可安全越冬。

(6)光照。芦荟需要充分的阳光才能生长，需要注意的是，初植的芦荟不宜晒太阳，最好是只在早上见见阳光，过10天后再逐渐增加光照。家庭盆栽，春、秋季节放在阳台或室外窗台上接受阳光直射则生长健壮；夏季移至通风良好的半阴处；冬季放室内光照充足的地方。

繁殖方法

芦荟，可用扦插和分株的方法进行繁殖。

扦插繁殖，是繁殖芦荟的常用方法。这项工作大都在春季的3~4月进行。

扦插的株行距，应考虑几年后长成为母树的需要，可以适当放宽，一般以20~30厘米为宜。

①扦插苗床，可用大小适宜的土陶花盆，基质可用素沙土。但必须经过高温消毒后上盆。花盆可用0.1%的高锰酸钾水溶液浸泡15~20分钟。

②扦插前，挑选观赏价值较高的优良品种，取其生长健壮的老株顶端一节作为插穗，每段长约8~12厘米。

③切口涂抹消石灰或草木灰、木炭粉，放在干燥通风处，晾干2~3天，待其切口干缩后，再进行扦插。

④扦插时，插穗的入土深度4~8厘米。

⑤芦荟扦插后，不宜马上把水浇透，可用细孔喷壶向叶片、基质表面喷水，盆土表层湿润即可。

⑥花盆上不需罩盖塑料袋，只是把苗床移至温暖半荫蔽的地方，每天下午4~6时，向叶片进行雾状喷水一次即可。

10~15 天以后，插穗基部已有愈伤组织，这时便可把水浇透。20~30 天，就能长出 5~7 根新根，这时可结合浇水，施一些稀薄的有机液体肥料，但浇水还是不宜过多，只要土壤湿润即可。芦荟扦插成活率为 100%。50~60 天后，便可用培养土进行定植。

病虫害防治

主要虫害有红蜘蛛和介壳虫危害，可用 50%杀螟松乳油 1500 倍液喷杀。

31.天门冬

天门冬枝绿，花白，果红；枝茎纤细，刚柔兼备，终年不凋，秀逸潇洒，其粗看并不显眼，细观却颇具韵味。是一种易于管理的阳台花卉，天门冬不喜潮湿环境，在微旱的条件下长得很好，因此相对来说管理较为简单。

摆放地点

东向、北向、西向阳台。由于它高矮适中，因此可以摆放在大小不同的各类阳台上。在其生长旺盛阶段，最好将植株置于每天接受日光直射不少于 2 小时之处。夏季应该保持环境通风。冬季气温稍低并无妨碍。形态

属多年生草本或亚灌木。株高 30~50 厘米。具纺锤状肉质根。根状茎短，茎上部蔓生，细长，多分枝。

枝状叶呈扁平状线形；退化叶呈细刺状生于茎上。

花小，1~3 朵簇生叶腋，淡黄色。浆果圆球形，成熟为红色。花期 5~8 月，果期 9~12 月。

习性

天门冬性喜温暖、湿润、半阴的环境，畏寒，忌干燥。适宜在疏松、肥沃、排水良好的沙质土壤生长。

栽培管理

(1)基质。宜选用富含腐殖质的沙质壤土做栽培基质。如果有条件，所用盆土可由

腐叶、细沙、园土按体积计以 1∶1∶1 的比例配成。

(2)花盆。天门冬植株高矮适中,生长并不很快,通常选用中型花盆进行定植,亦可使用大型花盆。

(3)肥料。在栽培中,不宜施用过多基肥,否则对其生长并无好处。即使不施底肥,而仅在其生长旺盛阶段里,每隔 10 天给植株追施 1 次稀薄液体肥料,就能保证其良好生长。

(4)水分。天门冬性喜偏干的土壤环境,浇水过多易造成根系腐烂,栽培土壤过湿,植株不爱发棵,而且容易烂根。因天门冬有很多较粗的肉质根,通常每隔 5~6 天浇水 1 次,甚至更长的时间也不会使植株受到伤害,经常使盆土处于微潮偏干的状态,反而可以促进植株生长。

(5)温度。其喜温暖环境,在 18℃~26% 的温度范围内生长良好,越冬温度不宜低于 5℃。

(6)光照。天门冬喜光照充足的环境,但是夏秋二季高温阶段,不宜使植株接受过多的直射目光,应该为其适当遮阴,如此才会使枝叶显得绿色宜人、油亮可爱。在低温季节里,应该让天门冬接受全日照,这样对提高植株抗逆性颇有好处,在进入生长旺盛季节后,天门冬的生长势也会明显增加。应该保持环境适当通风,在环境郁闭、空气湿度过大的情况下,天门冬的新枝容易徒长。

注意:应该经常删剪植株上的瘦弱枝、枯黄枝,以保证植株通风透光,同时亦可增加观赏价值。如果在开花后不准备采收种子,应该将残花立即剪去,以免长出果实而消耗植株养分。由于天门冬的果实在成熟后转变为红色,因此也有些栽培者希望它能结出较多的果实以供观赏,这时应该注意保花。在阳台栽培中,天门冬易患根腐病,易受介壳虫的侵袭。每年春季,最好为栽种两年以上的大株翻盆 1 次。在操作时,要用利刀旋去部分老根,以促发新根,增加植株吸收水分、肥料的能力。

繁殖方法

以分株法繁殖为主，多在冬末春初进行。

①由于种苗是直接定植的，因此繁殖基质宜选用富含腐殖质的沙质壤土，所用盆器即为定植盆器。

②在操作时，将天门冬老株从花盆中磕出。

③再用利刀连着肉质根将天门冬分割成3~5丛，使之每丛带有10个左右芽。

④所获新株即可直接定植。上盆种植时不要太深。

⑤要把分栽好的天门冬摆放在间有日光的温暖之处，过两三天再去浇水，这样可以促使伤口愈合，否则容易烂根而影响成活。一周后即可按一般的成株来养护。

病虫害防治

天门冬病虫害较少，主要有根块腐烂病。防治方法：做好排水工作，在病株周围撒些生石灰粉。另外，蚜虫会危害嫩藤及芽芯，使整株藤蔓萎缩。在蚜虫危害初期，可用40%，乐果1000倍~1500倍稀释液或灭蚜灵1000倍~1500倍稀释液喷杀。对于虫害严重的植株，可割除其全部藤蔓并施下肥料，20天左右便可发出新芽藤。

32.仙人掌

形态

仙人掌原本是普通的阔叶树，为了适应恶劣的环境，逐渐演化成为能在沙漠地带生长的野生性植物。仙人掌茎呈肉质，形似手掌，是具有沙漠特色的阳台花卉。当栽培到一定年限后，植株也会开出令人赏心悦目的花朵，从而给环境中带来几缕清新气息。对于整天忙于事务，无暇管理花草的人来说，不妨养上一盆仙人掌，因为它仅需简单护理就能生长得欣欣向荣。

摆放地点

西向阳台。由于它高矮适中，因此可以摆放在大小不同的各类阳台上。在其生长旺盛阶段，最好将植株置于全日照之处，如果条件不允许，则每天至少保证要有2小时的直射日光。夏季应该保持环境通风。冬季气温稍低并无妨碍。

仙人掌植株形态奇特，长年不衰，为幽雅的观赏植物。枝干形如手掌，可离土离水多天不死，若仙人不食烟火而得名。单片可以插入小盆，置书桌、台案。大植株可用大盆栽植，陈列于门首或厅堂等处，十分美丽。

形态

多年生肉质灌木。株高可达2~3米。根际茎木质化，多呈黄褐色。多分枝，茎节相连，茎上有叶刺丛，刺座星状排列，刺强硬，长可达2厘米。

茎长椭圆形、扁平，肥厚多肉，绿色。

花黄色，短漏斗形。花期6~7月。浆果卵形多肉，成熟后呈黄色或暗红色。

习性

为沙地植物，喜干热气候，耐干旱，耐高温，喜阳光直晒，耐寒性较差。不耐水，不耐荫蔽。仙人掌对土壤要求不严，喜排水良好的沙土或沙壤土。不喜大肥大水。

栽培管理

(1)基质。盆栽宜用沙质土或塘泥掺细沙，上盆时施少量干粪作基肥，以后一般不再施肥。可用壤土、腐叶土、粗沙、石灰质材料按2∶2∶3∶1的比例配成。培养土最好在阳光下暴晒消毒或用40%的福尔马林溶液处理后使用。

(2)花盆。一般用大小适宜、透气性强的泥盆。盆比植株大2~3厘米即可。盆过大，浇水后土不易手感，根易腐烂；盆过小.根系发育受阻。盆径20~23厘米的仙人掌植株一般一年翻盆换土1次。

(3)肥料。最好使用腐熟的有机肥，不要施用化肥。

(4)水分。冬季仙人掌处于休眠期，水分消耗小，这时应节制浇水；4~10月生长季节，一般可每3~4天浇水1次，浇水也不宜过量，宁干勿湿。雨季需防雨，切忌盆内积水。

清晨或傍晚宜用喷雾器在盆表面喷水，以增加空气湿度，可使仙人掌长得更好。

(5)温度。人秋后移入室内，放在朝南窗台附近，浇水不必过多。温度越低，浇水越要少，增强仙人掌的抗寒能力。每隔10天左右用与室温相近的清水冲洗茎片，则可使其茎色翠绿。另外还要遵循“早春不出房”的原则，等天气暖和了再搬到阳台上养护。

(6)光照。仙人掌喜光线充足，但炎夏烈日需适当遮阴，长期受强日光照射会灼伤仙人掌，使之发黄并引起生长抑制。5月初出室，应放置在向阳及通风良好之处。7~8月应用遮阴网等遮阴。冬季尽可能让植株多见阳光，促进生长健壮，便于花芽分化，同时也使植株有较强的抗寒性。

繁殖方法

仙人掌可以进行大面积繁殖，因为它的根系发达，生命力和再生力都比较强。扦插繁殖极易成活。各地养花爱好者、专业户、公园和园艺场，都可以根据本地区的土质、气候、温度和光照等实际情况，选择适合当地条件的优良品种2~3个，进行仙人掌的繁殖。这里介绍一种露地扦插的方法，一般酸碱度适宜的沙质土壤，都适合仙人掌生长。

①在整理苗床时，要选地势高，略为干燥，夏季不受水涝的地方，适当加一些河沙和堆肥，少量的消石灰，进行30厘米的深翻，平整后理成苗床。床宽150厘米，以便于操作和切取砧木，苗床长度可以根据种苗多少而定。

②在切取插穗时，最好带踵切下，因带踵处养分积蓄多，内源激素充分，又是植株的不定根生长点，插后增生组织愈合快，生根迅速。所谓带踵，就是用消毒利刀，从插穗基部两片茎干连接处切下。

③迅速用消石灰涂抹切口，进行消毒处理。

④放于阴凉通风干燥处，2~3天，待基部切口干缩后，就可以进行扦插了。扦插的深度以植株体能立直稳妥为度。扦插的株行距，应考虑几年后长成为母树的需要，可以适当放宽，一般以20~30厘米为宜。

⑤扦插后用喷水壶浇水，不需要设置荫棚。

一般20天左右便能生根，上部长出了新芽，这说明植株体内营养丰富，是正常现象，不是假活，甚至新的芽片，还能促使下部生长新根。用花盆、木箱、竹筐作为扦插苗床，可以选择不能经受0℃低温的品种，方法与露地扦插基本相同。

插后不需作特殊管理，只要光照条件好，生长季节保持土壤湿润，冬季休眠土壤略为干润就可以了。总的来说，方法简便，管理粗放，不需要其他特殊条件，1~2年后，就可以长成母树，任你随时切用。

病虫害防治

(1)腐烂病。可用50%退菌特可湿性粉剂1000倍液喷洒。

(2)介壳虫。可用80%敌敌畏乳油1000倍液喷杀。

33.栀子花

栀子花芳香馥郁，洁白无瑕，千媚百态，玉洁动人。栀子花，蓓蕾初开，在翠绿光亮的叶片衬托下，娇羞芳姿，冰肌玉肤，微风轻拂，香气四溢，被列为我国十大香花之一。栀子叶片油绿，花朵芳香，是很受欢迎的观赏植物。也是窗台、阳台和平台莳养花卉的上佳品种。它对环境的要求较严，特别适合我国南方地区进行栽种。

栀子花

摆放地点

东向、南向、西向阳台。由于它高矮适中，因此可以摆放在大小不同的各类阳台上。在西向阳台上，应该避开强烈的阳光直射。在其生长旺盛阶段，要将植株置于每天接受日光直射不少于2小时之处。夏季应该保持环境通风；冬季气温稍低并无妨碍。

应用栀子花叶色亮绿，四季常青，花大洁白，芳香馥郁，又有一定的耐阴性和抗有毒气体的能力，故为良好的绿化、美化、香化的材料，北方地区可盆栽，美化阳台或装点室内都十分相宜。其花朵也是传统佩戴的襟花和簪花的装饰花卉。

形态

常绿灌木或小乔木，高1~2米。茎多分枝。

单叶对生或3叶轮生，革质而有光泽，长椭圆形，全缘。托叶膜质，通常2片联合成筒状，包围小枝。

花单生枝顶或叶腋，花大，白色，具短梗，极芳香，花瓣肉质肥嫩。花期6~8月。果熟期11~12月。蒴果倒卵形或椭圆形，熟时金黄色或橘红色。

习性

性喜温暖、湿润气候，不耐寒，在长江以南地区可在露地越冬，北方地区只宜作盆栽，冬季移入室内。喜光照，但也耐半阴，夏季忌强光直射。宜排水良好、疏松、肥沃的酸性土壤，忌碱性土。萌芽力强，耐修剪。

栽培管理

(1)基质。盆栽栀子要选用肥沃的酸性培养土。一般可用腐叶土或草炭土4份、园土4份、沙土2份混合配制，或河泥4份，河沙2份，堆肥4份混合，或腐叶土5份，鸡粪干2份，水稻土3份。栽植盆内，生长期要勤施薄施追肥，使迅速生长成型。

(2)花盆。一般用大小适宜的土陶花盆。盆底做好排水层，以防盆底积水。

(3)肥料。栀子喜肥，盆栽时除在换盆时施入有机肥作基肥外，生育期间还应勤施追肥，可每半月左右施一次稀薄液肥。现蕾以后，增施2~3次速效性磷肥，如0.5%过磷酸钙或0.2%磷酸二氢钾。生长期间每半月左右浇一次0.2%硫酸亚铁水或矾肥水，这样既能防止土壤变碱，又能及时给土壤补充铁素，从而防止叶片变黄。

(4)水分。栀子喜湿润气候，北方盆栽时除经常保持盆土湿润外，还必须经常往枝叶上喷水，增加空气湿度。冬季浇水宜少，但仍需经常喷洗枝叶，保持叶面洁净，提高光合效率。

(5)温度。栀子不耐寒，北方地区春季不宜过早出室，一般于5月上旬出室，以免遭受晚霜危害。通常在10月上旬入室，入室后放向阳处，越冬温度宜保持在10℃~12℃，最低不得低于5℃。

(6)光照。栀子喜半阴，要求荫蔽度为50%左右，怕强光暴晒。如遭暴晒，则叶片易灼伤、脱落，所以夏季中午应适当遮阴或放在具有散射光的地方培养，让其早、晚见些阳光，以免叶片发黄、枯焦。

注意：栀子主干宜少不宜多，其萌芽力强，因而，适时修剪是一项不可忽视的工作。栀子于4月份孕蕾形成花芽，所以修剪应在早春进行，剪除枯弱枝、过密枝。花后及时剪除残花，促使抽生新梢。新梢长至2~3节时，进行摘心，并适当抹去部分腋芽，培养树冠。

繁殖方法

栀子花生长旺盛，萌发力强，枝条生根容易，繁殖主要是扦插和压条，也可分株和播种，但用得比较少。

如果育苗不多，可采用最简单的水插法繁殖。水插法远胜于土插，省时、省料、易操作、占地少、成活率高。把插穗当成切花那样插入盛有清水的瓶中，使它生根就行了。

水插栀子，从谷雨开始到大暑后期可进行。

①培养用水，最好将开水凉后使用，这种水不但杀菌彻底，而且水中所含有毒物质容易沉淀和分解，这种水对插穗生根无毒害作用。

②选取当年生半木质化的嫩枝，剪成6~8厘米来作为插穗，枝条下位必须剪成平口(伤口小不易污染)，插入水中部分的叶片全部剪掉，只保留顶端4~5个叶片和顶芽。因

为叶片少了光合作用面积不够,制造养分少,对生根不利。但是,如超过5片,蒸腾失水快,叶片会因水分不足而发黄脱落,对插穗生根也不利。经人们长期实践证明,只能保留4~5片,让它能正常进行蒸腾作用,维持插穗新陈代谢和生理机能的正常运转。

③插条剪好后用麻绳把插穗捆好,每20~30根为一把,最多不超过40根,以免操作时互相摩擦,而使插穗脱皮腐烂影响成活。

④然后插入盛有清水的玻璃杯,如无此容器,插入瓷杯、酒瓶、罐头盒都可以,但以棕色或不透光的玻璃瓶为好,水深为8~10厘米,插穗入水1/20

⑤插后把容器放在窗内有阳光照射的地方,盛暑期插瓶应放在阴凉通风的环境中,并略见阳光,以便叶片进行正常的光合作用。

⑥注意水质。必须2~3天换水一次,使培养水有充足的氧气。

⑦换水时冲洗叶片。

插后把室温控制在20℃左右,散射光照。经7~10天愈伤组织突起,12天左右就有新根发生,半月左右能长出7~8根嫩根,20~25天便可将插穗移出莳养瓶,栽于盛有营养土的花盆中炼苗。3~4天后放在室外阴凉通风处,便可逐渐接受散射光照,当新根长到3~5厘米,并由白色变为灰褐色时,说明幼苗发育正常,就可单株上盆或下地定株移栽了。

病虫害防治

(1)斑枯病。危害叶片。发生初期叶片两面生有黄褐色病斑,圆形,边缘褐色,上生有小黑点,严重时叶片枯死。防治方法:

①每次修剪后集中烧毁枯枝病叶。

②增施磷钾肥,或喷药时结合叶面喷施磷酸二氢钾,提高植株抗病能力。

③发病初期。喷洒50%多菌灵800~1000倍液或50%托布津1000~1500倍液。

(2)栀子黄化病。危害叶片。严重发病时,则叶肉呈黄白色,叶片边缘焦枯,叶脉褪绿或呈黄色。最后叶片干枯,树势生长衰弱,开花结果减少。防治方法:

①增施有机肥，改良土壤形态，增强透气性，促进根系发育，提高其吸收铁元素的能力。②施用硫酸亚铁、硼砂、硫酸锌等，或叶面喷施0.2%~0.3%硫酸亚铁溶液，7天1次，连喷3~4次。

（3）咖啡透翅天蛾。以幼虫咬食叶片、嫩梢、花蕾。防治方法：喷洒40%氧乐果乳剂1500倍液，分别在现蕾期、初花期，幼果期、熟果期各喷1次。

（4）介壳虫、蚜虫。分别用0.2~0.3波美度石硫合剂和40%乐果2000倍液喷杀。

34.紫罗兰

紫罗兰形态健美，花色鲜艳，团团簇簇，四时盛开，紫罗兰花朵美丽，微具香气，是十分著名的春花植物。紫罗兰，娇而不媚，委婉含蓄，颇有高雅雍容的气质，被誉为“室内植物皇后”，驰名世界。也可美化于花园、花坛或做切花。它惧怕炎热，喜欢凉爽，在粗放的管理条件下即能良好生长。

紫罗兰

摆放地点

东向、南向、西向阳台。尤以西向阳台的栽培效果为最好。由于它的株形高矮适中，因此可以摆放在大小不同的各类阳台上。在其生长旺盛阶段，要将植株置于每天接受日光直射不少于2小时之处。冬季应该保持环境通风。由于紫罗兰惧怕高温，因此春季摆放地点的气温较低则有助于延长植株的观赏时间，冬季气温稍低并无妨碍。

紫罗兰花期较长，繁花满枝，花色宜人，微香四溢，花期长，可用作花坛、花境的布置材料，为春季插花常用的材料，也适宜用作盆栽观赏。紫罗兰适于布置花坛、花径，做切花或盆栽美化居室。

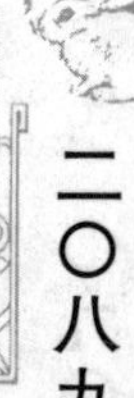

形态

叶互生，长圆至倒披针形，灰绿色。

顶生总状花序，花梗粗壮，花色变化多样，有淡红、紫红、紫蓝、淡黄、纯白等，有单瓣和重瓣品种。花具微香，长角果圆柱形，种子有翅。花期4~5月。角果，果熟期6月。

习性

紫罗兰喜冷凉气候，喜冬季温暖、夏季凉爽和通风良好的环境；具有较强的耐寒能力，冬季能耐短暂的-5℃低温。忌燥热，具有一定的抗旱能力，在高湿、高温的夏季易发生病虫害。对土壤的要求不太严格，但以中性、排水良好的土壤为最好。忌强酸性土壤。喜阳光充足，稍耐半阴。除一年生品种外，均需低温以通过春化阶段而开花，故作二年生栽培。种子的发芽力保持时间较长，可达6~7年。

栽培管理

(1)基质。既可盆栽也可进行无土栽培。盆土一般可用腐叶土、细沙土、园土按1∶2∶1的比例配制而成。另外要加入鸡粪25克左右作为基肥。

(2)花盆。一般用大小适宜的土陶花盆，做好排水层。

紫罗兰为直根性植物，须根很少，苗长到6~7厘米高时定植，移植时起掘土球，要特别小心，尽量不要伤根。如有条件最好在栽植前先上盆养护，使植株恢复生长，至需用时脱盆栽植易成活。

(3)肥料。其根系发达，要求土壤疏松肥沃、土层深厚。苗期需施氮肥1~2次，花蕾形成及初花期，施复合肥1~2次。开花后剪去花枝，追1~2次肥，这样能再次抽枝，到6~7月可第二次开花。栽植期间要注意施肥，施肥1次量不要太多，要薄肥勤施，否则易造成植株的徒长，且影响开花。

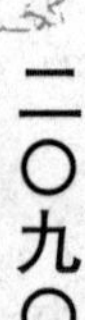

(4)水分。由于紫罗兰整株具有柔毛，水分损失较少，生长期一般可少浇水，花期需适量浇水。春季应适当控制水分，以便植株低矮紧密，取得更好的观赏效果。若作为切花栽培,就应保证水分的供应,以促使花剑伸长。

(5)温度。紫罗兰怕炎热,适宜生长温度为12℃~18℃。紫罗兰较能耐寒,冬季栽于阳畦越冬,生长较快,常不待春暖而抽穗开花。早春抓紧移植盆栽,经栽植、灌水后生长迅速,可于4月中旬绽蕾。夏季高温、高湿要注意病虫害的防治。越冬温度不宜低于0℃。

(6)光照。紫罗兰能耐半阴,但在其生长旺盛期仍要保证充足的阳光照射,以促进植株生长。

繁殖方法

紫罗兰的繁殖,一般可采用叶插、分株和播种的方法进行。

分株繁殖。经过2年以上的栽培,紫罗兰根茎处能长出几丛新芽,在这种情况下,便可进行分株繁殖。时间在春季的3~4月。

①分株用的苗床也可用土陶花盆。基质可用山泥土2份,腐叶土2份,针叶土2份,河沙2份,塘泥土2份,充分混合,暴晒整细过筛,严格消毒后上盆备用。

②分株时,将紫罗兰从花盆中带土团托出,抖去附着土。

③根据植株新芽的分布情况,用锋利快刀带根带芽切下。

④切口涂抹草木灰,进行伤叶干燥和消毒处理,以防止植株体内液汁散失过多,影响分株苗的生长发育。

⑤小苗分切后要及时进行栽培,栽培的深度以埋住子株的基部根茎,能够稳住植株体为度。

⑥栽好后用浸盆法把水浇透,置于荫蔽通风处管理。

用分株的方法繁殖紫罗兰,生长较快,成活率高,是一种保持原优良品种特性的极好方法。

紫罗兰直根性强,须根不发达,分盆栽培应尽量提早进行,这样才少伤根系,或不伤

根系。小苗长出真叶以后,就可分盆栽培,每盆一株。幼苗期的管理,浇水要见湿见干,水分不宜太多,盆内千万不能积水,每十天半月施一次腐熟的稀薄液肥,操作时要小心细致,不能把肥料撒落在细小的叶片上,否则叶片会腐烂。夏季放在通风良好的荫棚下,秋末移入室内,使之安全越冬。

病虫害防治

莳养过程中紫罗兰常遭到病虫的危害,其主要病害有紫罗兰枯萎病、紫罗兰黄萎病可用50℃~55℃温水进行10分钟温烫浸种,这样可以杀死种子携带的病菌。药剂消毒。种植紫罗兰用的土壤应消毒后再利用,药剂可用1000倍高锰酸钾溶液;紫罗兰白锈病紫罗兰植株发生病害前应喷波美3~4度的石硫合剂预防,生长季节根据发病情况喷65%代森锌可湿性粉剂500~600倍液,或敌锈钠250~300倍液防治;紫罗兰花叶病通过以桃蚜和菜蚜为主的40~50种蚜虫传毒,也可通过汁液传播。消灭蚜虫,药剂可用植物性杀虫剂1.2%烟参碱2000~4000倍液或内吸药剂10%吡虫啉2000倍液喷雾防治。

35.常春养

常春藤枝蔓轻柔,绿意颇浓,枝叶柔软,蔓延下垂,随风飘逸,轻盈潇洒,是极富情调的观叶植物。如果将其吊栽于花盆中,挂植在阳台上,则拖曳的枝条飘荡于空中,能使环境充满浪漫气息。在英格兰已成为非常流行的圣诞节传统装饰品。

摆放地点

东向、南向、西向、北向阳台。尤以北向阳台栽培效果最好。由于它高矮适中,因此可以摆放在大小不同的各类阳台上。在其生长旺盛阶段,要将植株置于无日光直射的明亮之处,夏季应该保持环境适当通风。冬季气温稍低并无妨碍。

常春藤枝蔓轻柔,四季常青,叶色光亮,春季红果映衬于绿叶之间,更添美观,是极富情调的观叶植物。可用于建筑物墙体阴面、半阴面、岩面、假山、石柱、墙垣、坡坎、绿廊等处作攀附或垂吊式绿化，也可用作阴地的地被植物。如果将其吊栽于花盆中，挂植在阳台上，则拖曳的枝条飘荡于空中，能使环境充满浪漫气息。

习性

常春藤暖温带树种，极耐阴，较强光照环境也能生长。性喜温暖湿润，稍耐寒，能耐短暂-5℃左右低温，不择土壤，以湿润、肥沃的中性、微酸性土最适宜，有一定耐旱耐瘠能力。

形态

属常绿木质藤本。茎藤长可达30米，以发达气根攀缘。

单叶互生，3~5裂，深绿色，有长柄；营养枝上叶三角状卵形至三角状长圆形，全缘或3浅裂；花果枝上叶菱状卵形至卵状披针形。

伞形花序顶生，花小，淡白绿色，微香。果球形，红色或橙色。花期9~11月，果翌年3~5月成熟。

栽培管理

(1)基质。盆土可由腐叶、细沙、园土按体积计以1∶1∶1的比例配成。

(2)花盆。常春藤植株高矮适中，生长并不很快，通常选用中型花盆进行定植，也可使用大型花盆。每隔两年翻盆1次，届时要将植株老根旋去一部分，以促发新根，从而保证植株有更强的生长势。

(3)肥料。除定植时在花盆底部施用25克左右的干鱼头等作为基肥外，生长旺盛阶段还应每隔10天追施1次稀薄液体肥料。

(4)水分。常春藤喜微潮的土壤环境，在冬春二季低温阶段可适当减少浇水，但不宜使盆土过干。

(5)温度。喜温暖的环境，在15℃~25℃的温度范围内生长良好，越冬温度不宜低于5℃。

(6)光照。常春藤宜在半阴之地进行栽培,特别是在夏季不宜使植株接受直射日光,但在冬季可以让植株接受全日照。应该保持环境适当通风。

繁殖方法

采用扦插法繁殖,多在每年6~8月进行。

①可以用细沙做繁殖基质。所用盆器的规格可根据具体需要而定。

②应该选用生长充实的枝条做插穗,可以将其修剪为6~8厘米长的段,要摘去枝条基部的叶片。

③然后将其群插于盛有细沙的花盆中。

④扦插后每天喷水保湿,不能施用肥料,更不能使插穗在日光下暴晒。

这样经过4~6周,绝大多数插穗均可发育成具有良好枝系的小植株,随后及时进行分栽。

病虫害防治

在阳台栽培中,常青藤通常很少罹病,但其易受介壳虫的侵袭。

吹棉蚧。以雌成虫和若虫吮吸叶芽、新梢汁液,危害严重引起大量落叶。防治方法:若虫活动期,可喷施50%杀螟松乳油,或25%喹硫磷乳油各1000倍,每隔10天喷1次,连续喷2~3次。冬季可选用35波美度石硫合剂,或10倍液的松脂合剂,均有良好效果。

36.吊兰

吊兰,是一种很好的室内盆栽悬挂观叶花卉,叶形美观,叶片鲜绿苍翠,风姿飘逸,姿容轻盈潇洒,文雅娴静,风度翩翩,状若垂钓,甚为美观。如果将它吊养在花盆里,能够使环境中增添浪漫的色彩,各个茎节间抽生大大小小的新株,随风轻荡,翠滴如洗。吊兰被誉为“空中花卉”,从腋间伸出的匍匐茎,由盆沿向外斜垂而下,长达数尺。

摆放地点

东向、南向、西向、北向阳台。其中以东向、西向阳台的栽培效果最好。由于它大小

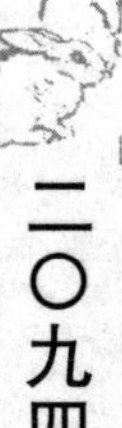

适中，因此可以摆放在大小不同的各类阳台上。其生长旺盛阶段，最好将植株置于无日光直射的明亮之处。夏季应该保持环境适当通风，冬季气温稍低并无妨碍。

吊兰形态优雅别致，奇特多姿，为重要的观叶植物。白色的花朵和匍匐茎上长出的新植物体，随风摆动，好似天女散花，别有风趣。常作悬挂盆栽，作室内装饰或园林布景。

习性

性喜温暖湿润、夏日凉爽的气候环境，忌干风，不耐寒冷。喜半阴，较耐荫蔽，可长期在室内栽培，忌烈日直射。要求疏松肥沃、排水良好的壤土，喜湿润，不耐干旱，但根部忌水渍。

形态

多年生常绿草本。根肉质。叶基生，线形，顶端渐尖，基部抱茎，常在叶的基部抽出多条走茎，伸出株丛，弯曲向外，上生叶簇和气生根。垂茎上可长出带有气根的小植株，吊挂空中，随风飘荡，颇似兰花吊生或垂钓，故名。

花茎上着花 1~6 朵，白色。花茎细长，总状花序。花期 3~6 月。

栽培管理

(1)基质。盆土用腐叶土、园土和沙土等量混合而成的培养土。

吊兰亦可水养，将植株从盆中倒出，冲洗干净根部泥土，放入透明容器中并固定，每 7 天换水 1 次，溶液中可加入少量磷酸二氢钾。水养吊兰，既可观叶，又能赏根，一举两得。

(2)花盆。新栽植后的植株须放在荫蔽处，待其恢复生长后，再将花盆吊挂在适当高度，便于匍匐茎伸展下垂。每年早春 3~4 月进行一次换盆，略加修剪多余的须根和茎叶。盆土宜排水良好。

(3)肥料。生长旺季，可每隔半个月施一次稀薄液肥。注意勿将肥水洒至叶面，灼伤叶片。

(4)水分。浇水以保持盆土湿润为原则，盆土过干易使叶片干尖。春、秋生长旺季，

浇水要充足,并经常用与室温相近的清水喷洒枝叶,以保持空气湿润和植株清洁滋润。适时浇水,7 天左右将盆取下冲洗叶面尘土,以保持叶面干净及增加周围空气湿度。

(5)温度。吊兰喜温暖,不耐寒冷,霜降前后移入室内,放置阳光充足或半阴通风良好处。每隔 1 周左右中午气温较高时,用清水喷洗枝叶,但盆土宜偏干。室温保持在 5℃以上即可安全越冬。

(6)光照。吊兰喜温暖湿润,忌阳光暴晒,光线过强,易使叶色呈白绿色,一般出圃后放置荫棚下。夏季应将盆花放在阴凉处培养,避免阳光直射。北方地区 10 月上旬移入室内,挂在窗前或放在书架顶端,让其多见些阳光。

病虫害防治

吊兰病虫害较少,主要有生理性病害,叶先端发黄,应加强肥水管理。经常检查,及时抹除叶上的介壳虫、粉虱等。吊兰不易发生病虫害,但如盆土积水且通风不良,除会导致烂根外,也可能会发生根腐病,可以喷施多菌灵可湿性粉剂 500~800 倍液浇灌根部,每周一次,连用 2~3 次即可。

繁殖方法

吊兰的繁殖方法有扦插、分株和播种等,但是,在园林栽培中,主要采用扦插的方法繁殖。

扦插繁殖。扦插是繁殖吊兰最简单、省事、效果最好的方法。每年春季到秋季的任何月份都可进行。

①吊兰每根匍匐茎上都生长着许多小株,这些小株有根有叶,是一棵没有脱离母体的完全植株,只要把它从母株茎干上剪下,扦插于花盆中,就能成活。

②扦插时,可随剪随播,每盆扦插 3~4 棵小株。

③插后把水浇透,置于半荫蔽处,几天后便可发出新根。

发根后加强肥水管理,4 月份扦插的,5~6 月便能长出 3~6 根匍匐茎干,垂吊下来,

成为一盆有观赏价值的花卉。

37.龟背竹

龟背竹叶片硕大，形态奇特，叶冠雄伟，亭亭玉立，常年不凋。其茎秆上长长的褐色气根使之具有热带雨林植物的典型风格。生势可立可攀，斗大革质叶片，羽状浑裂，中间有孔，玲珑剔透，形态别致，酷似龟背，故此得名。由于它颇耐浓荫，因此适合用来装点那些缺少日光照射的阳台角隅。

摆放地点

东向、北向、西向阳台。以东、西向阳台的栽培效果最好。它的植株较为高大，适合在十分宽敞的阳台上栽种。在其生长旺盛阶段，要将植株置于无目光直射的明亮之处，夏季应该保持环境适当通风；冬季气温稍低并无妨碍。

龟背竹叶形奇特，常年碧绿，又很耐阴，给人以端庄新颖、宁静致远、健康长寿之感，为一种极好的观叶植物。适合于布置厅堂、会议室，绿化美化居室。也可用于攀缘墙壁、棚架，造成室内的自然景观。其叶片还可作为插花的材料。

性喜温暖湿润及半阴环境，怕干旱和寒冷。喜潮湿，忌阳光直晒。对土壤要求不严，但在富含腐殖质、保水性强的微酸胜土壤中生长良好。

形态

常绿藤本植物。茎粗壮，茎有节，茎节上生有细长的电线状的气生根，深褐色，细长。幼叶心脏形，无孔，长大后叶片呈广卵形，羽状深裂，叶厚革质，深绿色，叶脉间有椭圆形穿孔，形似龟的背纹。

佛焰苞花序肉质柱状，花淡黄色，边缘反卷，内生一个肉穗状花序。花期1~8月。浆果淡黄色，长椭圆形，成熟后可食用。

栽培管理

(1)基质。盆栽用土宜选用腐叶土、园土、泥炭土加少量河沙混合配制的培养土并加

入少量骨粉、腐熟豆饼渣等有机肥作基肥。

(2)花盆。盆要选透水性、透气性均好的泥盆,或陶质盆、紫砂盆,不能用瓷盆或塑料盆。盆不要太大,盆壁不要太厚。龟背竹生长较快,宜每年春季换一次盆,换盆时注意增施基肥和添加新的培养土以补充营养。

(3)肥料。生长旺季每15~20天施一次腐熟的稀饼肥水,或以氮肥为主的薄肥或复合花肥。

(4)水分。龟背竹喜湿润环境,因此浇水要充足,经常保持盆土湿润,但注意不能积水,与此同时还要经常往叶面上喷水,干燥季节和夏天每天要往叶面上喷水3~5次,保持花盆周围空气湿润,则叶色才能翠绿可爱。冬季应减少浇水,盆土宜偏干,过湿易烂根枯叶。此时需要每隔7~10天用温水喷洗一次叶面,以利保持叶片清新光亮。

(5)温度。生长适温为20℃~25%,气温降到10℃时则生长缓慢,降到5℃时即停止生长并易受低温冷害。如果春、秋两季放室外养护时,北方地区应于5月下旬出室、10月上旬移入室,放在明亮的室内,但不受强光直晒。冬季室内温度不能低于12℃,防止冷风直接吹袭。

(6)光照。龟背竹为耐阴植物,盆栽可常年放室内具有明亮散射光处培养,夏季可放在室内北面窗台附近,并注意通风降温,避免受到强光直射,否则叶片易发黄,甚至叶缘、叶尖枯焦,影响观赏效果。

繁殖方法

龟背竹再生能力强,繁殖时大多采用扦插的方法。园林部门则用播种的方法,进行大量繁殖。

扦插繁殖。龟背竹扦插,宜在4~5月进行。

扦插前,可把龟背竹的茎干剪成若干段(切口要涂抹草木灰),每段保持3~4个节,最少也要有两个。龟背竹的茎段,每节都有叶片,扦插时最好保留一张叶片,因为插穗在未生根以前,这片叶子可以继续进行光合作用,对发芽和抽叶都非常有利,但气生根要剪除。

龟背竹插穗选留叶片也有一定的学问,比如茎尖一段的留叶,就不能留顶上的,要留基部一片,因为顶端叶柄着生处,含有植株的原始体,能抽生茎干和新叶,其他叶柄内部没有原始体。它的隐芽位于新月形的叶痕和节环再生处,选留基部的叶片,插穗在光合效应和内源激素的作用下,能促进隐芽萌发,对插穗生长有利。

①龟背竹的扦插苗床,以木箱为好。基质可用蛭石 4 份,森林腐叶土 3 份,河沙 3 份,充分混合、严格消毒后盛于苗床备用。

②扦插时,让茎干与土面呈 30°斜角,埋入土壤中的深度为插穗长度的 2/3。

③浇透水后置于温暖湿润而又具有散射光照的地方,并插设竹竿,把叶片扶直。

如果叶片过大,还可剪去 1/3 或 1/2,要保证插穗稳固。扦插后的管理工作,主要是保持基质湿润,室温控制在 22℃ ~28℃之间。大约 30~40 天长出新根,80~100 天萌发新叶。这时的自然气温在 25℃左右,正值龟背竹第二次旺盛生长期,更要加强发芽的管理,略施薄肥,加速幼苗生长,使之尽快形成一棵完整的植抹。

病虫害防治

(1)龟背竹灰斑病。又名叶枯病,叶片多从边缘及损伤处开始发病,初显褐色斑点,扩大成近圆形或不规则形,呈灰褐色至黑褐色,上生稀疏黑色小点,病斑相互融合成片,最后腐烂枯死。防治方法:发病后可喷 0.5%波尔多液或 50%退菌特 1000 倍液。

(2)介壳虫。可用 1000 倍乐果乳油或蚧死净防治。

38.绿萝

绿萝叶片黄、绿镶嵌,艳丽悦目,婀娜多姿。叶质美丽秀雅,枝叶悬挂弯曲下垂,叶片光亮碧绿,极为清新飘逸,状若绿色瀑布飞泻,极富山野情趣。绿萝中的银点黄金葛,叶片心形,表面墨绿,染有银色小点,叶缘镶嵌银边。若经蟠扎制作花篮、花柱和花球,观赏

价值更高。有的品种还嵌有金黄色的斑点和条纹，如若盆栽置于几架之上，十分耐看。

绿萝

摆放地点

北向阳台。因其对光敏感，既喜光又怕强光直射，摆放在背光的北向阳台十分适宜。生长旺盛期需经常向叶面浇水。冬季不耐低温，当气温低于10℃时应将其移入室内。

绿萝耐阴性较强，适合常年置室内培养，春、夏、秋三季宜放在东面或北面窗口，冬季摆放在南向窗口。绿萝叶片翠绿，杂有黄色斑纹，有绿玉泼金，生机盎然之景，深受人们喜爱。通常作盆栽，设立各种类型的支柱，攀缘成多种景观，供客厅、门首、会议室、楼梯转角处陈列，为优美的藤类观叶植物。叶片可做切花配叶，嫩茎剪下插入水中瓶养，可生根成景。如能在盆内设立一棕皮柱，使其茎蔓沿立柱缠绕而上，远处观望犹如绿龙腾空飞舞，更加别具情趣。

形态

多年生常绿藤本植物。茎藤绿色，茎较粗壮，长可达数米，气根发达，攀附力强。叶卵状心形或卵状长椭圆形，绿色，叶面上生有许多不规则的黄色斑点或条纹。叶长约7~14厘米，宽约5~10厘米。适宜的环境和肥水管理得当，叶片将会明显增大，茎、叶柄也会同时增粗。叶绿色有光泽，全缘，个别叶片具黄色斑纹。

习性

性喜温暖多湿及半阴环境，不耐寒冷，冬季保持5℃以上即可安全越冬。耐阴性强，在一般室内散射光下能正常生长，不宜强光暴晒，不然在绿色的叶面上将会出现黄色生理上的病斑。对土壤要求不严,但以疏松肥沃而又排水良好的沙质壤土为好。

栽培管理

(1)基质。盆土宜选用腐叶土或泥炭土、园土、粗沙各1/3混匀配制的培养土。绿萝也可采用水培法或无土栽培法。水培时注意每周换水1~2次,保持水养液的清洁和新鲜,以利茎叶生长。

(2)花盆。盆要选透水性、透气性均好的泥盆,或陶质盆、紫砂盆,不能用瓷盆或塑料盆。盆不要太大,盆壁不要太厚。幼株宜每年换一次盆,成株可每隔1~2年换一次盆。

(3)肥料。绿萝生长较快,生长旺季需每2~3周施一次稀薄液肥或复合液肥。生长期间需追肥3~4次。

(4)水分。喜大水,但怕积水。生长季节可大量浇水,保持盆土湿润。切忌盆土干燥,否则容易黄叶和姿色不佳。冬季适当减少浇水量,尤其冬季室温低时更要减少浇水。

夏季除每天充分浇水外,还要注意经常向叶面上喷水。北方冬季气候干燥,需要每周用温水喷洗一次叶片,洗去叶面上的尘土以保持叶片光亮碧绿。

(5)温度。生长适温20℃~30℃。绿萝不耐寒,冬季室温不宜低于1℃。否则容易黄叶,甚至全株死亡。

(6)光照。绿萝虽耐阴,但若摆放处的光线过于阴暗,也不利其健壮生长,黄白条纹就会变小而色淡,甚至色斑消失而完全褪为绿色,同时还会引起蔓性茎徒长,节间变长,株形稀散零乱,降低了观赏价值。如放室外阳台培养,夏季要避免阳光直射,否则不仅会导致新叶叶形变小,叶色暗淡,而且易灼伤叶片,造成叶缘枯焦。

此外在管理中应不时修剪老茎和分枝,及时进行攀附,保持株形优美。

繁殖方法

绿萝的茎干具有较强的再生能力,莳养者可用截枝扦插或环割压条的方法,进行无性繁殖。

压条繁殖。绿萝压条，也较为简单，一般都采用普通压条的方法进行。在绿萝生长旺盛的4~5月进行。

①用大小适宜的土陶花盆，盛上经过高温消毒处理的泥炭土、森林腐叶土、山泥土等基质，各等份充分混合湿润。

②压条以前，将母株一侧的枝条理顺，弯曲后吊下来，选其能埋入基质的部位，分别割伤或进行环状切割剥去皮层。在操作的时候，要注意保留节间自然生长的气生根。

③再把枝条的切割部位和气生根一起埋入花盆的生根基质中，并将枝尖端露在花盆外面。

④再用铁丝弯钩或者构形树杈弯曲在基质中的藤状茎加以固定，防止枝条受到意外的撞动而弹起，使压条工作失败。

繁殖方法

防治细菌叶斑，病发病初期及时剪去病斑或剪去病叶。成株发病初期开始喷洒14%络氨铜水剂350倍液，隔10天1次，连续防治2~3次。

换盆方法

(1)首先轻轻敲打花盆，使盆土松动。注意敲打的力道，不要震伤细嫩的枝芽。

(2)待盆土松动后，倒转花盆约45°。一只手扶稳植株，另一只手轻轻拍打盆底。

(3)将瓦片垫入新盆中。防止土壤流失，保证排水良好。

(4)将新底土填入盆中。

(5)加入底肥。

(6)将退好盆的植株垂直放入新盆。

(7)填入与植株适应的新土。

(8)将盆土按压实。使盆土低于盆沿1-2厘米。

(9)为了美观可以在土壤的表面覆盖一层石子或陶粒。

压条的管理工作,主要是保持基质经常处于湿润状态。一般经过2~3个月的养护管理,被压部位就能生出新根,地上部分能生长新芽。这时,莳养者便可根据压条萌发新芽的情况,再用锋利快刀插入土层,将压条切断,使之脱离母体自行生长。一般再经1~2个月的养护,使可起苗定植于花盆中,成为一棵独立的绿萝植株。

39.肾蕨

肾蕨,是一种生长在热带和亚热带森林里的多年生大型草本蕨类。在大自然中,肾蕨依附森林中的大树或直立生长于湿润的岩石缝隙中,然而更多的是生长在油棕的茎枝之上,绿叶丛丛,青翠欲滴,潇洒自然,令人神往。肾蕨以其轻盈的体态,飘逸的身姿,清雅挺秀,风韵美丽,为世人所珍爱。

摆放地点

北向阳台或室内明亮处。夏季注意遮光、通风;冬季注意保暖,防止冻伤。

它叶片翠绿光滑,姿态婆娑,四季常青,经久不凋。肾蕨耐阴,长期放置在室内具有散射光条件下养护即能生长良好,因而是客厅、居室装饰中颇受人们欢迎的观叶植物。肾蕨还是主要的切叶材料,将其叶片插于花瓶配上月季、唐菖蒲、香石竹等鲜花,绿叶红花,倍觉增色。肾蕨用作吊篮式栽培,更别有情趣。

肾蕨

习性

肾蕨喜温暖湿润环境,喜半阴,忌强光直射,宜排水良好富含腐殖质的肥沃土壤,不

耐寒，极不耐旱。生长适温为15℃～25℃，室内湿度60%左右。

形态

肾蕨为多年生常绿草本植物，具有地下根茎，短而直立，向上有簇生叶丛，向下有匍匐枝。株高30～80厘米，一回羽状复叶，羽片40～80对，以关节生于叶轴上，披针形，上侧有耳形突起。孢子囊群生于每组侧脉的上侧小脉顶端，囊群盖肾形。

栽培管理

（1）基质。盆栽肾蕨比较容易，培养土可用1份腐叶土、1份素沙和2份蛭石配成。盆底加少量腐熟饼肥作基肥，盖上土，底部应填充1/4的颗粒状物，以利排水。用于吊兰栽培的基质可用1份腐叶土或泥炭土和1份蛭石配制。

（2）花盆。要选大小适宜的精致花盆。花盆要先做好排水层，再盛土栽培。肾蕨生长健壮，根系很快会布满盆，每隔1～2年于春季结合分株换一次盆，换盆时应剪掉老叶。

（3）肥料。生长季节每月应施1～2次肥，常用稀薄腐熟饼肥水。

（4）水分。肾蕨极不耐旱，但在生长季节需供应充足的水分，尤其在夏季除经常保持盆土湿润外，每天要向叶面上喷水数次，以增加空气湿度，这样才能保持叶片清新碧绿。如果空气过于干燥，则羽叶容易发生卷边焦枯现象。若浇水过多或把植株浸泡在水中，则易造成叶片枯黄脱落。

（5）温度。肾蕨在西双版纳的温度就是它适宜生长的温度。原产地的最高温度也是月平均最热的温度一般为26℃～29℃，最冷月份平均温度为9℃～12℃，全年基本无霜，因此肾蕨最适宜生长温度为20℃～22℃。植株在引种驯化后对温度的适应有了较大的转变，夏季的白天温度高达28℃，晚间为19℃～21℃，植株也能适应；冬季气温白天低于6℃，夜间低于-2℃～0℃，短时植株也没出现死亡的情况。莳养者在知道了肾蕨对温度的适应情况后，要人为的为其创造良好的气候环境，使之全年都具有观赏价值。冬季室温维持12℃～15℃.即可安全越冬。

(6)光照。夏季放在室内通风良好而有散射光处或室外的大树下或荫棚下养护，如光照过强，则叶片易发黄；若过分庇荫，羽叶常易脱落。北方地区冬季应适当给予光照。

繁殖方法

肾蕨可在山野林间、沟谷挖取野生苗株进行驯化栽培，又可在早春翻盆换土时进行分株繁殖，还可用孢子进行有性繁殖。

孢子繁殖。肾蕨的孢子囊群生长于每组侧脉的上侧小脉顶端，囊群盖肾形，孢子成熟期一般都在6~11月。

①收集肾蕨的孢子时，应挑选植株具有成熟孢子囊的叶片，用自制的干净纸或塑料袋，将其置于袋中。莳养者在采收工作的整个过程中，要防止互相混杂和不必要的污染，保持孢子的纯洁性。

②播种前，要自制木箱苗床，一般苗床的长度为40~50厘米，宽为30~35厘米，高为25~30厘米。

③基质可用森林腐叶土3份、泥炭土2份、肥沃的沙质菜园土3份、山泥土2份配制。配好后，培养土要经暴晒，整细过筛，再用3000倍的高锰酸钾水溶液进行消毒，摊晾5~7天，待药液完全挥发后，便上床使用。

④为了增加木箱苗床的通透陛，莳养者还可用洁净的碎瓦片填于木箱底部，厚度为3~4厘米，填入的培养土厚度为15~20厘米，苗床要刮平压实。

⑤然后将收集的孢子用厚纸壳摊开，轻轻弹动，均匀地抖落在基质上，不用覆土。

⑥将苗床置于盛水容器中，把整个基质湿透。

⑦苗床上覆盖白色玻璃，再将其置于荫蔽的地方，保持基质的绝对湿润。

苗床温度控制在20℃~22℃，一般播种后15~20天，孢子便开始萌动，成为单叶体。如果发现单叶体密度过大，可以进行1~2次间苗，扩大株行距，在原叶体期间，土壤要保持湿润，以利雌配子体受精过程的顺利进行。雌雄配子结合后，大约还要经过较长时间

的生理生化发育，才能逐渐发育形成真叶，这时还要进行精心管理，培养土在保证通透性良好的前提下，还要保持湿润，待其小叶长出 3~4 片叶子时，便从苗床带原土取苗，作定植栽培。

病虫害防治

室内栽培时，如通风不好，易遭受蚜虫和红蜘蛛危害，可用肥皂水或 40%氧化乐果乳油 1000 倍液喷洒防治。在浇水过多或空气湿度过大时，肾蕨易发生生理性叶枯病，注意盆土不宜太湿并用 65%代森锌可湿性粉剂 600 倍液喷洒。

40.铁线蕨

铁线蕨无花无果，株形秀美，叶片青翠，叶片羽状扇形，密似云纹，鲜绿婆娑。叶柄细长，挺拔直立。富于浪漫气息。繁殖迅速，栽培容易。它的最大特点是喜阴湿环境，适合摆放在无日光直射的明亮之处，因此很受栽培者的欢迎。

铁线蕨

摆放地点

东向、南向、西向、北向阳台。在南向阳台上应该避开直射日光，在北向阳台上应该将植株量于较为明亮的地方。由于它的植株较为矮小，因此适合用来装点较为狭窄的阳台。在其生长旺盛期，要将植株置于无日光直射的明亮之处。夏季应该保持环境适度通风，但要避免过强气流直吹。冬季气温稍低并无妨碍。

在蕨类植物中，铁线蕨是栽培最普及的种类之一。茎叶秀丽多姿，形态优美，株形小巧，极适合小盆栽培和点缀山石盆景。由于黑色的叶柄纤细而有光泽，酷似人发，加上其质感十分柔美，好似少女柔软的头发，因此又被称为“少女的发丝”；其淡绿色薄质叶片搭配着乌黑光亮的叶柄，显得格外优雅飘逸。

形态

铁线蕨为多年生常绿细弱草本蕨类植物。因其叶柄、叶轴细圆坚硬，多为褐黑色或粟黑色，形色如铁线，故而获得铁线蕨的美名。

铁线蕨株高15~40厘米，根状茎横走，密生棕色鳞毛。铁线蕨叶柄纤细而稍向下垂，枝叶繁茂，叶片卵圆状三角形，2~4回，羽状复叶，细裂，裂片扇形，清秀深绿，富有光泽。每根细枝向上着生的叶片，呈斜扇张开，好似银杏，上边浅裂、缺刻，极为雅致。圆肾形孢子囊群盖包被的孢子囊群生于叶缘。

习性

铁线蕨性喜温暖湿润和半阴环境，忌强光直射。生长适温为18℃~25℃。喜疏松肥沃和含少量石灰质的沙壤土。不抗寒，冬季气温低于5℃叶片会受伤害。

栽培管理

(1)基质。培养土用腐叶土或泥炭土、园土另加少量旧墙皮土混匀配制。也可选用石灰岩风化土3份、泥炭土3份、森林腐叶土3份、河沙1份，还可适当加入少量的石灰粉。土壤配好后要充分拌和，严格进行高温消毒后，便可上盆使用。

(2)花盆。盆栽铁线蕨，可用大小适宜的宜兴紫砂盆，盆底必须做好排水层，栽种不宜过深，以能稳固植物为宜。栽好后浇一次透水，置于荫蔽湿润的环境，待其恢复生机后，便可置于室内观赏。铁线蕨适应性较强，生长快，宜每年春季结合分株进行换盆。

(3)肥料。铁线蕨需肥量不多，一般每月施一次稀薄液肥即可，若能施入少量钙质肥料，则长势更佳。在早春新牙萌动、红褐色的嫩芽开始生长之前，就开始施肥。每十天半月施一次用花生麸沤制的浸出液，浓度为1∶10。为了叶片翡翠碧绿，更具观赏价值，也可用0.05%~0.1%的尿素或磷酸二氢钾水溶液，每十天半月交替施用。在施肥过程中，一定要严格掌握浓度，宁淡勿浓，否则根系容易腐烂，造成植株死亡。并且浇水施肥时不能玷污叶面，否则易造成叶片枯黄，影响观赏效果。

(4)水分。生长期间需要充足的水分供给，平时每天浇一次水，夏季炎热每天浇两次水，同时还应经常往叶片和花盆周围的地面喷水，以提高空气湿度，这样才能保持叶色碧绿。若供水不足或空气干燥，叶片就会变黄或卷边焦枯。置于阳台莳养，花盆底要垫一蓄水盘，土壤要保持绝对的湿润，空气相对湿度在75%左右。坐盆的垫盘盛水要略超过花盆底孔，让水分不断地渗入基质中，这是保持土壤湿润的一个好方法。

(5)温度。一般来说，它在15℃~22℃的环境中生长最好，冬季10℃以上的气温，就能安全越冬。铁线蕨不甚耐寒，冬季应把花盆移入室内，一般放到南向的窗台即可，室温维持在12℃以上，并保持空气湿润，则叶片会显得碧绿可爱。

(6)光照。铁线蕨虽属阴生植物，但生长季节仍需要一定光照，夏季气温高，光照强烈，应把铁线蕨置于荫蔽通风和气候凉爽的环境。铁线蕨不能忍受高温和强阳光直射，否则，蒸发加剧，植株体内失水严重时，叶片干边反卷，影响观赏。所以，夏季最好把花盆放在北面的窗台上莳养，东西面的侧射光线，就能满足它对光照的要求。到了冬季，可把铁线蕨放在向南的窗台内莳养，阳光的充分照射，对植株越冬非常有利。如放在室外阳台上培育，夏季应遮阳，避免阳光直射，否则，极易引起叶缘焦枯。

注意：养护过程中发现有枯叶时应及时剪除，以保持植株清新美观并有利于萌发新叶。叶丛过密时，可于每年秋季将老叶适当修剪，以保持优美株形和良好生长势。

繁殖方法

铁线蕨，老叶背面沿叶缘横生数个黄褐色的孢子囊群，当孢子成熟时，便从孢子囊内散出，落到潮湿的土壤里，可萌发新芽，形成铁线蕨新植株。园林部门大多采用分株、扦插的方法繁殖，如果大量生产，也可用孢子播种繁殖。

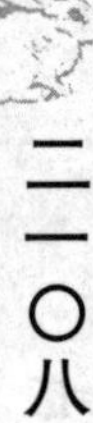

分株繁殖。铁线蕨，多为丛生性生长，它的根茎具有铁线蕨的全能性功能，如果进行无性繁殖，也可获得新株。栽培几年的铁线蕨，可以适当进行分切，每株留叶片2~3片，栽培成活后便可成为一棵独立的植株，这种方法就叫分株繁殖。

铁线蕨分株的时间，长江流域及其以南的广大地区，大都在5~7月进行。这时，气温高，阴雨天气多，空气湿度大，植株体的生理功能非常活跃，适宜铁线蕨的生长发育，是分株繁殖的最佳时间

①铁线蕨喜欢在含钙质的石灰岩上生长，分株繁殖的基质，可用石灰岩风化后形成的山泥、河沙、泥类和腐叶土各等份，充分混合，再经过严格高温消毒即可。

②栽培时，盆底要做好排水层，放一层粗颗粒培养土，再把分株苗植于花盆中。

③操作时，要精心细致，绝对不能损伤根状茎，栽培不能太深，以能稳固植株为佳，浇一次透水，置于半荫蔽的湿润环境，精心莳养。

铁线蕨生长发育快，栽培后10~20天，就能生根发芽，这时更应加强水分管理，每天两次向叶片进行雾状喷水，新株便能旺盛生长。

病虫害防治

常有叶枯病发生，初期可用波尔多液防治，严重时可用70%的甲基托布津1000~1500倍液防治。若有介壳虫危害植株，可用40%的氧化乐果1000倍液进行防治。

41.文竹

文竹株形潇洒脱俗，枝蔓纤细，四季青翠欲滴，花色素雅。文竹挺拔向上的丰姿，飘逸轻盈，美丽的秀叶绰约多姿，风度翩翩，尤其是挂果以后，浓绿丛中缀满紫红色的星星，素装淡雅，令人十分喜爱。莳养一年的文竹，便会显现出更加奇特的风采。它似松非松，却有劲松之飘逸；似竹非竹，更有翠竹之秀丽。是深受人们喜爱的观赏花卉。

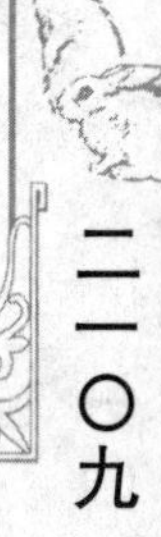

摆放地点

文竹

东向、西向、北向阳台。尤以北向阳台为佳。在其生长旺盛期注意肥水管理,夏季要有阳光直射。冬季不耐霜冻,气温低于5℃要移入室内。

文竹枝叶纤细,状如云片,翠绿轻盈,宁静秀丽,给人以生意盎然,柔和舒适之感。通常矮化作盆栽,置于案头、台架上,美化居室。4~5年生的大植株,可用大盆栽植,用来美化装饰会议室、展厅等公共场所,或供攀缘成景。小枝剪下,为优美的切花配叶。配以玫瑰、香石竹、菊花、大丽花等鲜花作为瓶插或制作成花束,使之红绿相映,十分协调美观。

习性

文竹性喜温暖、湿润气候,忌干风。半阴,不耐寒,忌霜冻。怕干旱,喜疏松肥沃、富含腐殖质、排水良好的土壤。

形态

文竹为常绿草本植物,根长,稍肉质。茎细弱,木质,光滑,茎上有节,节处鳞状叶白色,下部有三角状锐刺。茎具攀缘性,枝叶平出,小叶鳞片状。

花小,两性,白色,花期多在2~3月或6~7月。浆果球形,紫黑色。

栽培管理

(1)基质。可用腐叶土5份、园土2份、沙土2份和腐熟堆肥1份混合配制;或腐殖质土2份、堆肥土1份,细沙土1份。每盆上基肥10克即可。

(2)花盆。盆要选透水性、透气性均好的泥盆,或陶质盆、紫砂盆,不能用瓷盆或塑料盆。盆不要太大,盆壁不要太厚。文竹生长较快,一般每隔 1~2 年应换盆一次。换盆时间以早春发芽前为宜。

(3)肥料。文竹较喜肥,一般春、秋季可每隔 20 天左右施一次充分腐熟的稀薄液肥,夏季气温高应停止施肥。如欲培养低矮植株,需少施液肥。

(4)水分。文竹莳养管理中最关键的问题是水分的供给。因此要掌握好浇水这一重要环节。浇水过多,盆土过湿,易引起根部腐烂,叶黄脱落;浇水过少,盆土长期干旱,又易引起叶尖发黄,小叶枝脱落。所以生育期间浇水量和浇水次数要看天气、苗势和盆土干湿情况而定。平日浇水以浇入盆中的水很快渗入土中而土面不积水为度。不干不浇,浇就浇透。

天气干燥或炎热时,除需保持盆土湿润状态外,还需经常向植株周围地面洒水或用清水喷洗枝叶,以增加空气湿度。冬季入室后要适当减少浇水次数,将盆花放在窗台附近,并经常喷洗枝叶,以保持植株嫩绿清新。

(5)温度。文竹生长最适温为 12℃~18℃,寒露前后移入室内,只要室温不低于 5℃便可安全越冬。冬季管理关键是保持盆土、空气湿润,忌冷风直吹,以免枝叶黄化干枯。越冬期间停止施肥,控制浇水,每周用与室温接近的清水喷洗枝叶一次。

(6)光照。文竹较耐阴,在室内散射光下即可生长良好,早春和秋冬季阳光不太强烈,可将其放在光照充足的地方,对其生长有利。入夏后要将其放在室外不受阳光直晒的阴凉处或室内具有明亮的散射光处。

注意:文竹生长 5~6 年,便开始开花,对于盆栽文竹,应设立支架,供其攀缘。文竹亦可常年于室内种植池中栽植,并设支架,高可达 2~3 米。供结实采种用。夏季,搭帘遮阴,保持空气湿润,通风良好,方能安全越夏。

繁殖方法

文竹的繁殖,大多采用播种。但文竹结籽,并不像其他草本花卉那样容易。一般家庭盆栽，大多采用分株的方法进行无性繁殖。

分株繁殖。文竹分株繁殖，可在春秋两季进行，春季为3~4月，秋季为8~9月。

①文竹春季出室莳养正常以后，将它置于向阳处，浇一次透水。

②过两天后用小刀在丛状生长的植株中心切几个小块。切时，一定要从盆土表面切至底部，每块都有3~4根茎干。

③然后原盆不动，仍然进行正常养护。

④文竹在创伤激素的作用下，伤口将产生愈伤组织，发出新根，继续生长。

⑤待到4月中旬，再将整盆文竹倒出，用手轻轻分开各块，剔除过多的附着土，疏剪枝叶、清除腐败根系，在准备好的泥浆中浸泡一下，最后将切块各自分别上盆栽播。

采用这种方法进行分株繁殖，其成活率为100%。

病虫害防治

柑橘绵蚧以雌成虫和若虫吮吸叶芽、新梢汁液，危害严重引起大量落叶。防治方法：若虫活动期，可喷施50%杀螟松乳油，或25%喹硫磷乳油各1000倍，每隔10天喷1次，连续喷2~3次。冬季可选用35波美度石硫合剂，或10倍液的松脂合剂，均有良好效果。

42.玉簪

玉簪花英姿优美，娟娟素雅，清香扑鼻。玉簪叶片肥大，花色洁白，是装饰效果颇佳的阳台花卉。系阴生植物，它的最大特点是颇耐荫蔽，在无阳光直射的明亮之处也能很好生长，因此非常适合在采光效果较差的北向阳台上进行种植。

摆放地点

北向阳台。由于它高矮适中，因此可以摆放在大小不同的各类阳台上。在其生长旺盛阶段，要将植株置于无日光直射的明亮之处即可。夏季应该保持环境适当通风。冬季气温低于0℃并无大碍。

玉簪

玉簪碧叶娇莹，清秀挺拔，花色如玉，幽香四溢，又极耐阴，可作庭园中林下地被植物，或庇荫处的绿化材料；也可盆栽观赏，芳香袭人；还可做切花，瓶插别具风格。

形态

玉簪为多年生宿根草本，株高50~75厘米。根状茎粗壮，白色，并生有多数须根。叶基生成丛，具长柄，平行脉，卵形或心状卵形，端尖。梗从叶丛中抽出，高出叶面。总状花序顶生，着花9~15朵。花白色，管状漏斗形，有芳香味，在夜间开放。蒴果三棱状圆柱形。

玉簪性强健，喜阴湿，畏强光直射；不择土壤，在树荫下生长茂盛；但在土层深厚、肥沃、湿润、排水良好的沙质壤土上长势更佳。耐适度干旱。生长季节过于干旱或强烈太阳照射均可使叶片变枯黄。耐寒，长江以南地区可露地越冬，华北地区露地覆盖越冬或低温温室越冬。花期6~9月。

栽培管理

(1)基质。栽培宜选土层深厚、排水良好、肥沃的沙质壤土，种植穴内应施入充足的有机肥，用腐熟有机肥与骨粉作基肥。

(2)花盆。玉簪作室内花卉也能生长良好。栽植玉簪宜用大盆，底部排水孔要适当大。

盆栽的一般2~3年分根1次，分根后的植株得以复壮，生长更好。如长久不分则不茂。早春分根的当年即可开花。

(3)肥料。发芽期及花前可施氮肥及少量磷肥。6~8月每月追施1次腐熟好的稀薄液肥,施肥过量或施用了浓肥、生肥,容易造成叶片发黄脱落。

(4)水分。生长期间保持土壤湿润,要经常浇水、松土。但浇水不可过多,否则易引起烂根,叶子发黄。经常向叶面喷水,防止空气干燥致使叶片干尖。

(5)温度。秋季玉簪落叶后,原盆置于不结冰的低温处,休眠越冬。寒冷地区可稍加覆盖越冬。

(6)光照。盆栽玉簪要置于阴凉通风的地方,避免阳光直射,防止烟尘污染。这样才能生长茁壮,叶色碧绿,开花洁白芳香。

繁殖方法

分株繁殖。一股家庭栽培玉簪花,大多采用分株的方法进行繁殖。玉簪花入冬前,地上部分开始枯萎,植株进入休眠期。这时,是分株繁殖的最佳时间。

①莳养者可剪去玉簪花的地上部分,将植株从花盆中带土团取出,细心用竹签剔去旧土,并根据株丛的长势,顺其自然,切取母株的宿根根茎,每块根茎有新芽1~2根。

②切取后用草木灰涂抹切口。

③用大小适宜的土陶花盆,装上培养土,将分取的根茎埋植于盆中,覆土2~3厘米。

浇透水后,把花盆置于南向房檐下或有南向阳台的栏内,待盆土干燥后再浇一次水;入冬后,可以不再浇水。新芽萌发的次年,进行正常管理,当年就能开花。

换盆方法

(1)首先轻轻敲打花盆,使盆土松动。注意敲打的力道,不要震伤细嫩的枝芽。

(2)待盆土松动后,倒转花盆约45°。一只手扶稳植株,另一只手轻轻拍打盆底。

(3)将瓦片垫入新盆中。防止土壤流失,保证排水良好。

(4)将新底土填入盆中。

(5)加入底肥。

(6)将退好盆的植株垂直放入新盆。

(7)填入与植株适应的新土。

(8)将盆土按压实。使盆土低于盆沿1~2厘米。

(9)为了美观可以在土壤的表面覆盖一层石子或陶粒。

病虫害防治

(1)锈病。症状为嫩叶淡黄,叶面有圆形褐色病斑,发现病叶时应及时剪除,同时10天左右喷施1次1%波尔多液来防治。

(2)白绢病。在高温多雨季节,会发生白绢病,使植株的根茎基部及叶基腐烂,主要因植株栽种或摆放过密、土壤未消毒受到细菌感染以及使用未腐熟的基肥所致。

(3)蜗牛及蛞蝓。夏季应注意防止蜗牛及蛞蝓危害茎叶。

第十四章 植物奇闻

你知道这些植物的老家吗

西瓜:原产非洲南部,五代时,由中亚经“丝绸之路”传入我国。

葡萄:原产于欧洲、西亚和北非一带,汉朝张骞通西域时将其带回中原。

草莓:原产南美洲,14 世纪南美人就已开始栽培。近代由俄国引入种植。

石榴:原产波斯一带,我国汉朝引入种植,在晋代开始广泛种植。

核桃:亦称胡桃,原产西亚、南欧一带,传入我国的时间和石榴相近。

辣椒:原产南美洲,明朝时传入我国。最初叫“番椒”,后改为“辣椒”。

胡萝卜:原产北欧,元代由波斯传入我国云南。

番茄:俗称“西红柿”,原产南美洲的秘鲁,当地人称之为“狼桃”。18 世纪末传入我国,最初供观赏用,19 世纪中期才开始作为蔬菜栽培。

黄瓜:原产印度,晋代传入我国,初称“胡瓜”,至唐代改名为“黄瓜”。

菠菜:原产尼泊尔,唐初传入我国,最初叫“菠棱菜”,后简称为“菠菜”。

芫荽:又称“香菜”,原产地中海沿岸,在汉代经“丝绸之路”传入我国。

莴苣:又叫“莴笋”,原产于地中海沿岸,唐初传入我国。

玉米:亦称苞谷、玉麦、玉蜀黍、棒子、珍珠米等。原产美洲,哥伦布发现新大陆后才传到其他国家。明朝中期传入我国。

甘薯:原产美洲的墨西哥、哥伦比亚一带。哥伦布发现新大陆后,逐渐传播到其他各国，明朝中期，由菲律宾传入我国。

你知道这些植物的“化学武器”吗

紫云英：依仗自己的叶子上丰富的硒去杀伤周围的植物。下雨天气是它杀伤其他植物的有利时机，硒被雨水冲刷、溶解流入土中，毒死与它共同生长的植物，成为小小的一霸。

小叶榆：其分泌物对于葡萄是一种严重的威胁。如果榆树离葡萄很近，葡萄的叶子就会干枯凋萎，果实也结得稀稀拉拉，严重的甚至会死亡。

紫云英

桃树：叶子会分泌一种“核桃醌”的化学物质，核桃醌偷偷地随雨水流进土壤，如果周围种了苹果树，这种物质对苹果树的根起破坏作用，引起细胞质壁分离，这样，苹果树的根就死了。

植物根部的分泌物，常常又是消灭田间杂草的有力“武器”，如小麦可以强烈地抑制田堇菜的生长；燕麦对狗尾草的生长也有抑制作用；大麻对许多杂草都有抑制作用。

植物也有血型

我们都知道，动物是有血型的。那植物有没有血型呢？

植物的确是有血型的。1983年，有个日本妇女夜间在卧室里突然死去，警察赶到现场，无法确定是自杀还是他杀，便化验血迹。结果，死者的血型是O型，而枕头上的血迹却是AB型。由此看来，似乎是他杀，但是，警察却一直没有找到凶手作案的其他证据。这时，有人提出：这AB型是否同枕芯中的荞麦皮有关系？法医山本打开枕套，取出里面的荞麦皮作了化验，意想不到的事情发生了，荞麦皮的“血型”果然是AB型的。这个结果立刻引起了人们的极大兴趣。

山本扩大实验范围，研究了500多种植物的果实和种子，结果发现植物也有各种各样的血型。他发现苹果、草莓、南瓜、萝卜等60种植物的血型是O型；珊瑚树、罗汉松等24种植物的血型是B型；李子、金银花、荞麦等是AB型；只是没有找到血型为A型的植物。

植物晚上也要睡觉

植物和动物不一样，它们不会运动。但是，植物也是需要休息，需要睡觉的。

高大的合欢树上有许多羽状的叶子，当太阳出来的时候，它们就舒展开来了；夜幕降临时，叶子又会成对地折合。植物的叶子昼开夜合，其实就是植物睡眠的外在表现。

美丽的花朵也需要睡觉。每当旭日东升的时候，睡莲那美丽的花瓣会慢慢舒展开来，用笑脸迎接新的一天；而当夕阳西下时，它便收拢花瓣，进入甜蜜的梦乡，因而人们便称它“睡莲”。

为什么植物晚上要睡觉呢？这是植物为了保护自己，适应周围环境的一种正常反应。植物的叶子在夜间闭合，就可以减少热的散失和水分的蒸发，因而具有保温和保湿的作用。夜间的气温比白天低得多，睡莲的花在晚上闭合，可以防止娇嫩的花蕊不被冻坏。所以，植物晚上睡觉也是进化过程中自然选择的结果。

音乐能促进植物生长

十多年来，国内外许多科学家对音乐促进植物成长做了大量实验，答案是肯定的。我国科学家在实验时发现，苹果树筛管中的有机养料输送速度平时每小时只有几厘米，而在钢琴声的影响下，每小时可以输送1米以上。美国农业科学家还发现，利用音乐可以帮助温室里的植物授粉。原因在于音乐能使空气有节奏地流动，花粉随着空气的流动而飘落，这种授粉法称为“音媒授粉法”。

为什么音乐能促进植物成长呢？这是因为有节奏的声波——音乐，对植物细胞产生的机械刺激，能使细胞内的养料受到振荡而分解，从而更好地输送，加速细胞的分裂，这样就助长了植物的生长发育。

植物的运动

说到运动，人们总认为只有人和动物才能运动。其实，植物也会运动，只不过运动得不明显，不易被察觉罢了。据科研人员研究发现，一些植物能做以下几方面的运动：

植物有向光性运动。如果在室内窗前摆几盆花或是刚长出来的小苗，我们便会发现，这些花都向窗外生长。

植物有向地性运动。例如，根总是向地下生长，这叫正向地性；茎总是向上生长，这叫负向地性。

植物有向化性运动。如果在盆中、花坛中施肥或浇水不均匀，那么肥多的地方根就多，较湿润的地方根也多，这是根对化学物质的反应。

植物有感性运动。例如含羞草，只要有人用手一动它的小叶，叶片立刻合拢；如果刺激大些，那么全株的小叶都会合起来，连叶柄都会下垂，这就是感震性运动。

植物还有一种感夜运动。如合欢等豆科植物，白天叶子张开，充分接收太阳光进行光合作用，而到了夜晚，叶柄下垂，叶子合拢在一起。这是由于光强度的变化而引起的运动。这种昼开夜合的运动还告诉人们：花卉在健壮地生长。

海拔越高植物长得越矮

你注意过没有，爬山的时候，人越往山上走，植物就越矮。山脚下还是林木挺拔茂盛，可到了高山顶上，植物却变得很矮，有的呈莲座状。你知道这是为什么吗？

根据植物学理论，植物的生长除了与本身有关外，与周围的环境也有很大的关系。尤其是阳光的照射对植物的生长有很大的影响。太阳光中的紫外线虽然大部分被臭氧层吸收了，但还有一少部分到达地面，特别是在高山上，紫外线还是比较强的。由于紫外线能抑制植物茎的伸长，所以很多高山植物比较矮。

其次，山顶海拔比较高，气温也随海拔升高而降低。由于低温不利于植物生长发育，而植物比较矮有利于保温；高山土壤比较疏松，地势比较陡，土壤中的营养物质容易被雨水冲走，土壤比较贫瘠，植物由于得不到充足的养分，从而影响了生长发育；此外，高山上风特别大，为了防止被风吹倒，植物的茎也会向缩短的趋势发展。

高山植物是指生长在高海拔处的植物吗

高山植物是指分布在高海拔的高山和平原上、适应高寒环境的植物。例如分布于中国云南西部和西藏雪山的雪莲、贝母等。高山植物的花大都色彩鲜艳，惹人注目，难怪世界各国的人们对其另眼相看。

高山植物并非生来就喜欢恶劣的环境，只是由于它们耐低温，抗强风，才得以生长在其他植物无法生存的地方。

正是由于具有上述特性，高山植物在平地便处于劣势，越是环境优越的地方，它越是不如其他植物茁壮。可见，气候条件要比海拔高度更为重要。例如日本的某种高山植物，在本州中部多见于海拔 2500 米以上的高山上，在东北地方则生长在海拔 2000 米处，而在北海道或千岛群岛却又偶见于海岸附近。

热带地区的植物颜色鲜艳

热带地区的植物的确比温带、寒带地区的植物颜色鲜艳，这到底是为什么呢？目前还不十分清楚。

以前有不少似乎合乎道理的说法。例如，有的说是热带地区紫外线多；有的说是热带地区温度高。但经过仔细调查，其理由都不十分充分。

即使以上所说是有道理的，但还是不知道为什么在那种情况下颜色就鲜艳。

热带地区的植物颜色鲜艳恐怕是多种原因造成的，把它简单地归结成一两种原因是很勉强的。

本来，颜色鲜艳的生物容易被敌人发觉，因此有许多生物尽量使自身的颜色平淡，以保护自己免遭敌害。但是，不知为什么热带地区却有那么多鲜艳夺目的生物。

对于我们司空见惯的生物，还有许多弄不懂的问题，有待于我们去探索、研究。

会螫人的植物

大家都知道蜜蜂、大马蜂、蝎子等，它们螫人的武器是尾部的针刺和毒囊。但是你是否知道，有些植物也会螫人。荨麻、大蝎子草等草本植物以及台湾的咬人狗、海南的火麻树等，这类植物的茎叶都具有尖利的刺毛，刺毛触及人或牲畜的皮肤，十分痛痒难受，有的甚至会引起儿童或幼畜的死亡。

为什么这些螫人的植物的刺毛会那么厉害？原来，它们既有针刺，也有分泌毒液的机关。这些植物利用这些手段来抵御大自然的逆境，或阻止动物的伤害。

蝎子草把毒素和刺毛这两种防御武器相结合，产生了更为有效的自身防护。蝎子草叶子上有许多刺毛，谁要侵害它，它就毫不客气地戳入“入侵者”体内，同时注入蚁酸、醋酸、酪酸等混合毒液，使“入侵者”疼痛难忍。

我国有多种会螫人的植物，人们要特别留神，千万别被它们伤害了。万一被蜇伤，那得赶快用肥皂水冲洗或在伤处涂抹碳酸氢钠溶液。如果皮肤痛痒被抓破，可用浓茶或鞣酸湿敷伤口，以防止感染。

水生植物的根茎不易腐烂

我们知道，一般植物浇水过多或排水不良，都会造成根茎腐烂。可水生植物总泡在水里，它的根茎为什么不会腐烂呢？

根茎腐烂的原因不在于水的多少，而在于能否得到足够的氧气。水中的氧和氮是很少的，满足不了一般植物的需要。而在大量浇水以后，水里的氧气还要被土壤中的微生物吸收一部分。当土壤里没有了氧气以后，土壤里的微生物会变得非常活跃，能制造出对植物有害的硫化氢等无机化合物，而且植物的根茎上也会滋生病原菌。因此，植物的根茎就烂了。而水生植物适应了水中生活，它的根茎能够吸收水中的氧气，即使在氧气很少的情况下，也能进行正常的呼吸，所以根茎就不易腐烂了。

大多数植物在白天开花

大多数植物的花，都是在太阳出来以后才开放的，在傍晚或夜间开花的只是少数。清晨，在阳光下，花的表皮细胞内的膨胀压加大，上表皮细胞（花瓣内侧）又比下表皮细胞

(花瓣外侧)生长快,于是花瓣就向外弯曲,花朵就开放了。经过一天的风吹日晒,植株的蒸腾量加大,花朵表皮细胞内的水分丧失很多,花由于膨胀压的降低而萎谢。夜间,由于气温降低,湿度增大,植物从根部吸收的水分使花表皮细胞内的膨胀压恢复,植物在第二天继续开花。

在白天的阳光下,花瓣内的芳香油易于挥发,能吸引许多昆虫前来采蜜,为它们传粉,有利于植物的结籽和传宗接代。白天开花的植物,主要是依靠蜜蜂和蝴蝶进行传粉的。蜜蜂"上工"最早,那些靠蜜蜂传粉的花便先敞开花朵来欢迎它们,如唇形科的一串红和玄参科的金鱼草等;蝴蝶要到上午九十点钟才翩翩起舞,依靠蝴蝶传粉的花便在九十点钟以后开放。

所以,植物在白天开花,是长期适应外界生活环境而形成的一种遗传特性。

植物的花为什么那样绚丽多彩

植物的花主要有白、黄、红、蓝、紫、绿、橙、褐八种颜色,如果加上它们相间、混合的颜色,那就会有千百万种。

花有这么多颜色,主要是由于花瓣里含有花青素、类胡萝卜素等色素和黄酮化合物。花青素在酸性条件下,呈现红颜色,酸性越强,颜色越红;在碱性条件下,它呈现蓝色,碱性较强时,则变成蓝黑色;在中性条件下,它呈现紫色。类胡萝卜素有的呈黄色(如黄玫瑰),有的呈橘红色(如金盏花),有的呈红色(如郁金香)。白花的花瓣中不含任何色素,但白花瓣的细胞之间有许多气泡,可以把各种光波反射出来,所以呈白色。绿花里含叶绿素,如绿荷。事实上,一种花表现出来的颜色,往往是多种色素共同作用的结果,就像在调色板上调色一样。此外,天气、温度等的变化,对花的颜色变化也有一定影响。

花粉传播谁为媒

在有花植物中，约80%的植物都是靠昆虫来联姻的。这些植物由于长期适应昆虫授粉，各自都有一套独特的本领和设备。例如有色彩艳丽的花冠，芳香四溢的气味，以及甘甜味美的花蜜。花蜜含有多种糖类、氨基酸和少量矿物质等，营养极为丰富，也是昆虫最喜爱的食品。昆虫访花是为了吸取花蜜和采集花粉，它们要探身钻到花的里面。这样，大量的花粉便粘附在昆虫身上，从一朵花带到另一朵花的柱头上，达到了传授花粉的目的。

有些植物的花粉是靠风来帮助传授的。这些风媒植物的花很不显眼，既无艳丽的花被，又无甘甜的花蜜，只有靠产生大量的花粉，如一株玉米的雄花序可产生5000万粒花粉。另外，这类花粉的身体轻盈，表面光滑，有的长有两个气囊，随风飘游到很远的地方，例如松树花粉可飞越600多千米。

许多生长在水中的有花植物，它们只得靠水来帮助授粉了。例如水鳖科的芳草和黑藻，是雌雄异株的植物。通常雌株长有一个长长的花柄，把雌花托出水面；雄花一旦成熟，从花柄脱落，花粉依附在花的碎片上，浮在水面，四处漂流，如遇雌花，随即授粉。

有些植物依靠鸟类或某些哺乳动物作为传递花粉的媒介，在澳大利亚、南美洲、中美洲及爪哇等地常可见到。例如蜂鸟，它在采集蜜囊花的蜜汁时，长长的嘴甚至整个身子都会钻进花里。在自然界中，还有蝙蝠、松鼠、老鼠，甚至猿猴，都能为花的联姻起到牵线搭桥的作用。

为什么虫媒花有鲜艳的花被

我们知道，被子植物开花结果产生后代，都必须经过授粉过程。靠昆虫授粉的花，叫虫媒花。

常见的菊花、蔷薇花、南瓜花等，都是虫媒花，虫媒花一般花都较大，花被发达，有美丽的颜色，花瓣里含有油细胞，能制造出芳香油来，散发阵阵香味，花中有蜜腺能分泌甜美的蜜汁。虫媒花的花粉一般体积较大，表面粗糙，具有粘性，容易粘在昆虫身上。

自然界中白、黄、红三种颜色的花最多，并且都具有香味。各种颜色花瓣，配上绿色叶子，更加绚丽多彩，惹人注目，容易被昆虫发现，难怪花前蜂飞蝶舞。

昆虫采蜜授粉，有一种特殊习性，就是经常采同一种植物的花朵，这种习性有利于保证同种植物间的授粉和繁殖后代。昆虫授粉经济可靠，比风要好得多。若把花粉交给风去传播，花粉落在何处，就只好听天由命了。

由于昆虫种类习性不同，采花的种类也不一样，这样在花与昆虫的相互合作，相互适应，相互选择的过程中，虫媒花便形成如今的多姿多彩和种类繁多的样子。例如，金鱼草的花，它为假面状花冠，上下唇在一处紧密闭合，蜜腺和雌蕊雄蕊都闭锁在花筒里。这样的结构，如果昆虫太小，就不能踏开下唇，进入花内；如果昆虫太大，虽然能踏开下唇，但进不到花筒里面。所以它平时总是闭合着，等到为它传粉的小蜂到来，才能踏开下唇，进入花筒，为它传粉。真是“天作之合”！

为什么风媒花没有鲜艳的花被

植物的花靠风来传授花粉，叫风媒花。

风媒花一般是小型的，既无鲜艳的花被，也没有醉人的清香，花冠退化甚至完全消失。它们的雄蕊有较大的花药和细长的花丝。花丝把花粉送到花的外面，雌蕊的柱头呈羽毛状，也伸在花的外面。这样的结构有利于传粉和授粉。风媒花的花粉又轻又小又多，但成功率却非常低。

花粉靠风传播浪费惊人，有人研究过，两朵相距 2.5 千米的花，借风力授粉，平均

1440 粒花粉中，只有一粒能传到雌花的柱头上。

风媒传粉不如虫媒传粉经济可靠。但风媒植物不用生长鲜艳的大花、花蜜和香味来招引昆虫和充作昆虫食物，节省下来的养料可以弥补因生产过多花粉所造成的损失。

在风力帮助下，风媒花的花粉像云雾一样可以带到几十千米甚至几百千米的地方，使相隔很远的同种个体有了异花受精的充分机会，因而能产生充满活力和适应力强的后代。风媒植物约占有花植物种类的 1/5，证明这种繁殖方式也是非常成功的。

植物叶子上的叶脉有什么用

植物的叶子上都有各种形状的纹络，这些纹络有的平行延伸，如稻子的叶，有的是扇状的，如银杏的叶，而大部分植物则是网状的。这些纹络就是叶脉。

也许你会问：叶脉究竟有什么用处呢？可不要小瞧叶脉，它的用处很大，它是养分的运输通道。植物的根从土壤里吸收的水和氮、磷、钾等养料，必须输送到身体各处去。养料从根部先到达茎，再通过叶柄，到达叶脉；同时，叶子也在制造养料，在阳光的帮助下，叶子里的叶绿素和由气孔吸入的二氧化碳共同合作，制造出糖类来，这些糖类就由叶脉传到叶柄，再到茎，被输送到身体各处去。所以说叶脉是输送水和养料的一部分管道，它和茎、叶柄一起完成植物营养的运输任务，就像我们浑身布满的血管那样重要。

叶脉还是叶子的“骨骼”，支撑着叶子，让植物的叶子显示出勃勃生机。否则的话，整个植物就显得无精打采了。

秋天的红叶

秋天，许多树木要落叶，在落叶前叶子往往变成黄色，更有少数树种如枫树、乌桕、黄栌、槭树等的叶子变成猩红色，叫作“红叶”。自古以来，人们写下了不少赞美红叶的诗章，有的称“霜叶红于二月花”，有的赞“乌桕犹争夕照红”。的确，红叶是很美丽的，那么，红叶又是如何形成的呢？

原来，在植物的叶子里，含有许多天然色素，如叶绿素、叶黄素、花青素和胡萝卜素等。在阳光照射下，叶绿素能利用水和二氧化碳制造养料，供给植物生长需要。春夏季节，阳光和水分都很充足，植物生长旺盛，叶绿素非常活跃，颜色较深，便把其他色素的颜色遮掩了，因此总是绿树成荫，苍翠欲滴。可是，到了秋天，气温降低，为了同寒冷、干旱做斗争，有的叶子开始凋落，有的叶子叶绿素被破坏而逐渐消失。这时候，黄色的叶黄素、黄色或橙色的类胡萝卜素趁机“抛头露面”，绿叶变成了黄叶。在强光、低温、干旱的条件下，红色的花青素激增，存在于树叶的表面细胞中，遇到阳光多于叶黄素时，树叶便变成艳丽的红色了。

北京西山以红叶著称，每当秋高气爽的季节，前去观赏的人总会络绎不绝，满山的红叶让人陶醉不已。据统计，叶子能够变红的树木有几千种。

植物也会进行相互沟通

我们都知道，动物之间会通过形体动作和发声进行沟通，但你知道吗？植物之间居然也会互通信息。

美国两位生物学家在西雅图附近的一处森林里，进行了多年的实地考察。他们发现，柳树的一部分叶子遭到害虫噬咬后，整棵树叶子的化学成分就会发生变化，其中可供害虫消化吸收的营养成分减少了，而令害虫无法消化的化学物质增加了。这么一来，叶子变得非常难吃，害虫便大倒胃口，望而生畏了。而且，一棵柳树遭到害虫侵袭的时候，周围其他一些尚未遭到害虫侵袭的柳树叶子的化学成分也发生了同样的变化。

柳树之间是怎样互通信息的呢？树木之间的“通信”是通过空气进行的。受到害虫侵袭的树木发出的化学物质，是通过空气散发开去的，它落到别的树上时，便可以通知其

他伙伴。不过,这其中的奥妙还有待科学家进一步研究。

人能通过观察树干辨别方向

植物生长需要阳光、水和养料三大条件。阳光对植物的生长是很重要的,而且就一株植物来说,也是受光照多的部位(一般为南侧)要比受光照少的部位长得繁茂。

在植物茎内有纵向的管子,名叫维管束。植物体内的水分、养料等就是通过维管束输送到各部分去的。在植物长得茂盛的一侧,维管束能更多地输送养分,所以,植物的茎也往往是向阳的这一面较粗。不过,这种差别是很有限的,不会比其他地方粗几倍。

树的种类不同,树干南侧粗的程度也会大不相同。我们要通过树干辨别方向,需要有一定的经验才行。

你仔细看一下树墩子上的年轮,就会发现南侧比其他部位的年轮厚。

玉米穗上的怪现象

我们在收获玉米时往往会发现,有的玉米棒子顶端光秃秃的,有的棒子上缺行少粒,这是怎样造成的呢?

原来玉米是一种异花传粉的作物,依靠风来传送花粉。只有由风力将顶穗上雄花的花粉传送到雌穗雌花的柱头上,才能受精结实。可是,当玉米正在开花的时候,遇到特殊的不良气候条件:如遇上大风天气,把花粉吹走,落不到雌花的柱头上;或者遇到阴雨连绵的天气,雄花不能正常散粉,即使能散粉,花粉常常黏结成块或因吸水膨胀而破裂,失去生命力;有时因天气干旱高温,雄花开花较早,而雌花开花较迟,尤其是玉米秆上生出的第二或第三个雌穗,由于生出较晚,常常出现雌雄花开花时间不遇的情况。由于以上种种原因,雌穗很难得到充足的花粉,使一些雌花不能受精,结不出果实,因此造成秃顶、

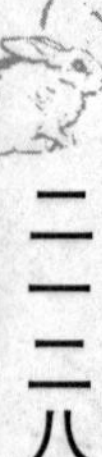

少行或缺粒的现象。不管玉米棒子是长还是短、是粗还是细,不管是黄粒的还是白粒的,只要你数一数上面的籽粒行数,就会发现籽粒行数总是双数的。这是怎么回事呢?

原来,玉米棒子本身是一个大花穗,上面不是直接长出小花,而是长满了许许多多小穗,小穗中才生有小花。我们见到的长长的玉米“胡子”,就是玉米小花的花柱,花粉落在它上面,小花才能受精结实。在玉米大花穗上总是成双成对地生出小穗,并且左右平行排列,绝不会上下排列。每个小穗中都生有两朵小花,而在发育过程中,其中一朵小花退化,只有一朵小花发育良好,最后结出籽粒。这样由于小穗成对,结出的籽粒也就是成对的,所以玉米棒子上的籽粒行数总是双数的。你若不信,有机会的时候可以亲自数一数籽粒行数是不是双数。

在同一个玉米棒子上会有几种不同颜色的籽粒,有白色的、淡黄色的、金黄色的、红色的,甚至有紫色的。这是什么原因造成的呢?

原来玉米的老家在南美洲,由于它的产量高、适应性广,很快世界各地的人们都纷纷进行栽培。而各地的环境条件不同,栽培方法也不相同,在漫长的时间里就形成了很多不同的品种。各个品种的籽粒不仅形态、大小、品质不同,而且颜色也不尽相同。白色的和黄色的品种最多,但也有少数是红色的或紫色的。各个品种的玉米之间是可以互相杂交的。

玉米是异花传粉植物,主要依靠风传送花粉。风可以把顶穗上雄花的花粉传到本株雌花的柱头上,也可以传到其他植株雌花的柱头上。在自然条件下,不同品种玉米的花粉,随风在空中飘散,所以很容易相互间进行杂交而产生不同颜色的籽粒。例如,在白玉米附近种有黄玉米,二者很容易各自都产生出黄白相间的玉米来。

向日葵大花不结子

向日葵是一种油料作物,种仁榨出的油叫葵花子油,是一种优良的食用油。果实叫

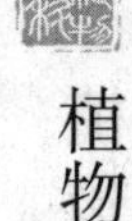

葵花子,是多数人都很喜欢的一种小食品。

向日葵

向日葵有一个美丽的黄色大花盘。大花盘不是一朵花,它是由许许多多小花组成的一个大花序。花序上生有两种小花,一种花生在花序外轮,花瓣5枚连合成舌状,好似一片大花瓣,实际上它是一朵舌状花,因为生在花序边缘,又叫边花;另一种花生在花序中央,花瓣也是5枚,连合成筒状,叫作筒状花,因为生在花序中央,又叫盘花。盘花中既有雌蕊,又有雄蕊,是一种两性花,向日葵的果实都是这些两性的盘花结出来的。而向日葵大而美丽的黄色舌状花(边花),既没有雌蕊,也没有雄蕊,根本不能结子。大而鲜艳的边花虽然不结子,却起着招引昆虫的重要作用,没有它盘花就不能很好地受粉。在一个花序中花有分工的现象是植物在进化过程中形成的,它有利于向日葵后代的繁衍。

向日葵的大花盘上长有上千朵小花,每朵小花结一颗子。所以在成熟后,花盘上满是密密麻麻的葵花子。但是总会有些是秕子,这是为什么呢?

原来向日葵是一种异花传粉植物,依靠昆虫或微风为它传送花粉。可是,如果在开花的时候遇到连阴雨或大风天气,或者昆虫很少出没,有一些小花就不能受粉,因而也就不能结子。另外,向日葵的小花开花时间有早有晚,靠近花盘边缘的花先开,然后逐渐向中央开。靠近边缘的小花已经结子,而靠近中央的一些小花还没来得及受粉,或者已经受粉而果实还没来得及发育,但由于季节关系,植株已停止生长,这样就造成向日葵出现秕子。

为了减少秕子，获得好收成，可以用人工的方法帮助向日葵传送花粉，即进行人工授粉。

假叶树的叶是枝

假叶树是百合科的一种常绿灌木，高40~80厘米，原产于欧洲，后我国引种栽培以供观赏。

假叶树的形态在植物界是比较特殊的，一般人都把它那绿色扁平而宽阔的部分误认为是它的叶子。从形态上看确实像叶子，而实际上不是，它是一种假象。这是为什么呢？

在自然界中，一些植物由于长期适应某一种特殊自然环境，而使自身的部分器官在形态和功能上发生改变，以利于生存、延续种族，这在植物学上叫作器官的变态。

假叶树的老家气候干燥炎热，宽大而薄的叶片容易受到伤害，同时会加大蒸腾作用，对它的生存不利。为了减少水分损失，叶片退化成鳞片状，而叶腋的分枝扁化成叶状，代行叶的功能。这种扁化的枝条叫作叶状枝，形态像叶，实际上是枝条的变态，所以是一种“假叶”。

我们知道，由叶腋只能长出枝条或者是花，而绝不能再长出叶，同时，花只能长在枝条上，绝不会长在叶上。而假叶树的花却长在“假叶”上，这也充分说明假叶树的叶是假的。

不怕淹的植物

很多植物都怕水淹，那是因为植物在生长过程中每时每刻都在不停地进行呼吸。被水淹以后，由于长时间缺乏氧气，植物就会因窒息而死。而荷花则是例外。

荷花又叫莲花，是一种多年生的水生植物，根状茎（俗称藕）生在淤泥里，横向生长，

节间膨大，节部缢缩，由节上向下生出不定根，向上生出叶，漂浮水面或伸出水面。6~8月间，由节上伸出花茎，开出大而美丽的花。荷花的根状茎埋在淤泥里与空气隔绝，为什么淹不死呢?

荷花在长期的水生环境中产生了适应水生环境的特殊结构。藕内、叶柄内产生了许多孔洞，藕和叶柄的孔洞相连，形成了空气的通道系统。同时，在叶肉内有许多间隙与叶的气孔相通，通过叶片的气孔与大气进行气体交换，使深埋在淤泥中的藕通过叶面呼吸新鲜空气。而且叶面上的气孔多生在上表皮，并且叶上覆盖有蜡质，使水不能沾湿它，气孔不会被水堵塞，保证了空气的上下流通。由于以上原因荷花能在水中正常地生长发育、开花结果，而不会被水淹死。

水稻也是水生植物，它的祖先就生长在沼泽地带。那么是不是水稻也不怕水淹呢?

水稻在早期生长阶段是不怕水的。但是水也不能太深，并且要浅水勤灌逐步加深。如果苗期就用大水漫灌，也容易造成烂秧。分蘖期以后一般要采取间歇灌溉，使稻田里有时有水有时没有水，千万不能长期淹水。在进入抽穗灌浆期后，更应该保证稻田在一定的时间内是没水的，甚至还应该有一段晒田时期。这样才能使稻根扎得更深，植株长得更牢，茎秆更结实，谷粒更饱满。如果在这时长期淹水，就很容易引起早衰、烂根、倒伏，最终导致减产。所以说水稻也是怕水淹的。为了既保证水稻对水的需要，又避免水稻受淹时间过长，就必须适时地对稻田里的水进行合理调剂。

水稻也有听觉

植物对光有反应，光影响着它们如何最有效地生长和生存；植物也有触觉，刮风时会变硬；它们对营养物质有“味觉”。但是，它们对声音如何反应的呢？韩国水原市农业生物技术学院的科学家发现，水稻的两种基因对声波有反应。据他们说，一种声音敏感基因的启动子可以接在其他基因上，使这些基因也对声音做出反应。

这项研究成果出台之前存在大量类似但未经证实的说法。如果韩国研究人员是对的，他们的发现就可以使农民通过向田里播放高音喇叭来关闭或打开特定的作物基因，比如开花基因。这或许比原来提出的其他技术（例如用化学物质激活基因）便宜也环保。

韩国研究人员让水稻植株"听声音"，同时观察其基因活动水平，这样才发现声音反应基因。起初，他们给植株播放 14 首古典作品，包括贝多芬的《月光奏鸣曲》等，同时监测各种基因表现的区别。但是，他们发现，植株只在播放特定频率的声音时才有反应。

基因 rbcS 和 Aid 在 125 赫兹和 250 赫兹的声波下较为活跃，对 50 赫兹的声波反应不太活跃。人们知道，这两种基因都对光有反应，研究人员又在黑暗中重复这项试验。结果发现，两种基因仍然对声音有反应。他们在《分子育种》杂志上撰文称："这些结果表明，声音可能是代替光线的另一种基因调节器。"

研究人员还想看看 Aid 基因的启动子能否自己对声音发生反应。他们把启动子接在 p 葡糖苷酸酶上，把结合体注入水稻基因组，让这些水稻接触不同频率的声音，他们就能控制 p 葡糖苷酸酶的表现。也就是说，Aid 启动子基因对声音敏感，可以"贴"在任何基因上，使它也对声音敏感。

树剥皮与树开甲

树皮被大面积剥掉以后，往往会导致整棵树木的死亡，因此，就有了"树怕剥皮"之说。为什么把树皮剥掉，树木会死亡呢？

我们将树干横断开，用肉眼可以分出里面大部分是木质部分，称为木质部。木质部以外，就是我们所说的树皮。树皮的最里面是一层具有分裂能力的细胞，叫形成层，用肉眼分不清楚。形成层外面是具有运输有机物能力的组织，叫韧皮部。它将树叶制造的有机物，运往树枝、树干和根部。树皮被剥掉后，等于切断了树木的运输线，树叶下面的树干和根部得不到"食物"，就会被"饿死"。因此，整个树木也随之死亡。

杜仲、合欢、黄檗、厚朴、桂皮等树皮，具有较高的经济价值。过去对一些树皮的采割，常用伐木取皮的方法。这是一种杀鸡取卵的方法，严重影响着以后的植物资源。近些年来，我国果农对苹果、梨树进行环剥用以增产，并未发现损害植株。在其他一些树上进行大面积环剥试验，发现仍可正常地再生出新树皮，但必须掌握适当时期，运用恰当的方法。

“开甲”就是对树干进行环状剥皮。“开甲”这种技术措施在我国已沿用两千多年，方法简单，增产效果明显。为什么将枣树的树皮剥去一圈后，能使枣树增产呢？这主要是由于“开甲”切断了叶子制造的有机物向下运输的通道，使大量的有机养分积累在切口的上方，集中用于开花结果，从而提高坐果率和产量，一般可增产50%以上。

枣树“开甲”要在盛花期，选择天气晴朗的时候进行。初次“开甲”的枣树，在距离地面20~30厘米处，环剥宽度3~5毫米。壮树可稍宽，但最宽不能超过6毫米。环剥后要保护好甲口，以防病虫危害和水分蒸发。以后每年向上间隔3~5厘米再进行环剥。

环剥在一定程度上会削弱树势。所以，必须与施肥、浇水、修剪等措施结合起来，才能收到良好的效果。连年“开甲”的枣树，如果出现生产量减少、叶色变黄等现象时应“停甲养树”，待树势恢复之后再继续“开甲”。

空心老树仍能活

我们在游览山川、古寺的时候，常常可以看到有些空心老树还活着，这是为什么呢？要弄清这个问题，首先要了解树干的结构和组成树干各部分的功能。

将树干横断开，从里往外看，中央最硬的木质部分叫木质部，占了树干的绝大部分。紧贴木质部的外面是几层具有分裂能力的扁平细胞，叫形成层，形成层的外面叫韧皮部，形成层和韧皮部是我们常说的树皮里面的两部分。

由于形成层细胞具有分裂能力，向里产生木质部，向外形成韧皮部，使树干年年加粗。木质部的细胞上下连通成管状,将根吸收来的水分和无机盐运输到枝叶中去。韧皮部细胞将叶片制造的有机物运送到茎和根中去。

由于树干年年增粗,树干中间的木质部就逐渐死去。当树干上出现伤疤或裂缝时,有些细菌和真菌就趁机钻了进去以树心为养料,天长日久将树心吃空。树心虽然空了,空的部分只是木质部的心材部分,木质部的边材部分还是好的,照常具有运输的功能,还能不断地将水分和无机盐运送到枝叶上去。因此,空心老树仍能正常生长发育。

海带使人延年益寿

研究表明,食物或生活方式是某些高危疾病发病的主要原因,例如多吃肉或脂肪可引起心脏病。但有趣的是,生活在日本西南部海域冲绳岛的居民虽然猪肉的消费量很高,然而心脏病的发病率却很低,这些人的寿命也比较长。原因是什么呢?科学家通过研究认为,这是因为冲绳岛的居民在吃猪肉的同时,也吃了很多海带,是海带使人健康长寿。那么,食用海带究竟为什么可以给人体健康带来好处呢?

人们很早就发现吃海带可以防治甲状腺肿,这主要是因为海带中含有较多的碘。海带中碘的含量一般约在干重的3.2%至4.9%左右,要比陆生植物的含碘量高得多。要知道,每升海水中只含有35微克左右的碘,也就是说,海带的碘含量比海水约高出100000倍左右。海带为什么能

海带

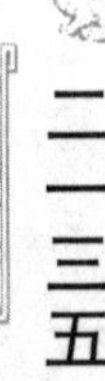

从海水中富集这么多的碘呢?

经研究发现,海带对碘的吸收是代谢性积累。碘一旦吸入藻体就不再排出,海带的呼吸作用越强,对碘的吸收速率越快。因此,海带可以持续不断地从海水中吸收碘。由于海水不停地流动,自由交换,因而海水中碘含量可以保持一定的动态平衡,这样就为海带以一定的速率富集碘提供了可能性。实验和计算的结果表明,人工养殖的海带在7个月左右的海面养殖过程中基本上是以一定的速率不断从海水中富集碘的,这就是海带含有大量碘的原因。

一般人都知道,海带富含碘,可治疗和预防地方性甲状腺肿,还有降低胆固醇和血压以及抗癌等疗效。除此之外,近些年科学家还发现海带有免疫调节作用。研究人员在用小鼠进行的离体实验中证实,用热水从海带中提取出的一种多糖,可大大增强小鼠免疫细胞的功能活性。这也是海带能使人益寿延年的主要原因。

植物出汗

在夏天的清晨,我们到野外或公园等地散步的时候,会看到在花草树木的叶子上挂着一颗颗亮晶晶的水珠。你可能认为这是露水,实际上不是。露水是布满整个叶子的表面的,而水珠只挂在叶尖或边缘上说明这水珠是从叶子里跑出来的,在植物学上叫作"吐水现象"。

原来在植物叶子的尖端和边缘上有小孔,叫水孔,它与植物体内运送水分的管道相通。植物体内水分过多时,可以通过水孔排出去。平时在空气湿度低、气温高、有风的夜晚,从水孔排出的水分很快就蒸发掉了,因此看不到叶尖和叶缘有水珠积聚起来。但是,如果夜晚没有风、气温和湿度都高的时候,高温使根部吸水旺盛,而湿度过高抑制了水分从气孔中及时蒸发出去,水分只好直接从水孔中流出来,这就是植物为什么也会"出汗"的原因。植物的"吐水现象"说明植物的根系生命活动比较旺盛。如水稻秧苗有"吐水现

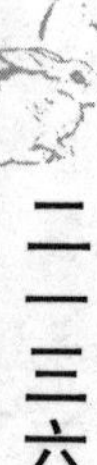

象”时，说明秧苗已经开始回青了。

植物也会运动

一提起运动，人们会自然想到动物的运动。植物并不能像动物那样移动整体位置，但它们的根、茎、叶等器官可以产生位置移动，这就是植物的运动。高等植物的运动主要是由于生长引起的，如根尖的回头、茎尖的回旋，都是由于不同部分生长快慢不同而产生的。由于外界因素如光照、水分、化学物质等的单方向刺激引起植物向着一定方向生长的特性，叫作植物的向性运动。

根据外界因素的不同，向性运动可分为向光性、向地性、向肥性、向水性等。

植物随着光的方向而弯曲的能力，叫作向光性。向光性对植物的生长具有重要意义。由于叶片具有向光性，所以叶片能尽量处于最适宜利用光能的位置。向肥性是由于植物周围某些化学物质分布不均引起的，例如，根总是朝着肥料多的地方生长。向水性是当土壤中水分分布不均时根趋向较湿的地方生长的特性。另外，根总是向地生长，叫向地性；茎总是背着地生长，叫负向地性等。这些都是植物的向性运动。

千年古莲能开花

20 世纪 50 年代，在我国辽宁省挖出了唐朝和宋朝留在泥炭层中的古莲子，它们在地层中已经“沉睡”了 1000 多年了。看着这些保存完好的古莲子，科学家们在想：它们还能像现在的种子那样发芽吗？为了证实这个问题，科学家们将古莲子放在水里浸泡了 20 个月，又用锥子在古莲子的外壳上钻上小孔，放在适宜的条件下培养，古莲子居然发芽了。科学家们又把古莲子种在土壤里，经过几年的精心照料，古莲子奇迹般地开出了粉红色的荷花。

我们知道，植物的种子都是有生命的，有的种子寿命很长，有的种子寿命很短。短命的梭梭树的种子只能存活几个小时，能活 15 年以上的植物种子就算是长命种子了。为什么千年的古莲子的寿命会这么长呢？那是因为它们一直被埋在泥炭土中，地下温度较低、四季变化不大的缘故，再加上它们的外面包着坚硬、密闭的壳，水分和空气都不易进入，种子的呼吸极其缓慢，使种子长期处于休眠状态，所以古莲子的寿命就特别长了。

寿命比较长的种子一般都有休眠的特性，很多植物都有休眠现象。只是各种植物的休眠时间长短是不同的，有的需要几周，有的需要二三年，有的需要更长时间。种子休眠对种子有什么好处呢？

种子休眠是温带植物种子所特有的现象。生长在温带的植物，如果种子在秋季成熟以后就落入土壤，很快萌发，不久冬季到来时岂不会被冻死？那样一来，这种植物就有绝种的危险了。于是，种子产生了适于休眠的特征，如有些植物的种子种皮不透水或透水性弱、有的种子未完全成熟、有的种子胚未完全发育、有的种子外面存在抑制物质。这样，当种子经过一定时间的休眠就会躲过严冬，更好地延续后代。由此可见，有些植物的种子要休眠是植物适应环境的需要。

竹子开花难得一见

竹子是一种多年生的木本植物，它和水稻、小麦、玫瑰、荔枝等都属于绿色开花植物。植物界的多年生木本开花植物生长发育到一定年龄，便开始开花结果，如生长条件适宜，可年年开花。但我们却不常见竹子开花，更见不到年年开花的竹子。这是为什么呢？

植物界的绿色开花植物从种子萌发开始，经过幼苗、成株、开花、结果再到种子成熟，是一个生命周期。在一年内完成生命周期而死亡的，叫一年生植物，如花生、大豆等；跨两个年头完成生命周期的，叫二年生植物，如白菜、小麦等；有些植物能生活多年，一生中可多次开花结果，这类植物叫多年生植物，如香蕉、桃等。竹子虽然是多年生木本植物，

却不年年开花,一生中只开一次花。所以我们不常见竹子开花。

常言道:“桃三、杏四、梨五年,枣树当年就还钱”,说的是这些果树最初开花的年龄。但是对竹子来说,到几年才开花呢?这很难说清楚。竹子在开花前往往出笋较少,叶片枯萎脱落,开花结实后植株就会成片死亡。为什么竹子开花后会成片死去呢?

要想知道这个问题,先要从竹子的开花说起。竹子通常不开花,在气候反常的情况下竹子为了保证自己的种族得以延续,只能以开花结实繁殖生命力强的后代去适应新的环境。竹子在开花结实时需要大量的养分,由于养分的过度消耗,竹叶便会枯黄脱落,植株慢慢死去。

我们平时所说的竹子,是竹的主枝。从表面看,竹与竹之间互不联系,其实在地下它们的茎由竹鞭相连。所以一株竹子开花后往往会引起成片的竹子死亡。

要避免竹子开花,必须要加强管理。平时经常松土、施肥,使竹子长期生长在有利的环境中,而避免开花。如果发现个别竹子开花,及时砍除开花的竹子,并立即松土、施肥,便能控制竹子开花蔓延。

无子果实

不知你注意没有,市场上有一种西瓜,它没有瓜子或只有又小又软的子,所以被称为无子西瓜。这无子的果实是怎样形成的呢?

果实的形成一般与受精有密切关系。多数植物开花后,花粉落在柱头上,通过受精作用而形成种子和果实。但是也有的植物会不经受精而形成不含种子的果实,像这样形成果实的过程,叫作单性结实。单性结实的果实里没有种子,这类果实叫作无子果实。单性结实有自发形成的,例如香蕉、葡萄的某些品种和柑橘、柿子、瓜类等。本来它们的祖先也都是靠种子传宗接代的,由于某种原因,个别植株或枝条发生突变,结成无子果实。人们把这些无子果实的植株或枝条,采用营养繁殖的方法保存下来,形成了无子的

品种。这些植物果实不含种子，品质优良，是园艺上经济价值比较高的优良品种。

另一种情况是必须给以某种刺激才能形成无子果实。例如，用马铃薯的花粉刺激番茄柱头，或者用爬墙虎的花粉刺激葡萄的柱头，都能得到无子果实。在生产上用植物激素处理，也能得到无子果实。近年来常用二四滴、吲哚乙酸等生长素在瓜类、番茄、辣椒上诱导单性结实，取得良好效果。赤霉素也可以诱导单性结实，促使无子果实加大，新疆无子葡萄品种“无核白”就是大量喷施赤霉素的结果。

无子西瓜早在20世纪40年代就已经研究成功、投入生产，到现在已经60多年过去了，在市场上无子西瓜还是很少见。这是什么原因呢?

无子西瓜很少见的原因有两点：一是制种困难。无子西瓜是三倍体西瓜，每年都要发展和保留四倍体的母本和二倍体的父本。每年都要杂交制种，并且从制种到生产的过程比较复杂，一定要两年作为一个周期。第一年制种，第二年生产，第二年同时再制种，第三年生产。另外四倍体西瓜又是一种少子西瓜，二倍体西瓜单瓜常有种子300~500粒，而四倍体西瓜单瓜一般只有30~50粒。二是三倍体种子的胚通常发育不好，发芽率和成苗率低，幼苗生长慢、管理困难，结出的无子西瓜往往个头小且产量低，并且有时会出现皮厚、空心、棱形等缺点。因此愿意种无子西瓜的人不太多，所以无子西瓜在市场上很少见。

庄稼一枝花，全靠肥当家

“庄稼一枝花，全靠肥当家”，“种地不上粪，等于瞎胡混”，这些农谚都是千百年来人们通过农业生产的实践总结出来的肥料在农作物生长中的重要作用。也就是说，在其他条件都具备的情况下，没有足够的肥料，庄稼也不会生长得好、获得好收成。这是为什么呢? 这主要是因为肥料中含有农作物生长发育所需的各种无机盐(如氮、磷、钾等)。氮能促进细胞的生长和分裂，使枝叶长得茂盛；磷能促进幼苗的生长发育和花的开放，使果

实和种子提早成熟;钾能促进淀粉的形成和运输,使植物茎秆粗壮。

许多研究证明,施肥可增大光合作用面积,提高光合性能,延长光合作用时间,有利于光合作用产物的分配和利用等等。肥料使作物增产的实质在于增强和改善光合作用的性能,通过光合作用制造和形成更多的有机物,从而获得增产。相反,如肥料不足会使作物体内有机营养状况恶化,生长发育不良,所以才有“庄稼一枝花,全靠肥当家”的说法。

肥料对植物的生命活动起着重要作用,施肥可以提高产量。但是施肥是一门学问,施肥要做到适时适量,合理施肥。如果一次施肥过多过浓,就会引起“烧苗”,轻者伤害部分根、茎、叶,重者造成植物死亡。

在一般情况下,肥料都要溶解在水中,再由植物根部吸收。通常植物根部细胞内的细胞液的浓度大于土壤溶液的浓度,根细胞就可以从土壤溶液中吸收水分和养分。根细胞液的浓度越大,吸收水分和养分的力量越强。相反,如果给植物施肥过量,溶解在水中的肥料含量过高,就会使土壤溶液的浓度大大提高,大于根部细胞液的浓度。这时,根部不仅吸收不到水分和养分,反而会使根部细胞内的水分渗出来,流向土壤。此时,植物地上部分的(茎、叶等)蒸腾作用仍然进行,造成水分收支不平衡,就会导致植物萎蔫、干枯甚至死亡。这就是施肥过多造成“烧苗”的原因。

给庄稼施肥还要合理。不同的作物对各类肥料的需要量是不同的。例如,白菜、芹菜等以生产叶为主的作物,要多施氮肥;小麦、番茄等以生产果实和种子为主的作物,要多施磷肥以利种子饱满;马铃薯、甘薯等以生产地下块根和块茎为主的作物,要多施钾肥以促进淀粉的积累。同一种作物在不同的生长发育时期,对各类肥料的需要量也不相同。苗期需要氮肥较多,中后期需要磷、钾肥较多。所以,农业生产中要根据作物种类的不同和不同的生长发育时期,来施用不同种类和不同数量的肥料。做到合理施肥,才能达到高产的目的。

试管植物

在科学技术高速发展的今天,世界上不仅成功地培养出了“试管婴儿”,同时也培养出了“试管植物”。

“试管植物”就是用离体的植物细胞、组织或器官在玻璃试管里培养出的植物。“试管植物”依据的理论是植物细胞的全能性,即植物体的每个细胞在一定的条件下都能发育成一个完整的植物体。“试管植物”依靠的技术是组织培养,就是利用从植物体上取下来的组织、器官或单个细胞,在无菌条件下,培养在人工配制的营养物质(培养基)上,使它发育成一个新的植株。这种技术除了具有一般营养繁殖的优点外,还可以避免细菌、病毒的危害,能够进行工厂化生产,在短时间内能繁殖出大量的植物或培养出植物新品种。20 世纪 60 年代,科学家们利用胡萝卜根的细胞在玻璃试管里培育出了胡萝卜植株,接着成功地用兰花茎尖细胞在试管里也培育出植株。70 年代以来,我国的组织培养研究工作取得了很大成就,不仅首先培育出了小麦、玉米和杨树的花粉植株,而且培育出了“花培一号”小麦、“单育一号”烟草等优良品种。90 年代中期,我国广西壮族自治区用甘蔗嫩叶细胞成功地获得了大批“试管甘蔗”幼苗。除此之外,还从马铃薯茎尖培育出无病毒植株,得到了无病毒种薯。

“试管植物”的诞生,为人们获得优良品种和植物商品苗的工厂化生产奠定了基础。例如,新加坡有一家专门培养兰花的公司,用组织培养技术已经培育出 150 多个兰花新品种,每年纯利润达数百万美元。目前,我国已经建成了葡萄、苹果、香蕉、柑橘、草莓和唐菖蒲等试管苗生产线数十条,其中香蕉试管苗生产线已形成 500 万株以上的生产能力。河北省的一些科研单位培育出了大量的试管树苗,为营造我国 13 个省区的“三北”防护林带做出了贡献。

植物工厂

随着农业的不断发展、科学技术的不断进步、城市的不断扩大、可耕地面积的不断缩小,发展现代化的植物工厂已成为进一步发展农业的必经之路。

传统的农业在很大程度上受着自然条件的制约,有时不得不靠自然的恩赐。可有的自然条件如光照、温度、湿度等,根本就不能进行人为的控制。而在植物工厂中情况就不一样了。植物工厂可以给植物提供生长发育所必需的条件,使植物不受季节和环境的限制,一年四季都可以生长,而且可以进行立体栽培,充分利用空间,自上而下地生产蔬菜、水果、花卉等等。

植物工厂改变了传统的耕作方法,不用土壤,而是进行无土栽培——用溶液培养植物,可最大限度地满足植物对养分、水分的要求;同时采用现代化装置,对光照、温度、湿度等进行自动控制,满足植物生长发育的需要。植物在工厂里靠吸收营养液生长,这种方法也叫水培法,可以克服中耕、除草、病虫害防治等土壤栽培的限制因素,省时省力又卫生,其产品真正是洁净无污染的绿色食品。

实践证明,植物工厂里生产的水稻、小麦、大豆、甜菜、辣椒、番茄、黄瓜、水果和花卉等,其产量都比土壤栽培的产量高,而且产量稳定、品质好。

第十五章　植物之谜

人形何首乌之谜

何首乌外形奇特，在中草药家族中应该算是最像人形的了。

1985 年 5 月，在湖南省新化县，有人挖到两株外形酷似一对童男童女的人形何首乌块根，这对“金童玉女”身高均为 20 厘米，体重都是 400 克。当地人传说这是千年难得一见的“何首乌精”，吃了可以成仙的。就像《八仙过海》中的传说，张果老就是吃了一种类似人形的药成仙的，这种药应该就是何首乌了。

何首乌

1993 年 8 月，在福建省寿宁县，也有人挖出来一对外形极似人类“夫妻”的何首乌块根，它们的五官、四肢及性别都很清晰分明，“男性”何首乌高为 18 厘米，“女性”何首乌高为 17 厘米。人们见了这对何首乌都觉得非常奇怪，因为它们“身上”都长着不少像小绒毛的细根，有点类似人类的汗毛。

2009 年 10 月，在四川省南充阆中市江南镇大坝村，一个 63 岁的种田老农也挖出了一株酷似男婴的人形何首乌，这个“婴儿”高约 62 厘米，重 5.8 千克。更加令人惊奇的是，这个“婴儿”突出的颧骨和高鼻深目与我国广汉出土的“三星堆人”极为相似。

何首乌因其与人类相似的外形而在民间产生了诸多的传说，不过这些传说基本上都没什么科学依据。但是,为什么很多何首乌的外形会长得那么像人,并且多是“男女”一对呢？这是科学家们所面临的一个实实在在的、严肃的问题。

这个“千古之谜”如果简单地用“巧合”的说法来解释,实在难以令人信服,还有待科学家们从更深的层次加以研究、探索。

“人参精”之谜

在我国民间流传着很多关于“人参精”的故事。

相传,在古时候,有一位非常忠厚善良的老者。他向来乐善好施,并且常年吃斋、从不杀生。一天,一个颇具仙风道骨、鹤发童颜的道人从他门前经过,老者连忙将其请进家中,与其交谈,发现道人谈吐不凡,话语多有玄妙之处,便更为尊敬他了。以后每当道人路过,老者都会将他请到家中,像贵宾一样礼遇对待。

一天,道人邀请老者去山中他的家做客,老者去了之后发现还有三位宾客,并且都和道人一样鹤发童颜。席间,道人端出一个托盘,上面放着一个白白胖胖的娃娃,邀请大家品尝。老者吓坏了,心想:这些人居然吃小孩,绝不是什么善良之辈,我得赶快逃回家。

饭后,道人发现了老者的不对劲,问罢缘由,不禁哈哈大笑,对老者说:“其实刚才那娃娃是千年人参精,吃了可以成仙的。”老者听完,后悔万分,不过为时已晚。

虽然说神话传说中的很多东西都能吸收日月精华,并且具有灵气,人吃了可以成仙、长生不老等,但传说终归是传说。不过人参确实也有些像人的模样,例如,人参的皮为淡黄色,与人类皮肤的颜色类似;人参主根有许多分叉,叫作侧根,这些侧根就有点类似于人类的“手”“脚”。如此看来,“人参精”的说法也不是没有根据的。

“相思草”起源之谜

“相思草”的名字听起来有着非常优美的意境，那么，它的起源究竟如何呢？

公元1492年，哥伦布发现了美洲大陆。在那里的一些小岛上，他发现一个奇特的现象：当地的印第安人嘴里随时都叼着一种叶子，似乎一刻都离不开。他觉得十分奇怪，经过了解才知道那是一种一旦吸食就再也离不开且还能引起人兴奋的植物，当地人称之为“灵草”。由于一时吸不到它都会难受，故称作“相思草”。

这种相思草其实也就是我们今天的烟草。现在人们都知道吸烟之所以上瘾是因为烟草中含有一种特殊的植物碱，即尼古丁。吸烟有害身体健康，其凶手便是尼古丁，它能引起吸食者一定时间的精神兴奋，如果经常吸食就会很容易上瘾。一旦上瘾，吸食者就再也离不开烟草了，就像人如果不吃饭就会感到饥饿一样，因此，也有人将吸烟上瘾称为“尼古丁饥饿”。

虽然也有人对尼古丁起源于美洲的说法有异议，但现在越来越多的事实证明这种说法的正确性。考古学家在墨西哥的奇阿帕斯州发现一座建于公元432年的庙宇。庙宇内有一座玛雅人举行宗教仪式的浮雕，浮雕上的人正在吸食烟草。之后，一个古代印第安人居住的洞穴在美国的亚利桑那州北部被人们发现。该洞穴大约是公元650年前后挖掘的，洞里遗留有烟斗、烟叶和吸剩下的烟灰。人们还在墨西哥的马德雷山中发现了一个位于海拔1200米处的山洞，考古学家在那里找到了一个塞有烟叶的土制烟斗。放射性同位素测量表明，烟斗的年龄超过了700岁！

奇怪的侵略者——松茸

很少有人会对松茸感兴趣，它在植物王国中一直默默地自生自灭，十分不起眼。然而就是这样一个毫不起眼的成员，有一次却摇身一变成了一个蛮横的侵略者，强行侵占了别人的住宅，相当令人费解。

在1964年圣诞节前夕，英国的瑞依一家正在兴高采烈地准备出门旅行度过圣诞假期，为了避免旅行归来过于劳累，瑞依太太决定在出门前就将房间打扫干净。

松茸

当充满乐趣的假期结束后，瑞依一家高高兴兴地返回家中。一推开门走近屋里，他们发现了一个十分奇怪的情形，满屋都长满了松茸。地板、墙壁、天花板，到处都是它们的身影。不过幸好这些松茸长得还并不十分牢固，只要用手指轻轻一碰，松茸便会从它依附的地方掉下来。于是一家人不得不带着疲惫的身体，开始清除这些松茸。

瑞依太太用肥皂水将屋子里里外外又重新打扫了一遍，直到屋子像出门前一样干净。一直过了好几天也没有再见到松茸的影子，瑞依一家便将这件事渐渐淡忘了。一周后，一件更奇怪的事情发生了。

这天，瑞依太太抱着从菜市场买的蔬菜回到家中，刚打开房门，她就被屋子里的情形惊呆了，手里的蔬菜掉了一地。只见屋里又满满地被松茸覆盖了。不只家具、地板、墙壁被盖得严严实实，就连小孩的玩具、墙上的镜子都布满了它的足迹。这些松茸比上一次出现的更多，而且长得也更加牢固。

如此看来，这些松茸的出现并不是偶然的事件了。瑞依一家决定调查清楚这些怪松茸为什么会侵占房屋。于是他们请来了著名的植物学专家来进行调查，但令人费解的是，科学家们对松茸进行了彻底的研究之后发现，这些松茸和普通的松茸一样都是无毒

的菌类植物，并没有任何区别。科学家们只好在清除了这些松茸之后，又在屋子的各个角落喷上了药剂，以防止它们再生。为了达到彻底消灭这些侵略者的目的，还用高温装置将屋子从头到尾彻底进行了一次消毒。

瑞依一家在科学家们的一再保证下又住进了自己的房间，刚开始，松茸也确实没有再出现过，似乎这一次松茸真的绝迹了。正在大家都松了一口气的时候，这些松茸却又卷土重来了。

两个星期后的一天，当瑞依一家外出归来时，又亲眼看见了松茸在极短的时间内侵占了所有的地方，包括书本、纸张、衣服和吃饭用的餐具，其蔓延的速度之快令人咋舌。无奈，瑞依一家只好沮丧地搬离了这座怪宅，这次他们真是彻底败给了这些奇怪的侵略者了。当然，也再没有其他的住户敢搬进来。

为了研究这些奇怪的松茸，科学家们把这里当成研究室搬了进去。可直到连科学家们身上所穿的衣服也成了松茸的殖民地时，也没能找出原因，他们更是用尽了所有的办法都无法彻底消除这些侵略者，只好落荒而逃。

令人不解的是，这些奇怪的松茸只在这间房屋中生长，决不蔓延到邻近的房间。直到现在，松茸为什么会侵占人们的房间仍然是一个未解之谜，有待于进一步研究和探索。

奇特的年轮

人们所熟知的年轮，是树木的年龄。一般在气候呈显著季节性变化的地区，多年生木本植物茎内的次生木质部内，每年都要形成一个界限分明的轮纹，叫年轮，也叫生长轮或生长层。从树墩上可以清楚地看到这些同心轮纹。年轮是如何形成的呢？在树皮和树干之间，有一层能不停地由内向外分裂出新细胞的木质部分，通常在春季及夏初生长期形成的细胞，比夏末秋初形成的细胞大得多，所以木质部色浅而宽厚。而夏末秋初生的细胞较小或根本不生长，所以木质部的颜色深而窄。这样就形成了深深浅浅的年轮。

年轮一般一年一轮，如果想知道一棵树的年龄，查查有多少圈年轮就知道了。

年轮的用途

年轮有许多用途，人们不仅可以通过年轮了解到树木的年龄，甚至还能通过检查树木年轮的类型而知道当地过去的气象情况。年轮可以记录如气候状况、地震或火山喷发等大自然的变化状况。1899 年 9 月，美国阿拉斯加的冰角地区曾发生过两次大地震。科学家通过对附近树木年轮的分析研究，发现这一年树木的年轮较宽，说明树木这一年的生长速度较快。科学家们认为这其中的内在联系是地震改善了树木的生长环境。

一些科学家的研究成果表明，年轮还可以提供该地区过去年代火山爆发的记录。经观察，科学家们发现，在树木的生长期，如果连续有两个夜晚的气温降到-5℃，那么树干年轮上就会有一圈细胞被冻坏。而这种寒冷气候常常与火山爆发有关，因为火山爆发把尘埃和其他一些物质喷入大气层，遮住阳光，并在那里停留 2~3 年之久，使地球的温度降低。

专家们还发现，针叶松上古老年轮记录的时间与历史上一些著名火山爆发的日期十分吻合。公元前 44 年，意大利埃得纳火山爆发，烟云经过两年左右才能到达美洲大陆，这与古树在公元前 42 年形成的年轮十分吻合。历史学家还曾为桑托林火山爆发的时间争论不休，但古松树的年轮证明，这次火山爆发在公元前 1628 至前 1626 年之间。

现在，人们只需利用一种专用的钻具，从树皮直钻入树心，然后取出一块薄片，上面就有全部年轮，科学家们由此便可以计算出树木的年龄，了解到气候的变化，以及是否发生过地震或是否有过火山爆发等信息。

阿司匹林树

在非洲卢旺达的原始森林里，有一种常绿的神奇柳树，之所以说它神奇，是因为当地

的土著居民如果感冒发烧了，只要从这种树上摘下几片叶子，放在嘴里咀嚼，就能退烧。头痛时，用捣烂的树皮敷在前额，就能解除痛苦。正因为它有如此好的疗效，所以印第安人称它为“神奇之树”。在一些印第安人的部落中，这种取树叶医病的习惯一直延续至今，可是这种树为什么能治病？在很长的一段时间里，人们都无法解释。

1975 年，在一次偶然的机会中，美国哈佛大学植物生理学家克莱兰发现了神奇树木治病的秘密。这种树的树皮中含有阿司匹林。因此，人们称这种柳树为“阿司匹林树”。柳树是一种普通的植物，它不像人类一样会头痛发热，为什么体内会含有这种物质呢？

根据阿司匹林有止痛消炎的作用，克莱兰首次提出阿司匹林是柳树的天然防护剂，当然它不是用来防治头痛发热的，而是用来防止病毒侵害的。这一观点引起了学者们的极大兴趣，他们纷纷对其进行研究。三年后，美国哈福德郡植物实验站的一名学者证实了克莱兰的观点是正确的。他做了一个实验，给患有花叶病的烟草注射阿司匹林，注射以后发现，小虫相继死亡，病症得到了控制。

不过后来，医学工作者们发现，阿司匹林对人体的镇痛解热功能是间接的，其实它是人体内一种非常重要的激素，真正的作用是促使人体分泌更多的前列腺素，从而调节人体的生理功能。也有一些学者认为，阿司匹林是柳树的一种有刺激性的化学武器。它可以迫使柳树旁边的其他植物根系把已经吸收的根部养料和水分渗到土壤里，然后柳树就像“恶霸”一样独吞这些养料和水分。这些学者认为这也是柳树生命力顽强的原因之一。

无论阿司匹林是作为植物的天然防护剂、生长激素，还是化学武器，目前都不能完全解释柳树产阿司匹林的原因，有待科学家对其做进一步研究。

神奇的地下兰花

绝大多数兰花长在地面上，但是，你相信吗？世界上还有长在地面下的兰花。

1928 年，一个风和日丽的日子，年轻的澳洲农民特洛特在干活时发现地下有一道奇怪的裂缝，于是他蹲下来仔细查看，竟闻到一阵淡淡的清香，他小心翼翼地刮去薄薄的表土，赫然发现地下长着一朵直径1厘米多的小花——兰花。就这样，这位农民发现了兰花的又一个新品种——伽德纳根兰花。

根兰花长年累月在黑暗的地下生长，习性非常奇特。根兰花的名字源于两个希腊字，意思就是“根”和“花”。根兰花也确实貌如其名，长有一条长约7厘米的蜡质白根，根上长着白色的花瓣，里面包着一小束呈螺旋状排列的紫红色小花。

这种貌不惊人的小花如何能够安然无恙地在地下这种极端的环境中生长呢？我们知道，植物要生存下去，就必须吸收阳光进行光合作用以产生维持生存所必需的养料。根兰花与这些传统的地面植物不同的是，它可以不必进行光合作用，而是通过一种真菌从腐烂的蜜桃金娘里吸取它所需要的养料，根兰花维持整个生存所必需的养料就全部靠这种金雀花属灌木——蜜桃金娘植株的残株提供。植物学家们相信，没有这种真菌，根兰花是无法生存的。

根兰花每年5、6月间开花，人们很难发现它的踪迹，因为它从来不探头到地面，唯一可寻的线索便是花朵上的泥土微微拱起，露出一道道细小的裂缝，散发出淡淡的幽香。

固定不变的开花时间

相信很多人都听过这样一首根据植物不同花期而编成的歌谣：

一月蜡梅凌寒开，二月红梅香雪海。

三月迎春报春来，四月牡丹又吐艳。

五月芍药大又圆，六月栀子香又白。

七月荷花满池开，八月凤仙染指盖。

九月桂花吐芬芳，十月芙蓉千百态。

十一月菊花放异彩，十二月品红顶寒来。

大自然的花草植物都有自己固定的花期。如果我们要欣赏某种花卉，就必须在其开放的时节去看，否则就只能看到花的飘零。这是由于在一年中，植物进入花期的月份是大致不变的。但为什么各种植物都有自己特定的开花时间，而且固定不变呢？

科学家们经过对植物细胞、分子水平的研究发现，这种现象是由植物的遗传基因控制的，植物在长期的自然选择作用下，为了自身的生存，会主动选择最适合自己的生长时间。而且这种习性可以代代相传，并最终形成固定的开花时间。

如在海滨的沙滩上，生活着一种黄棕色硅藻，每当潮水到来之前，它就悄悄地钻进沙底，以免被猛烈的海潮卷走；当潮水退去时，它又立刻钻了出来，沐浴在阳光下，进行光合作用。如果把硅藻装入玻璃缸里拿回家观察，就会发现：即使已没有潮汐的涨落，可它仍然像生活在海滩上一样，每天周期性地上升和下潜，其时间与海水的涨落时间完全一致。

“短命”的鲜花

所谓“如花美眷，似水流年”，古人常常借花开短暂来感叹人生和青春的短暂。在自然界里，有千年的古树，却没有百日的鲜花，这是为什么呢？花儿都比较娇嫩、受不了烈日的曝晒，也经不起风吹雨打，因此，花的寿命都是比较短暂的。例如，玉兰、唐菖蒲等能开上几天；蒲公英从上午 7 时开到下午 5 时左右；牵牛花从上午 4 时开到 10 时；昙花晚上 8~9 点钟开花，只开 3~4 个小时就凋谢了。

如果认为昙花是寿命最短的花，那你就错了。有一种产于南美洲亚马孙河的王莲花，只在清晨的时候开 30 分钟就凋谢了。小麦的花寿命更为短暂，只开 5~30 分钟就凋谢了。

一般来说，短命的植物大多生长在寒冷的高原上或干旱的沙漠中，为了适应严酷、恶劣的自然环境，经过长期的自然选择，“锻炼”出了能够迅速生长和迅速开花结果的本领，这是其对生长环境的巧妙适应。

在严寒的帕米尔高原上，生长着一种叫罗合带的植物。帕米尔高原的夏季十分短暂，每年6月份，大地刚刚回暖，植物就开始生长发芽，为了赶在寒冷季节到来之前完成开花结实的任务，不得不在很短的时间内匆忙地完成整个生命过程，长此以往，便形成了固定的习性。

沙漠里生长着一种典型的短命植物——黄草，它从发芽、生长到死亡，走完整个生命旅程仅需一个月左右的时间。还有一种生长在沙漠里的"短命菊"，完成生长、开花直至死亡的整个生命历程也仅仅需要一个月左右的时间，生命周期真是太短促了。

雪莲能在冰雪中开放的原因

大多数植物都喜欢温暖湿润的生长环境，但在海拔4500米以上白雪皑皑的青藏高原上，气候条件十分恶劣，寒风呼啸，异常寒冷，由于海拔较高，光照强烈，岩石风化得快，土壤质地十分粗糙。在如此恶劣的自然环境下，一般植物是很难成活的。却有这样一种植物，不论冰雪如何肆虐，寒风多么凛冽，土壤多么贫瘠，都能生长繁衍，并绽放出鲜艳的花朵，它就是雪莲。

雪莲

雪莲有着自身特殊的结构，这也是它能生长在寒冷贫瘠的雪山上的原因。

雪莲是多年生草本植物，根状茎较粗，呈黑褐色，基部残存多数棕褐色枯叶柄纤维，叶片密集。整个植株犹如一个莲座紧贴在地面上。这种形态非常适合时常发生狂风暴雪的雪山环境，任凭风吹雪打，身体毫不动摇。

雪莲的全身覆盖着一层丝一般的白色绒毛。这使雪莲看上去像是穿了一件能挡风御寒的"皮大衣"，"皮大衣"将茎叶和花序包得严严实实的，这给雪莲以很大的保护，使

雪莲能在气温常在零下几十度的雪山免遭冻死。不仅如此，这些密绒毛还有防止雪莲体内水分散失的功能。如果没有这层绒毛，雪莲花体内的水分很快就会被雪山上无止无息的狂风吹干。由于绒毛的存在，再加上叶片又厚又硬，就使得水分散失得很少，能够进行正常的生理活动；绒毛还能够反射掉一部分强烈的辐射光，从而保护雪莲花不受伤害。

雪莲花的根也十分特别，长得粗壮坚韧，穿行于石缝和粗质的土壤之中，既能吸收足够的水分和养分，又不会被滑动的石块砸伤。

青藏高原上的人们特别喜欢雪莲，把它看作战胜困难的象征。雪莲花不怕严寒，不畏强光，不嫌贫瘠，世世代代生活在人迹罕至的雪山上的坚韧品质，是雪山的骄傲。

不仅如此，雪莲还是珍奇名贵的中草药，特别是天山雪莲，古往今来一直是人们极喜爱的滋补佳品。雪莲整个植株都可入药，外用内服均可，具有活血通络、散寒除湿等功效，可治一切寒症。还能治疗肺寒咳嗽、麻疹不透、外伤出血、强筋舒络、腰膝酸软等病症，是延年益寿之佳品。

菊花不凋的原因

菊花是中国人极喜爱的花卉之一，在我国古代神话传说中，菊花被赋予了吉祥、长寿的含义。中国历代诗人、画家都对菊花情有独钟，给人们留下了许多关于菊花的名谱佳作。

如果你仔细观察就会发现，菊花似乎永远不会凋落。它不像古人所说的“花开自有花落时”，菊花是“宁可抱香枝上老，不随黄叶舞秋风”。但是为什么菊花枯萎后，花瓣不会凋落呢？

菊花是多年生菊科草本植物，其实通常我们所看到的菊花并不只是一朵花，而是由许许多多形状和大小各异的花序组成的一个“小花篮”，称为“头状花序”。

花序中心的管状花具备完全的雄雌蕊。菊花花瓣之所以能保留较长时间不飘落，最后仅是萎蔫或呈干枯状态留在枝头，就是由于具有舌状花花瓣，这种花是单性的雌性花，不会受精发育，因而它不会发生细胞分裂而形成离层区，从而使菊花能长时间保持原状。

绿衣红裳

绿衣红裳花瓣的最前端为黄绿色，中间为白色，尾端为红色，这三种花色堪称菊花中最为经典的组合，故名“绿衣红裳”。绿衣红裳为中型花，花朵的直径为13~15厘米。

绿衣红裳花瓣上有深浅不一的条沟，花瓣的前端稍尖，属平瓣芍药型。瓣面的红色呈晕染色状，根部的红色较深，向梢部过渡逐渐变淡。花瓣的前端边缘呈白色玉边状，背尖为黄绿色。外围花瓣多数呈钩曲状，叶不大，长形，边缘有尖圆形的锯齿。花朵盛开时多数不露花心。

慈禧的“菊癖”

史料记载，慈禧太后对菊花十分喜爱，甚至到了视菊如命的地步，当时人们皆称她有“菊癖”。她能够在菊花尚是小苗的时候就能识别出花形、花色。绿菊是她尤其喜欢的一个菊种。1894年，慈禧为准备六十诞辰在万寿寺拜佛祈祷时，见紫竹院南岸岗阜景色荒秃，便下令依山势栽植各色秋菊，由于旧时将菊花称为九华，后来这座山便改称“九华山”。

生命力顽强的蔓草

要说生命力最为顽强的草，非蔓草莫属了。蔓草是一种十分奇异的植物，即使用上千度的高温加以灼烧，它也能“面不改色”。

1966年，在古巴的甘得纳山地区，这里种植了许多杉木，由看守森林的罗斯负责管理这些树木，罗斯看着这些茁壮成长的树木，心里十分自豪。

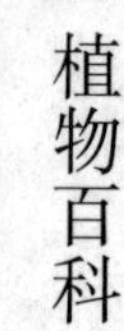

让罗斯倍感意外的是,没过多久,林中的杉树开始接连枯萎,病情呈扩大趋势,怎么也查不出原因。罗斯马上请来森林学塞坎豪斯教授对这些杉树生病的原因进行研究。

罗斯带领坎豪斯教授来到枯死的杉木旁,对杉树立进行了仔细的现场勘察,结果并没有发现这些杉木有受害虫侵害或人为破坏的痕迹。

坎豪斯教授只好采下杉木和一些土壤的标本,将其带回实验室进行研究。经研究之后,他发现这些杉木是在短时间内缺乏水分干枯而死的。但是奇怪的是,甘得纳林区还算是比较湿润的,植物应该不至于在短时间内就枯死啊?带着这个疑问,教授决定再去林中调查一番。

再次返回杉木林中,坎豪斯教授这才发现林中又有相当一部分树木枯死了,在对所有枯死的树木进行仔细地观察之后,教授发现这些枯死的树干上都缠满了一种长着三角形叶片的蔓草,这些蔓草的叶片表面光滑、油亮。

教授觉得不可思议,难道是这些蔓草致使杉树枯死的?为了查明究竟,他将蔓草摘下来同其他标本一起放入袋子里带回实验室。经过实验,教授发现这种蔓草非常耐热,甚至可以经受上千度的高温却依然完好无损,十分奇特。而且蔓草本身似乎能释放出很高的温度,如果把水滴在蔓草上,水分在极短的时间内便会蒸发掉。

杉木枯死的原因终于找到了,但是却并不能改变杉木林灭绝的命运。因为这种蔓草的生命力十分顽强,不论是使用拔除还是放火烧等各种方法均不能将其彻底根除。最后只好眼睁睁地看着整片杉木林毁于蔓草之手,变成一片枯林。

植物“出汗”之谜

夏天酷热难耐的时候,人的身上会出汗,那是因为人体在进行正常的新陈代谢。但是如果说植物也会出汗,是不是很神奇呢?很多植物也会在夏天“出汗”。夏天的清晨,如果到野外去走走,就会发现水稻、黄瓜等很多植物叶子的尖端或边缘,会有一滴滴的水珠掉下来，好像植物在“出汗”一样。可能很多人会说，这是露水吧！

露水是怎样形成的呢？空气中的水蒸气遇冷凝结在悬浮的固体颗粒上，随着凝结水分的增加，固体颗粒被小水珠包围，降落到花草上面，从而形成晶莹的露珠。仔细观察就会发现，这些植物叶子尖端冒出来的亮晶晶的水珠掉落下来后，叶尖又会慢慢冒出小水珠，渐渐变大，最后掉落下来。如此反复，一滴一滴地接连不断，显然这并不是露水，因为露水应该布满叶面，而不是从叶尖冒出来。这些水滴是从植物体内流出来的“汗水”。

植物在夏天怎么也会“出汗”呢？原来，在植物叶片的尖端或边缘有一种叫作“水孔”的小孔，和植物体内运输水分和无机盐的导管相通，植物体内的水分可以不断地通过导管从水孔排出体外。当外界温度高、气候比较干燥时，从水孔排出的水就会很快蒸发散失掉，因此我们看不到叶尖上有冒水珠的现象；如果外界温度很高、湿度又大时，就会抑制水分从气孔蒸发出去，这时，水分只好从水孔中流出来，于是便出现了植物的“出汗”现象。在植物生理学上，这种“出汗”现象叫作“吐水现象”。稻、麦、玉米等禾谷类植物中经常会发生这种现象。

吐水不仅能将植物体内多余的水分排出体外，有利于保持其体内水分的供求平衡，对植物的生长十分有利，并且吐水也是植物在夜间取得营养的重要途径。

特殊的“证人”

在人们的印象中，植物只能供人观赏和满足人们各种各样的需求。但近年来，植物学家们通过现代科技研究发现植物也有血型、自卫能力等，由此植物产生了一个新的功能：作证。他们发现一个十分奇特的现象：每当有凶杀案件发生在植物附近，植物就会产生一种反应，记录下凶杀的全部过程，成为一个不为人们所注意的现场“目击者”。这是美国纽约一位精通植物“语言”的植物学家柏克斯德博士多年研究的结果。

为了得出更加科学的结论，柏克斯德博士曾利用仙人掌进行过多次试验。他组织了

几个人在一盆仙人掌前进行搏斗，结果接在仙人掌上的电流将仙人掌在整个搏斗过程中的反应给记录了下来，转化成电波曲线图，柏克斯德博士通过对电波曲线的分析，就可以了解整个打斗的过程。

在开花季节，植物花朵会释放出大量花粉，花粉外壳由孢粉素构成，花粉粒的外壁十分坚固，不仅能抗酸、抗碱，还能耐高温、高压，抵抗微生物的分解，并且能在自然界长期保存。成熟后，这些花粉借助于风的吹送，或借助于昆虫的携带而四处飘零，如果有人在此时进行犯罪活动，会在不知不觉中将花粉黏附在自己的身体或衣服上。对这些花粉进行鉴定，结果会显示出其活动的空间地域，为缩小和圈定侦查范围提供了依据。

在侦破移尸灭迹的犯罪案件中，第一现场非常重要。在维也纳曾经发生过这样一个案件：一个人在沿多瑙河旅行时失踪了，当地警方用尽了各种方法都没有找到尸体。只是抓捕到了一名嫌疑犯，但此人无论如何都不承认自己与此事有关。警方无法从他口中得到任何线索，此时恰逢花朵开放、花粉成熟四处传播的季节，有人想到会不会在这上面留下线索。于是请来了当地著名的花粉研究专家，他通过对嫌疑犯鞋上的泥土进行分析，发现了一种产于维也纳南部的松树花粉。最终，警方通过这个线索，击溃了他的心理防线，迫使他供出了尸体藏于多瑙河附近一片荒僻的沼泽地区。

长翅膀的植物

一般来说，植物是靠种子繁衍后代的。如果注意观察，你就会发现有些植物在很多地方都有分布，甚至在全国各地均可觅其芳踪。为什么同一种植物的后代能如此繁荣昌盛，遍布各个地域呢？

原来，许多植物的果实也长有翅膀，这些翅膀或翅膜有的是针芒，有的是羽毛或绒毛。这些飞行装备可以将植物的果实、种子随风运送到很远的地方，使植物在任何地方都可以安家落户。如榆树和枫杨树一般是在初夏开花、秋天结实。枫树、杨树的果实上

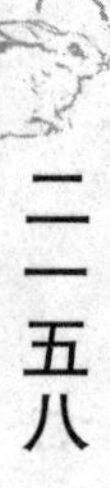

一左一右长着两只“翅膀”，只要一刮风，它们就可以像小鸟一样飞上天空。由于这些种子一般都较轻，所以飞起来相当轻松。

这些种子有的能飞到很远的地方。科学家经过专门的观察、研究发现，有很多果实或种子上都长有翅膀，种子重量越轻就能飞得越远。桦树的翅果能飞到 1 千米以外的地方，而云杉的种子由于其长着酷似帆船的翅膀，能飘到 10 千米以外。这些果实或种子翅膀的形态各异，如白蜡树和槭树的种子好似长翼的歼击机一样，翅状突起；百合和郁金香的种子由于其本身呈薄片状，在风里能像滑翔机一样滑翔；蒲公英的种子则像一顶降落伞，风把它头上的一圈冠毛托得高高的，瘦果垂在下面；而生长在草原上的一种植物跟蒲公英类似，果实上长着羽毛，能被风吹到很远的地方，风一停，就像降落伞一样竖直落地。有些种子的分量甚至轻到根本就感觉不出来，如每粒只有十万分之三克的梅花草种子；每粒只有五十万分之一克的天鹅绒种子，微风一吹，它们就能飞到很远很远的地方。

“物竞天择，适者生存”，达尔文的进化论观点在这些植物的身上也体现得淋漓尽致。许多植物为了繁衍后代，生生不息，经过长期的自然选择，果实或种子都长有翅膀，成为名副其实的“飞将军”，从而获得了更多的生存机会。

植物的“眼睛”

眼睛是心灵的窗户，正是因为有了眼睛，我们才能看到这个丰富多彩的世界。人类和动物都有眼睛，如果说植物也有眼睛，似乎很难让人相信，但越来越多的事实证明，植物也有眼睛，并能看见东西。

如果大家细心观察就不难发现：藤本植物的卷须总是朝离自己最近的支撑物伸展，一旦接触到支撑物，它们就会紧紧地缠住不放，如果这个支撑物被移走了，它们就会改变方向，寻找另一个离自己最近的支撑物。试想，如果植物没有眼睛，怎么会主动朝离它们最近的支撑物伸展呢？而且又怎么会知道这个支撑物被移走，从而主动改变

前进方向呢？是不是它们的身体里也藏着一双眼睛？

最近，科学家通过对植物叶子的研究证实，植物确实有自己独特的“眼睛”。他们发现，在植物叶子内有一个与视网膜相类似的物质——感光器，事实上，这就是植物的“眼睛”。它能吸收阳光中决定叶子移动方向的蓝色光线，植物会随着这种蓝色光线的转移而改变自己前进的方向。因此，植物的“眼睛”不是看向大地，而是总望着太阳。

不久前，科学家对阿拉伯芥进行反复研究后发现，这种植物有三种感光器：光敏素、向光素和隐花色素。通过光敏素，植物能感觉到邻近植物的存在及其颜色；向光素能控制植物对蓝光的反应，以此来控制叶子表面微小气孔的开合；隐花色素则有调节控制茎的生长、开花、结实的重要作用。绝大多数植物都有这三种感光器，说明植物不但有眼，而且有三只“眼睛”，用来观看多彩的世界，以促进自己更好地生长。

植物通过“眼睛”来调整茎叶的生长方向，这种与动物生存类似的本领，实在令人惊叹不已。

植物指示矿藏之谜

1934 年，捷克斯洛伐克的两位科学家在研究一种种植玉米的化学成分时发现，玉米被烧成灰后，每吨灰中居然含有 10 克黄金，根据这个发现，他们推测这片玉米地很可能埋藏有黄金。后来，他们果然在那里找到了金矿。

在一般人看来，植物和矿藏是没有什么联系的，但细心的科学家们发现，植物和矿藏之间确实存在着一种特殊的联系，并且不同的植物能指示不同的矿藏。例如，寸草不生的地方可能有硼矿；出现蔚蓝色野玫瑰花瓣的地方很可能有铜矿；忍冬藤生长的地方可能有银矿；三色堇生长的地方可能有锌矿；紫云英生长的地方可能有硒矿；七瓣莲生长的地方可能有锡矿；针茅生长的地方可能有镍矿；灰毛紫德槐生长的地方可能有铅矿；喇叭花生长的地方可能有铀矿等等。

目前，世界上已报道的指示植物约有70余种，其中1/3以上属豆科、石竹科和唇形科，这些指示植物都是草本植物。如今，这些植物都成了找矿的重要标志。

为什么这些植物能够指示矿藏呢？原因很简单，植物扎根于土壤，通过根部吸收土壤中的养分，其中包括土壤中的微量元素。如海带，长期吸收海水中的成分，因此富集了大量海水中的碘。另外，植物对矿物质特别敏感，如海州香薷类铜草花在土壤含铜量过高时，就会生长得十分茂盛；而有的植物"吃"了自己喜欢的矿物，就会表现出奇形怪状，如蒿子在一般土壤中长得比较高大，但如果"吃"了土壤中的硼，就会变成矮老头。这是由于植物根部细胞在吸收水分时，也吸收溶解在水中的金属离子，从而富集到体内，结果使自己发生了奇特的变化。这样，人们就可以根据这些变化来判断矿藏的位置。

植物不但能指示矿藏，还能帮助人们"开采"矿藏。在北美洲，有个山谷的地层和土壤中含有大量的硒，人和动物如果大量摄入这种硒元素，就会中毒甚至死亡，因此这个地方得名"有去无回"。为了开采这些硒矿，人们在"有去无回"山谷里种植了大量紫云英，紫云英在这样的环境里生长得很快，一年可以收割好几次。

植物在春季生长的原因

每当寒冷的冬天过去，春回天地时，地球上的植物就开始复苏，呈现出一片生机勃勃的景象，这已成为司空见惯的自然现象，但是，植物为什么会选择在春季生长呢？看似简单的问题，到现在，就连专门从事植物生理学研究的科学家都没有找到确切的答案。

气温对植物的生长起着重要作用。一般情况下，人们会认为植物之所以在春天生长，是由外界环境决定的。每当气候变冷，植物就进入了休眠阶段；春季回暖之后它们就自然而然地开始新的生长。20世纪70年代，美国植物学家利奥波德和澳大利亚植物生理学家克里德曼经过多年的研究指出，长日照和低温是导致植物在春天生长的关键因素。在秋末，温带多年生植物由于日照时间缩短，体内就产生了高浓度的脱落酸，

它能抵制脱氧核糖核合成核糖核酸，从而形成休眠芽。春天来临，日照时间增加，休眠芽中的叶原基受到刺激，使植物体内的脱落酸水平下降，赤霉素含量增加，一些能够打破休眠以及萌芽所必需的酶开始合成，抑制合成核糖核酸的作用也逐渐消除，从而促进了蛋白质的合成。另外，春季的低温作用会使植物的休眠芽或种子细胞原生质的水合度增大，使其胶体状态发生改变，水解酶和氧化还原酶进入活动状态，促使有机物的转化和呼吸作用增强，当环境的温度、水分、光照都达到植物生长的条件，植物就开始萌发。而植物打破休眠所需的日照和温度等条件与春季的自然条件一致，这可能是植物在进化过程中，对季节变化形成的一种主动适应。

目前，这是大多数植物学家们都赞同的观点，但随着现代植物生理学研究的不断深入，科学家们发现，温度并不是导致植物在春天生长的唯一因素。他们认为，植物本身的遗传特性也许是更为主要的因素。进入 80 年代后，英国谢菲尔德大学的格兰姆和莫法斯两位博士，通过对植物细胞遗传物质的研究发现，各种植物的细胞遗传物质都有着巨大的差异，而这些差异往往又与它们生长的季节有关。为此，他们对 162 种植物细胞中的脱氧核糖酸的数量进行了仔细测量，并与这些植物的生长时间做了对照，结果发现，春季发芽越早的植物，含有遗传物质的种类也越多。也就是说，DNA 含量越大，植物发芽越早，反之越晚。

以上两种是关于植物为何在春季生长较有代表性的观点，至于哪一种更为准确，还有待科学家们进一步探索。

植物的免疫功能

不只人类和动物，植物大多也具有免疫功能。植物在与病菌的长期斗争中，形成了一套对付病菌的免疫功能，这种天然的免疫功能使它们能有效地抵抗真菌、细菌和病毒引起的病害。这就是为什么植物在受到病菌的侵染后并未灭绝的原因。

人可以通过接种牛痘获得后天的免疫力，那么，植物是不是也可以像人一样通过打预防针，从而获得后天的免疫力呢？通过植物学家的努力，这个设想得以实现。科学家们对此进行了长期的实验，终于获得成功，他们用各种诱导因子给幼小植物接种，使植物获得整体免疫，以抵抗各种病害的发生。

德国人为使植株获得免疫功能，曾用灰葡萄孢浇灌菜豆的根。美国人用瓜类刺盘孢和烟草坏死病毒诱导黄瓜免疫，结果使黄瓜对黑茎病、茎腐病、黄瓜花叶病和角斑病等10多种病害产生了抗性。单一诱导可使植株得到4~6周的免疫，若再次强化诱导，免疫效应一直可延续到开花至果期。目前，人们使用免疫诱导已经在很多作物中都获得成功，如烟草、黄瓜、西瓜、甜瓜、菜豆、马铃薯、小麦、苹果等。

为什么植物得到免疫后会减少病害的损伤面积呢？经过研究人们发现，通过免疫，植株的木质化作用增强了，细胞壁的机械抗性加强，使植株形成了一种结构屏障，病原菌的穿入能力明显降低。此外，产生的酚木质素有剧毒，这种游离基的毒性又使植株形成了化学屏障，因此抑制了真菌的发育和细菌、病毒的侵入和增殖。

人们还发现，这些免疫植株中的植物抗毒素含量比一般植株明显提高，而且多在病原菌侵染部位，植物抗毒素可以直按抑制病菌生长。研究证实，到目前为止，至少有17个科的植物中积累有植物抗毒素，而且同一科的植物所具有的植物抗毒素有明显的相似陛。

现在，人们普遍认为，免疫植株中木质化程度的加强和植物抗毒素的合成都与免疫植物体内一种次生代谢一苯丙烷类代谢的加强有关，二者可能是这种代谢的最终产物。

但是，目前植物免疫大多还只停留在实验室阶段，极少投入田间应用。它的稳定性和遗传性还有待进一步研究，植物免疫不污染环境的优点，使科学家们在继续努力着，以早日揭开这些未解之谜。

植物种子的寿命

植物种子的寿命因植物种类的不同而不同。要说地球上最长寿的植物，可能非狗尾草莫属了。它是恐龙的“邻居”，最早出现于地球的白垩纪时代，至今还在大自然中茂盛地生长着。那些古代的狗尾草种子还能发芽、开花并且结籽，相当令人惊奇。

1951 年，科学家在辽宁省普兰店泡子屯村的泥炭里发现了一种古莲子，并推断这些莲子至少已沉睡 830~1250 年。1953 年北京植物园栽种了这种古莲子，1955 年夏天竟然开出了粉红色的荷花。

有些植物种子的寿命却又十分短暂。这些短命的植物种子大多数分布在热带和亚热带地区，如可可种子，只在脱离母体 35 个小时内有发芽能力；而甘蔗、金鸡纳树和一些野生谷物的种子，最多也只能活上几天或几个星期。一些温带植物如橡树、胡桃、栗子、白杨等的种子寿命也非常短暂。

为什么有的植物种子寿命只有几个星期，有的却长达几十年甚至更长呢？科学家们在很早以前就对这个问题产生了兴趣，但面对这个复杂的问题，学者们至今还没有取得一致的意见。

研究人员发现，植物种子的萌发既有内因又有外因，首先它自身必须是完整的活的胚胎，其次还必须要有水分，空气和适宜的温度等外界条件。只有满足了这两个条件，种子才能萌芽。如古莲子外面有坚硬的外壳且深埋于较为干燥的泥炭层中，缺少种子萌发所必要的外界条件如水分、空气等，所以它们能存活上千年。而有些植物的种子虽然符合以上条件，却仍不能立即萌芽，而必须经过一段时间才能萌芽。这是为什么呢？原来，有些植物的种子存在一种休眠现象，这种休眠现象是植物经过长期演化而形成的一种对外界自然环境包括季节性变化适应的结果。例如，温带植物的种子一般在秋天成熟，如果落在地上很快就萌发的话，则很有可能在即将到来的寒冬里被冻死，但如果种子通过适当的休眠则可避免上述情况的发生。这就是为什么很多植物种子经过很长时间而仍能生根发芽的原因。

对于那些短命的植物种子,科学家们也有着不同的意见。有些科学家认为,脱水干燥是植物种子容易死亡的一个重要原因。经过实验,某些柳树种子如果暴露在空气中,只需一个星期就会完全失去生命力。但放在相对湿度只有13%的冰箱里,它们至少能活360年。也有学者认为,热带地区或亚热带地区的植物种子由于气候的原因,新陈代谢旺盛,种子营养消耗过快,也是其寿命较短的原因之一。

植物种子在离开母体以后,就具有了独立生存的能力。种子寿命的长短,除了与这种植物的遗传特性有关,还与种子本身的结构和贮存的条件有着密切的关系。甚至还有科学家认为,由于新陈代谢的关系,脂肪在转化过程中可能产生一种能将种子的胚杀死的有毒物质,而使种子变质。正是因为这个原因,那些久放的花生、核桃,都会有一股霉味。

近年来,越来越多的科学家认为,种子胚部细胞核的生理机能逐渐衰退也是造成种子寿命变短的重要因素,但尚不清楚具体原因。目前,植物学家们正在想方设法延长种子的寿命以便更好地为农业生产服务,相信随着生物科学的不断进步,种子寿命的秘密一定会被揭开。

植物的变性现象

人类和动物都有性别之分,但这个特点在植物身上却不十分明显。绝大部分植物都是雌雄一体的,即在同一植株上,既有雄性器官,又有雌性器官。如显花植物的繁殖器官就是它的雄蕊和雌蕊。根据花蕊的着生部位可将显花植物分为三大类:一是雌雄同花,如小麦、水稻、油菜等;二是雌雄同株异花,如玉米、黄瓜等;三是雌雄异株,如银杏、杨柳、开心果树等。

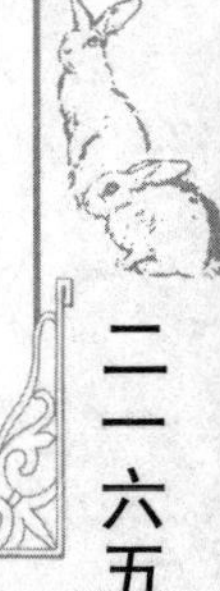

经过观察和研究，植物学家发现了一种典型的变性植物——印度天南星。这种植物多分布于温带、亚热带地区，是一种喜湿的多年生草本植物，常见于潮湿的树阴下或小溪旁。它不但会变性，甚至一生还能变好几次。天南星的雄株在变为雌株之前，体型高大健壮，营养物质丰富，但在转变为雌株之后体型就变得很小。印度天南星的变性同其植株体型的大小密切相关，高度在100~700毫米间的植株，都可以发生变性；雄株变为雌株的最佳高度是380毫米。一般超过398毫米这个高度的植株，多为雄株，低于398毫米高度的植株，多为雌株。天南星为什么会存在这种奇特的变性现象呢？

美国一些植物学家经研究后发现，这是因为天南星生存的需要。在其小的时候是没有花的，呈中性。开花结果时，雌性植物因为要繁殖后代，所以需要的营养要比雄性植物多，只有转变为高大的雄株植物。而在经过一年的养精蓄锐之后，恢复了元气，便又转变为雌性，以开花结果。印度天南星就是依靠这种变性的方法，增加传宗接代的生存机会，繁衍不息。

美国波士顿大学的两位植物学家发现了一种生长于北美洲最普通的树木——枫树，也存在异乎寻常的变异现象。根据常识，红枫树有时呈雌性，有时呈雄性，有时雌雄同株。这两位学者花了七年时间考察了麻省的79棵红枫树，并记录了每年每棵树的性别与开花的数量。考察结果表明，大多数红枫树的性别一直为雄性，但有四棵雄性红枫树会开出一些雌性的花，还有六棵雌性红枫树会开出少量雄性的花。甚至还有两棵红枫树雌雄难辨，因为它们每年在雌性与雄性之间发生戏剧性的转变。红枫树性变的机制与天南星不一样，其雌雄同株的个体并不是很大，一般情况下反而小于其他植物。那植物的这种性转变意味着什么呢？目前，科学家们还在进行进一步探索。

奇特的植物血型

人类和动物的血液都有不同的类型，叫血型。但是，你知道植物也有血型吗？这个特点是国外研究人员在侦破一宗谋杀案的过程中意外发现的。

1983 年，一名日本妇女夜间突然在卧室死去，赶到现场的警察决定化验血迹以确定其是自杀还是他杀。结果显示，死者是 O 型血，而枕头上的血迹却是 AB 型。由此看来，这个妇女似乎是他杀。但是，自此以后警方一直没有找到凶手作案的其他证据，更别提抓到凶手了。正在警方一筹莫展之际，有人提出：枕头上的 AB 型血迹是否同枕芯中的荞麦皮有关系？

法医山本打开枕套，取出里面的荞麦皮进行化验，得出了一个惊人的结论，荞麦皮的“血型”果然是 AB 型的。这个令人震惊的实验引起了人们的极大兴趣。

为了得到更确切的结论，山本扩大了实验范围，对 500 多种植物的果实和种子进行了研究，结果除了 A 型血的植物没有找到，其他各种血型的植物都有。例如，草莓、萝卜、苹果、山茶、南瓜、辛夷、山槭等 60 种植物的血型是 O 型；罗汉松、山珊瑚树等 24 种植物的血型是 B 型；李子、香蒲、金银花、单叶枫等是 AB 型。

植物为什么会有血型之分呢？经研究，山本发现了植物血型的秘密。原来和人类一样，植物也有体液循环，它担负着运输养料、排出废物的任务。液体细胞膜表面也有不同分子结构的型别。当植物的糖链合成达到一定的强度时，它的尖端就会形成血型物质。这种血型物质由于本身黏性大，除了贮藏植物的能量，似乎还担负着保护植物体的任务。

但至今，山本也没有弄清楚植物体内的血型物质是如何形成的。目前，植物血型对植物生理、生殖及遗传方面有何影响，也有待于植物专家们进一步研究探索。

如何检验植物血型

用抗体鉴定人体内是否存在有某种特殊的糖，是鉴定人体血型的方法。植物的血型如何鉴定呢？原来，科学家利用从人体或动物的血液分离出来的抗体，使植物体内汁液与这些抗体相融合，并观察汁液的反应情况，由此便可得知植物的血液类型。

多种多样的动物血型

医学上将人类的血型分为A型、B型、O型、AB型等四种，但是动物的血型可就复杂多了。不同的动物，血型也各有不同。例如，狗有5种血型，猫有6种血型，羊有9种血型，马的血型为9~10种，猪的血型有15种，牛的血型多达40种以上。

会自我调节体温的植物

任何物体都是有温度的，植物当然也一样，不过植物没有固定的体温，它们是随着外界温度的变化而变化的，能进行恰当的自我调节，这就是为什么在严寒时期植物并没有随气温的下降而冻死；夏天高温时期也没有因天气炎热而成了“柴火”。

为什么植物的体温会存在家种变化呢？原来，植物体温的变化同外界的条件息息相关。植物的生长离不开阳光、空气、土壤等养分。白天，植物主要靠蒸腾作用来调节叶温。叶温降低时，则表明蒸腾作用强，土壤里含水量充足；叶温升高时，则表明蒸腾作用减弱，土壤里含水量不足。因此，在农业生产中，人们可以根据植物叶温的变化来判断农作物是否缺水。

令人惊奇的是，树木生病居然也会和人一样发烧。只是人生病时一般在夜间发烧最为厉害，清晨退烧容易，而树木生病一般在早上发烧严重。树木生病后为什么也会发烧呢？原来，树木生病后，由于蒸腾作用减弱，树根吸收水分的能力就会下降，整个树木摄入的水分减少，树温就会相应地升高。根据这个现象，人们就可以根据树木的温度来判断哪片森林有病，从而及时采取有效的治疗措施。

植物也有“分身术”

在《西游记》中，孙悟空从自己身上拔下一根猴毛，就能变出另外一个自己，十分神奇。当然，神话终归是神话。然而，很多植物也具有这种神奇的“分身术”本领。

很多植物都能无性繁殖。方法多种多样，扦插是最主要的一种。“无心插柳柳成荫”说的就是只要将柳树的一条枝桠插到地里，它就会自己生根发芽，长成像母株一样的大树；仙人掌的生命力十分顽强，掰一块下来，插在土里又能成活了；如果将秋海棠的叶子埋在土里，它也会向下长出根须，向上生出新叶来；葱蒜、洋葱的鳞茎和芦苇的根也能生芽，长成新的个体；马铃薯块茎上的每一个芽眼都可以长出新的植物。另外，用曼陀罗的花粉也能培养出一棵幼苗，用玉米、水稻、小麦、大麦和烟草等的一个植物细胞也能培养出一株植物，这些都是没有母亲的植株。

科学家揭示了植物细胞的秘密以后，利用这个特性，从植物体上取下根、茎、叶、花的任何一小部分或一粒花粉，放到试管内的无菌培养茎上，进行特殊的培育，结果竟长出了完整的植株。

如今，这种方法在生产生活中得到广泛的运用：在工厂里可以快速地繁殖甘蔗幼苗；把人参细胞放在试管中培养，同样可以获得人参的有效成分；还可以利用这种方法在短时间内生产出成千上万株苗木。现在，只要用一个邮包就能将培育一个大森林所需的树苗从一个国家寄到另一个国家了。

植物也有爱、恨、情、仇

如果你到现在还认为只有人类才有爱、恨、情、仇这样的高级情感，那你就错了。20世纪80年代以来，俄、美、日等国的科学家经过大量研究发现，植物也有爱、恨、情、仇。它们也能忍受饥饿、痛苦，并具有同情心。

苏联莫斯科农科院的专家们做过这样一个实验，他们将感应仪器与植物的根部连接起来，然后往植物根部倒入热水，这时仪器里立即传出植物绝望的呼叫声。这表明植物正在经历极端的痛苦。

植物也有喜好，科学家通过实验发现以下现象：洋葱和胡萝卜发出的气味可以互相给对方驱逐害虫；大豆喜欢与蓖麻相处，因为蓖麻散发的气味使危害大豆的金龟子望而生畏；玉米和豌豆间种，使二者生长得健壮，互相得益；紫罗兰和葡萄间种，结出的葡萄香味会更浓。有趣的是，英国科学家用根、茎、叶都散发特殊化学物质的连线草与萝卜混种，在半个月内萝卜就长得很大。

但是，有些植物间则好像有“血海深仇”。卷心菜和芥菜就是一对仇敌，相处后“两败俱伤”。水仙和铃兰长在一起会“同归于尽”；白花草木樨不能与小麦、玉米、向日葵共同生活；甘蓝和芹菜、黄瓜和番茄、荞麦和玉米、高粱和芝麻等都不能和平相处。

植物还有强烈的同情心。美国某一研究中心曾经用植物做了一个有名的情感实验。在有两株植物的房间走进了六个人，其中一个人掐断了一株植物，然后六个人离开，研究者把测试仪和没有“被害”的植物叶片连接起来。过了一会儿，六个人分别在不同时间进入房间，其他五个没有掐断植物的人进入房间的时候，没有“被害”的植物表现很平静。当掐断植物的“罪犯”进入房间的时候，没有“被害”的植物的“情感曲线”则出现大的波动，就像人们在发怒一样。

研究植物的爱、恨、情、仇等情感有着极其重要的科学意义。首先，这些发现揭示了所有生物之间的亲缘关系。其次，任何生命都有自己的生存权利和情感，告诫人类要尊重所有生命。人类要尽力保护好现有的生态环境，因为如果过分掠夺植物资源，植物最终可能以自己独特的方式来报复人类。

植物辨别“敌友”的方法

植物的生长环境中存在大量微生物，这些微生物有的是植物健康成长必不可少的，有利于植物的生长；有的却对植物的生长有害，甚至致命。那么，植物是如何接收有益的微生物，而将有害的微生物拒之门外的呢？它们是如何辨别“敌友”的呢？

豆科植物与根瘤菌之间存在一种共生关系,根瘤菌对豆科植物的感染可使豆科植物形成根瘤,从而产生固氮能力。但根瘤菌与豆科植物的关系存在着近乎苛刻的选择性,能感染一种豆科植物并形成根瘤的根瘤菌通常不感染其他的豆科植物,这令人十分困惑。为什么会有这么强的专一性呢?经过研究,人们发现,豆科植物所产生的凝集素是决定其是否与根瘤菌建立共生关系的关键所在,这种凝集素能识别根瘤菌细胞中的糖蛋白,如果豆科植物的识别蛋白能与根瘤菌细胞壁中的糖蛋白结合,则表明这种根瘤菌是“朋友”,可以与之共生,反之则不然。

对于植物能排除“异己”、接纳“朋友”这一现象,有人这样认为:植物的辨别能力取决于有没有辨别受体,即植物表面携带着起鉴别作用的分子。如果病菌来袭,植物就能辨别出是“敌人”来犯,会及时调整防御系统,使自己处于“戒备状态”。如果没有这种起鉴别作用的分子,就无法识别病原菌,防御系统也就起不到应有的作用,植物就会被感染患病。还有另外一种观点,病原菌致病或不致病在于病原菌表面糖蛋白分子的糖基部分,不同的糖基具有不同的选择性。但是当病原菌发生突变,体内糖基转移酶的专一性发生变化,产生新的表面多糖时,植物就会因无法识别而被感染。

目前,对于植物识别系统的研究还不是很成熟,以上的解释还多处于假说阶段。植物的识别分子到底是什么?它如何辨别敌友?科学家们仍在进行探索。如果能找到植物识别抵御病原菌的机制,就可能减少农药对农作物和大自然的危害,对于人类将具有重大意义。

植物神经系统之谜

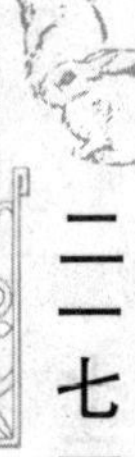

20世纪以来,许多科学家围绕植物是否有神经系统这个有趣的问题展开了一场论战。而这场论战的发起者,就是19世纪大名鼎鼎的生物学家达尔文。

达尔文在200多年前提出了震惊世界的进化论观点,这是我们都知道的。其实,他还是一位研究食肉植物的专家。

一天,达尔文在捕蝇草的叶片上发现了几根特殊的“触发毛”,当其中一根或两根被弯曲过来时,叶片就会猛然关闭。于是,他提出了一个大胆的假设:捕蝇草的这种行为,很可能是由某种信号极快地从“触发毛”传到捕蝇草叶内部的运动细胞引发的,它快得简直像动物神经中的电脉冲。在此之后,植物学家对捕蝇草的电特性进行了更加仔细地观察和研究。他们不仅记录到电脉冲,而且还测出一些很不规则的电信号。

捕蝇草

不久前,沙特阿拉伯科学家赛尔经过6个月的研究。发现植物有一个“化学神经系统”,当有人想伤害它时,它会及时发现并表现出防御反应。因此,塞尔认为植物和动物一样有着类似的感觉,两者唯一的区别是:动物能表达这种感受,植物的感觉是由化学反应产生的,这种化学反应与人的神经系统极为相似。

但是在科学界中也有不少人对植物有神经系统这个观点持反对意见。他们认为,植物体中的电信号通常每秒只有20毫米,速度实在太慢了,不像高等动物的神经电信号,速度能达到每秒好几千毫米。因此,植物体中的电信号显得不那么重要,也可以说,植物根本就没有任何神经组织。

关于植物到底有没有神经系统的问题,到目前为止,科学界还没有一个统一的认识。

植物的喜、怒、哀、乐

其实,不只人类,任何有生命的物体都有感情,都有喜、怒、哀、乐,只是它们都有着自己特殊的表达方式。人或者动物可以用表情、动作来表达自己的感情,那么,植物是如何表达自己感情的呢？解开植物喜、怒、哀、乐的秘密，将能为人类的生产生活带来更多的便利。

所有植物都是喜欢颜色的。各种植物不但自身有着各种美丽的外衣，视力也非常好，它们能辨别各种波段的可见光，尽可能地吸收自己喜爱的光线。近年来，农业科学家发现，用红色光照射农作物，可以增加糖的含量；用蓝色光照射植物，则蛋白质的含量增加；紫色光可以促进茄子的生长。所以，根据植物对颜色的喜好和具体的生产需要，农作物种植者可以给植物加盖不同颜色的塑料薄膜。同样，在培育观赏植物的过程中，也可以利用植物喜好颜色的习性。一些生物科学家开始研究植物喜好颜色的习性，并由此形成了一门“光生物学”的科学。

植物不但喜欢颜色，而且喜欢声音。植物科学家们做过一个有趣的实验，他们让农作物听音乐，结果像玉米和大豆这些农作物长得很快，并且果实累累。但是像胡萝卜、甘蓝和马铃薯等作物对音乐却十分挑剔，并不是所有音乐都爱听，它们都喜欢音乐家威尔第·瓦格纳的作品，而白菜、豌豆则热衷于莫扎特的音乐。植物有时为了表示对某些事物的不满，还会表现出反抗，而作为表达它们不满情绪的代价就是死亡。像玫瑰这种典雅高贵的植物，在听到自己不喜欢的摇滚乐后就会凋谢，牵牛花则更为“刚烈”，听到摇滚乐四周后就会完全死亡。

实验表明，植物也喜欢人的关爱，喜欢人跟它们说话。如果我们像爱抚动物那样爱抚植物，它们就会心情愉悦；但要是突然对它们大声怒斥，它们就会发出受到惊吓的气息。

日本的生物学教授三和广行曾经做过这样一个实验：将电极插入植物的叶片内，并连通到电流表上，用以测量叶片所释放的生物电能，然后再将所测得的电能放大，再用扩大器播放出来，就听到了植物发出的声音。如果将植物的枝叶折断，或者让昆虫咬它们的叶子，植物同样会因为“疼痛”而“哭泣”。

西红柿在生长期如果缺水，便会发出类似人类的“呼喊”声，若“呼喊”后仍得不到水

"喝","呼喊"声就会变成"呜咽"声。这种声音是那些从根部向叶子传导水分的导管在萎缩时发出的。当它们缺水时,导管内的压力就会明显上升,当压力上升到相当于轮胎碾压的25倍时,最终就会造成这些导管破裂而发出"哭泣"声。

美国纽约一位精通"植物语言"的专家柏克斯德博士在认真研究过植物感知感觉的内容和规律后,能用微电波把植物的感觉记录下来。博士对这种电波记录进行了反复的实验。科学家们预言:用不了多久,植物还可能充当一些凶杀案件的"目击者",将为人类侦破案件提供很大帮助。

植物的"保护伞"

一些生长在高山上的植物,在它们每年的生长期中,既需要温暖的阳光,又要避免被过强的太阳辐射灼伤身体。那么,它们是如何解决这个矛盾的问题的呢?原来,植物在生长过程中为了适应恶劣的环境,演化出了不少绝招来应对。其中,植物的毛在某些植物的生存上起到了举足轻重的作用。

有这样一种浑身长着白色棉毛的怪异小草,它生长在四川西部、云南西北部和西藏东部海拔1000~5000米的泥石滩上,外表矮小、上半身像一堆棉花糖的它常躲在积雪和残冰中,它的药效与新疆天山上的名贵草药雪莲花很相似,根据它奇特的外形,植物学家给它起了一个形象的名字——绵头雪兔子。

在攀登高山时,运动员为了克服高海拔地带空气稀薄、气温低、太阳辐射强等恶劣的气候条件,需要采取许多有效的防护措施。

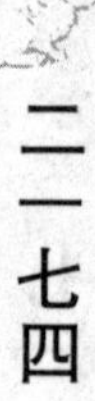

绵头雪兔子的生活环境则更加艰苦,一旦在岩石缝隙或碎石中扎根,就要在原地忍受生长过程中几十个日日夜夜的严寒和强太阳辐射的考验。但是,为什么绵头雪兔子有如此强大的生命力,在如此恶劣的环境里还能生生不息呢?植物学家经研究发现,这是由于它们身上白色棉毛的作用。绵头雪兔子身上的棉毛与蝎子草的蛰毛不同,它们的毛是由死细胞组成的,已经失去了生命力,纯净的空气取代了细胞中的原生质体。这种充满气体的毛呈白色,具有很强的反光作用。它们可以保护植物体在晴朗的白天不被阳光灼伤;在寒冷的夜间又可以像羽绒服一样有效地保持植物的体温。

绵头雪兔子是菊科凤毛菊属植物,在同属的数百个成员中,还有近二十种像绵头雪兔子这样身披棉毛的"高山勇士",它们都是植物利用棉毛适应高山严酷生存环境的典范。

其实,我们身边的植物也有很多都有棉毛。例如,绢茸火绒草是一种生长在我国华北和西北等地区高山草地上的菊科植物,它们头状花序周围的总苞片被灰白色的棉毛盖得严严实实,在夏天烈日的照耀下银光闪闪,好像穿了一件羊绒外衣。

这些功能各异的植物毛为什么会成为植物生存的保护伞,其中还有很多不为人知的缘由,有待科学家们进一步探索。

植物的根总是朝下生长

举目四望我们周围的植物:绿树、花草或禾苗,参差不齐却郁郁葱葱。并且它们的根总是向地下生长,为什么会这样呢?是什么力量促使它们的根朝下生长呢?

最普遍的解释是重力因素,认为地球的引力是影响植物生长方向的重要因素。植物学家认为,植物的根总是朝着地心引力的方向生长,是通过生长调节剂在根细胞里的不同分布来实现的。

最近,几位美国科学家对玉米、豌豆和莴苣的幼苗进行专门的研究后发现,植物根冠的细胞壁上积累着大量的钙,密度最大的部位在根冠的中央。由此,他们认为,除了地球策略因素的影响外,钙对植物根的生长方向,也起着非常重要的作用。

科学家们认为,不只人类和运动能识别方向,很多植物也有辨别方向的能力。在美国有一种莴苣,其叶面总是和地面垂直,且全都是南北指向,因此,人们将其称为"指南针

植物”。为什么这种植物的叶片会有这种奇特的习性呢？有两位植物学家在经过仔细观察后发现,只要一遮阴,植物叶片的指南特性就消失了,因此,他们断定叶片指南一定与阳光密切相关。在进一步研究后他们发现,叶片的指南特性对植物的生长很有利,因为在中午阳光最强烈的时候,垂直叶片的受光面积极小,可以大大减少水分的蒸腾;而在清晨和傍晚,叶片又可以在耗水少的情况下进行较多的光合作用。这样,指南针植物即使在干旱的环境条件下,也能得到较好的生长。

不过,植物生长的方向到底取决于什么,目前依然是个科学难题。

植物也能做手术

植物如果生病了应该怎么办？能像人类或动物生病了那样通过吃药、打针、外科手术等各种手段进行诊治吗？是的,植物生病了同样需要加以诊治。

植物生病最常用的治疗手段就是实施外科手术。包括清除植物病灶的“扩创”手术、“截肢”手术,甚至是骇人听闻的“砍头”手术。

为什么需要对植物实施“外科手术”呢？原来,“外科手术”可以清除植物局部患病的组织,有效地防止病灶扩散,能去除病源,以便植物能健康生长。而且“外科手术”对于防止果树、树木的烂皮病、溃疡病和腐烂病等十分有效。

例如,树木得了由类立克次体引起的病害,如果及时进行“截肢手术”,用剪刀把病枝剪掉,就能防止病害蔓延到全树,可以收到很好的防治效果。患簇生病的檀香木和得簇顶病的木瓜,病源在植物体内移动极慢,往往只局限在顶梢。这时如果果断地下决心实行“砍头”手术,及时去掉患病的顶梢,檀香木和木瓜就能重新健康地生长。

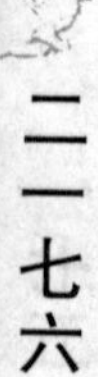

有些植物经过手术后,还需敷药。例如,患簇生病的檀香木在实施“砍头”手术后,将金霉素糊状药剂敷在病树茎的截面上,疗效就会更好。

植物间的"生化大战"

二战时,美国向日本的广岛、长崎扔下两枚原子弹,加快了二战结束的进程,同时也给当地的人民、生态环境造成巨大破坏,遗患至今。在现代的国际社会,这种能给全人类带来无法估量的灾难的化学战争是坚决被禁止的。但是千百年来,在植物间却悄悄地进行着化学战争,这是它们为抵御其他植物或昆虫、动物等的侵袭,维持生存的手段。

其实有些植物比人类更聪明,面对那些袭击它们的昆虫,并不是坐以待毙,而是拿起它们的化学武器进行抵抗。舞毒蛾在袭击了橡树以后,会被橡树叶子分泌的一种叫单宁(单宁也叫胺质,是一种能溶解于水或酒精的化学物质,略带酸性,有涩味,多存在于某些植物的干、茎、皮、根、叶子或果实里面)的化学物质所毒害,反应变迟钝,行动也变缓慢,最后只能成为鸟儿的美餐。

据科学家观察,西红柿和土豆在遭受某些昆虫侵袭的时候也会分泌一种叫阻化剂的化学物质,昆虫如果把这种化学物质吃到肚子里就无法进行消化,以后它们就再也不敢偷吃西红柿和土豆了。还有一种叫作赤杨的树在受到枯叶蛾的攻击后,树叶就会迅速分泌出更多的单宁酸和树脂,减少营养成分。蛾子只好飞向另一棵赤杨,但没想到这棵赤杨也早就接到警报,把身上的营养成分都转移到其他部位,并备好"化学武器"准备迎接它们的"大驾"了。

还有一种体内含有特殊化学物质的植物,叫作藿香蓟。它有着十分厉害的一招,它的化学物质会使昆虫发生变化,以致昆虫无法产卵,再也无法生儿育女。所以昆虫以后也只能对它敬而远之了。

美国有两位科学家在华盛顿州的西特尔城的一片树林进行了有关植物化学物质的实验。他们发现这片树林里的柳树和桤树的树叶一旦遭到某些昆虫(比如毛虫)的侵袭,营养性质就会发生变化。为了弄清这些营养物质如何发生变化,变化到什么程度,他们开始进行一项实验：把几百条毛虫都放到树上，然后仔细观察，很快他们就发现这些树木在遭到袭击后会在树叶上面分泌出一种属于生物碱或耐烯化合物的化学物质，昆虫吃了后很难消化，就再也不敢侵犯它了。更令人惊奇的是，两位科学家无意之中竟然发现在距离这片树林约30~40米远的另一片树林里，同样也散发出了这种化学物质，但是这里并没有人来放毛虫，而且又相距这么远，那里的树林是以什么方式得到"警报信号"的呢？

科学家们还发现，黑核桃长在哪里，哪里的植物就不得安宁，十分"霸道"。原来黑核桃能分泌一种对许多植物都有害的化学物质，使得它周围的植物都不能正常生长。

有科学家做过这样一个实验：他们把种植着野草的花盆里的水取出一部分，浇到苹果树的根部，发现苹果树的生长速度明显变慢了。经过分析，他们得出结论：野草能够分泌对苹果树有害的化学成分。

还有科学家发现：在美国南部和墨西哥的干旱地区生长着一种银胶菊，它的根部能分泌一种能量相当大的化学物质，即使用两万倍的水把这种物质稀释了，它仍具有很强的抑制作用。但是银胶菊却不似黑核桃那般霸道，它是个彬彬有礼的君子，它分泌这种化学物质是为了进行"计划生育"。植物为什么也要进行计划生育呢？原来，银胶菊生长的地区降水量非常低，严重干旱缺水，为了节约宝贵的地下水，避免整个地区物种的灭亡，它们只好对自己的苗木繁殖加以控制了。

科学家从这些植物的身上得到灵感，进行了一些探索研究，并发明和研制了一些更有趣的化学物质。如在水果的生长过程中使用一种特意研制的生长素，就能使水果提前成熟。同时，科学家还研制了一种能加速植物衰老、使叶子提前脱落的化学物质：脱落酸。这种脱落酸可不是专门用来搞破坏活动的，在遇到气温升高或空气中水分含量增加的时候，这种脱落酸就能派上用场了。把植物的种子浸入到脱落酸里，种子就会进入休眠状态，从而避免种子提前发芽的现象发生。因此，如果使用得当，这种脱落酸也会为人类造福。在遇到天气突然变冷的时候，也可使用脱落酸让某些植物的叶子提前脱落，进入休眠状态以保护植物。

现在，许多农民将这种化学物质用到棉花的生产中。在棉花成熟的季节，用脱落酸将棉花的叶子全部脱掉，棉花田里就只剩下挂满棉桃的棉花秆了，用摘棉机收获棉花就十分方便了，并且收棉效率、棉花的质量都有很大提高。

此外，科学家还研究了许多用于农作物和其他植物的化学物质，如有一种作用正好与脱落酸相反的植物激素叫细胞分裂素，它能促进植物生长发育，延缓植物衰老，使蔬菜长时间保持新鲜，提高果实的产量等。可见，化学物质对植物的生长真是有着非常重要的作用呢！

植物设计师

日常生活中，我们离不开植物，在我们人类的发展过程中，植物也曾给予我们很多有益的启示。

鲁班是我国古代著名的发明家，有这样一个关于他的传说：有一次他在山上砍柴，不小心被一棵丝草划破了手。如此柔嫩的小草怎么能将长满老茧的手划破呢？鲁班觉得非常奇怪。细看之下才发现，原来叶子边上有许多又尖又细，十分锋利的小刺。他由此想到，如果将刀具也制作成这样，会不会更加锋利呢？于是他请铁匠依此将一把铁片打造成刺状，再加上一副木框，拿它来锯树，发现速度比斧头快多了，世界上第一把锯子也由此诞生。

车前草貌不惊人，十分普通。但它叶子的结构却十分奇特，是按螺旋形来排列的，使每片叶子都能得到充足的阳光。建筑师们由此得到灵感，设计建造了一座螺旋状排列的13层楼房，这种建筑十分新颖别致，每个房间都能享受到温暖明亮的阳光，避免了普通楼房结构方面的不足。

高山上的云杉树干底部粗大、上端细小，正是这种形状使得云杉即使长年累月受到狂风的袭击，也能牢牢地挺立在山冈上。电视塔类似圆锥形结构的设计灵感便是从云杉

那里得到的，这种模仿云杉建成的电视塔即使遇上台风的冲击也不会有倒塌的危险。

最近，日本建筑师从翠竹挺拔和坚韧的特性中得到启发，设计并建造了一幢 43 层的大楼。这幢大楼的设计与热带的参天大树有异曲同工之妙，上窄下宽的结构使它即使遭到强烈地震的袭击也能安然无恙。

天麻无根无叶的原因

天麻在古医书上有“神草”之称，是我国一种十分珍贵的药材，对眩晕、小儿惊痫等症有特殊的疗效。天麻的生长过程神秘莫测，长相也别具一格。

初夏时节，在阴湿的林区山间，从地面突然冒出像细竹笋似的、砖红色的花穗，穗的顶端排列着黄红色的朵朵小花，不到 1 米长的光杆孤零零地摇曳着，看上去真像一支箭，所以有的地方叫它“赤箭”。花开过后，结上一串果子，每个果里有上万粒不到 1 微米长、小如沙尘的种子，随风飘扬，却不见一片绿叶长出。细心的采药人，顺着这根“赤箭”往下追，从地下挖出一些像马铃薯、鸭蛋、花生米等不同大小的块茎，也找不到一条根，这些块茎就是天麻。

没有根，不见叶，全身没有叶绿素，不会进行光合作用，也无法吸收水分和无机盐类，那天麻是怎样长大的呢？原来，天麻在生长期有它自己的秘诀：“吃菌”。

在林子里到处蔓延着一种名叫蜜环菌的真菌，菌盖是蜂蜜色，菌柄上有环，所以叫作蜜环菌。它们的菌丝体无孔不入，专靠吮吸其他植物的养料为生，腐烂木材、危害森林。当遇到天麻时，菌丝也照例把块茎包围起来。没想到真菌这时占不到便宜了，天麻的细胞里有一种特殊的酶，能把钻到块茎里面来的菌丝当作很好的食料消化、吸收掉，真菌反而成了天麻的食物！靠着蜜环菌的喂养，天麻长大了，没有根和叶一样生活得很好。这样，在漫长的进化过程中，根和叶慢慢退化了，在块茎的节间，我们还可以依稀看到叶的痕迹——薄薄的小鳞片。可是，当天麻衰老的时候，生理机能衰退，已没有“吃菌”的能力，这时反而成为蜜环菌的食物。所以，天麻和蜜环菌是共生的关系，前期天麻吃蜜环菌，后期则是蜜环菌吃天麻。

当人们摸清楚天麻的脾气后，只要把它的“粮食”——蜜环菌准备好，给它一个阴湿的环境，在平原地区也可以进行人工栽培。

斑竹竹斑的形成

毛泽东主席在九嶷山上观赏秀美的斑竹时曾写下这样一首诗：“九嶷山上白云飞，帝子乘风下翠微。斑竹一枝千滴泪，红霞万朵百重衣。”

九嶷山，位于湖南省永州市宁远县城南30千米处，素以独特的风光、奇异的溶洞、古老的文物、动人的传说驰名中外。又名“九疑山”，山上碑刻也大多称它为“九疑”，只有清代同治年间王方晋的碑文中写为“九嶷”。据说，它有舜源、娥皇、女英、潇韶、石域，石楼、桂林、杞林、朱明等九座山峰，常常会使游人感到十分惊疑，九嶷山由此得名。

斑竹

九嶷山上长有一种秆高7~13厘米、直径3~10厘米的斑竹，生长在海拔2000米的高山上。斑竹的秆具紫褐色斑块与斑点，分枝也有紫褐色斑点。这种斑竹用处不大，最开始只是当地农民砍下它拿回家挂蚊帐用。不过山中的古代碑文铭刻中，提到斑竹的就有好几处：“往往幽踪传帝子，万竿修竹晕成斑”“泪痕空点斑竹苔”……

斑竹在古代产于湖南湘江一带，又名“湘妃竹”。《楚辞·九歌》有这样一个美丽的传说：古代南方有条恶龙危害百姓，舜帝知道后寝食难安，决定去南方替百姓除灾解难，

惩治恶龙。最终在同恶龙斗争的过程中牺牲了。他的两个妃子娥皇、女英闻讯赶来，十分悲痛，一直哭了九天九夜，最后也死在了舜帝的坟边。她们的眼泪洒到了九嶷山的竹子上，竹竿上便呈现出紫色的、雪白的，甚至是血红的泪斑，“湘妃竹”由此得名。

当然，传说终归是传说，竹斑并不可能是妃子的“泪痕”。那么，竹斑到底是怎么形成的呢？原来，竹斑的形成与斑竹的生长环境密切相关。斑竹生长在苦竹丛下，环境湿度高达95%，温度在28℃~29℃之间。竹子一出生便会被这里的一种寄生青苔缠上，一直伴随其生长。当竹子被砍掉，刮掉覆盖在上面的青苔，竹子上的斑痕便露出来了，这些斑痕就是诗人笔下的“千滴泪”。它实际上是真菌寄生在竹子身上留下的美丽花纹。

还有一种刚竹被称为“虎斑竹”。它上面生有茶褐色或者赤褐色不规则的斑点，呈云纹状。寄生在竹子上的这种真菌，不但对竹子的生长无害，反而增添了竹材的工艺价值，可以用它生产出精美的竹制工艺品。据统计，九嶷山上现在只存有一万多根斑竹，已经被保护起来。

神秘的海底之花

1965年3月21日，潜水员瑞克在澳大利亚西海岸的外海地区潜水。当他正在下潜的时候，突然在一块岩石上看到一朵非常美丽的小花，这朵花的花瓣是红色的，下边还长着黄色的叶子。据说潜水员如果看到海底之花便会有好运，想到这里，瑞克十分高兴。他伸手准备将小花摘下来，谁知道手刚一碰到小花，他的整个手臂如同触电般一阵麻痹，几乎晕死过去。他拼命游出了水面，伙伴们将筋疲力尽的他送往医院，经过抢救，他终于脱离了危险。

瑞克在医院里向伙伴们提起了这件怪事，大家都觉得十分不可思议。于是只好求助于著名的植物学家哥萨教授，听完瑞克的讲述，教授十分感兴趣，决定帮他调查清楚这件事，揭开海底之花的谜团。

在潜水员的帮助下，哥萨教授在瑞克出事的地方下潜到了海底寻找他所说的海底之花。终于看到了那朵红色的小花，教授十分兴奋，由于事先做好了准备，他戴上了三层专用的防护手套，把手伸向了小花。但是手套也未能抵挡住海底之花的“攻击”，教授被一阵强烈的电流几乎电晕过去。但教授很快调整过来，他从身上抽出砍刀试图将海底之花砍下来以做研究之用，但海底之花异常坚固，这时教授已经筋疲力尽了，他只好使出全身力气将小花的花瓣砍了下来。

潜水员们迅速将教授从水里捞出来，奇怪的是，他手里握着的海底之花的花瓣一离开水面便迅速干枯了，并由原来的鲜红色渐渐变为墨绿色。

处于半昏迷状态的教授被迅速送往医院进行抢救，最后虽然脱离危险，但几天后，那种麻痹的感觉仍时时困扰着他。看来传说中神奇的海底之花确实存在，但为什么海底之花会使人麻痹？为什么它的花瓣会迅速干枯？为什么它的花瓣和叶子会如此坚韧？教授更加迷惑了。至今，这些问题都还是未解之谜。

冰藻也有自卫能力

人类和动物在危险时刻都会进行自卫。有趣的是，生活在南极海域中的冰藻也有自卫能力，不过它是对紫外光有着明显的自卫能力，正是因为它的这种能力使得它能对其他海洋生物起“屏蔽”保护作用。那么，海藻是如何自卫的呢？

1986 年以来，南极上空出现了臭氧洞，对地球生态环境和人类的生存造成了极大的威胁。为此，世界各国都加强了对臭氧洞的研究。其中最重要的课题之一便是研究臭氧洞的紫外线对南极海洋的穿透能力及其对海洋生物的影响。

众所周知，强烈的紫外线对地面生物具有明显的杀伤力。因此，强紫外线一般在医院和实验室用于消毒、杀菌等。人如果在阳光下曝晒，皮肤就会变黑。不过从阳光中射过来的紫外线不像从臭氧洞穿过来的那样强烈。强烈的紫外线会使人得皮肤癌，这也是

不争的事实。

紫外线不只对陆地生物，对海洋生物的影响也非常大。现在，由于臭氧层被破坏，南极海洋浮游植物的生产力大幅降低。强烈的紫外线会使染色体、脱氧核糖核酸和核糖核酸产生畸变，从而导致生物的遗传病和产生突变体。

冰藻是海洋中浮游植物的一类，主要为硅藻，聚居地一般在海洋的底层或中间层。它们的生活方式独特，生长繁殖能力也十分顽强。在南极海洋生态系统中占有重要地位。人们一直不知道冰藻对紫外线有吸收和“屏蔽”作用，率先发现冰藻对紫外线辐射有“自卫”能力这一现象的是芬兰的一位科学家。实验结果发现，冰藻在波长 330 纳米处的紫外线吸收峰比一般浮游植物高，冰藻还能吸收波长 270 纳米的紫外线，这两种波长的紫外线正是臭氧洞中透过的紫外线的波长范围之一。这与一般浮游植物是不同的。它的这种能力使紫外线不能穿透海洋上的冰块，从而使冰下海水中的其他海洋生物不受紫外线的伤害。

作为海洋生物中的一种浮游植物，冰藻为什么会有其他海洋植物所没有的“自卫”能力呢？海洋生物学家们认为，冰藻的“自卫”能力可能与能防紫外线的氧化酶和催化酶有关，但目前还没有弄清楚其确切机制。

带刺的玫瑰

娇艳的玫瑰芬芳艳丽，深得人们喜爱，但是她身上却长满了刺，似乎是怕别人伤害她。玫瑰花为什么会长刺呢？在希腊故事中，玫瑰是爱神维纳斯创造的。有一次，一些蜜蜂在花园里蜇了丘比特的鼻子，维纳斯很生气，就拔掉了它们的针，针都掉到玫瑰花上了，所以玫瑰以后就带刺了。

当然，玫瑰花的刺其实是大自然赐予玫瑰的特殊礼物。玫瑰娇嫩美丽，没有什么自我防卫武器，为了保护自己的叶、花和芽，避免动物和鸟类把它们吃掉，玫瑰只有长出锋

利的硬刺,可以说这也是植物的一种自我保护。

玫瑰

玫瑰花语

玫瑰色彩缤纷,不同颜色的玫瑰所表达的内涵也不尽相同。红玫瑰代表热情、真爱,所以在情人节那天,人们会选择以赠送红玫瑰来表达自己对情人的爱恋;黄玫瑰代表珍重、祝福和道歉,将黄玫瑰作为礼物送给朋友,代表纯洁的友谊和美好的祝福;白玫瑰代表纯洁、天真;紫玫瑰代表浪漫、真情和珍贵、独特;黑玫瑰则代表温柔、真心;橘红色玫瑰代表友情和青春美丽;蓝玫瑰则代表敦厚、善良。

功效多样的玫瑰

玫瑰不但非常美丽,还具有较高的药用价值。玫瑰可以入药,其花有行气、活血、收敛伤口的作用。玫瑰是提取天然维生素C的优质原料,果实中的维生素C含量很高。玫瑰香气馥郁,是世界上著名的香精原料,早在隋唐时期,就备受宫廷贵人的青睐,据说杨贵妃一直能保持肌肤柔嫩光泽的最大秘诀,就是在她沐浴的华清池内,长年浸泡着鲜嫩的玫瑰花蕾。玫瑰花瓣既可沐浴也可护肤养颜,是一种天然的美容护肤佳品。玫瑰还十分可口!人们常用它熏茶、制酒和配制各种甜食。

落叶背朝天的原因

落叶从树上飘落下来绝大部分都是面朝地、背朝天的,这是日常生活中很常见的现象。但是落叶为什么总是背朝天呢?

原来一片树叶面与背的构造是不相同的。叶面的表皮下由排列有序、结构紧密的细

胞层,即“栅栏组织”构成;叶片背面则是由排列疏松的细胞层,即“海绵组织”构成。这两种结构不同的细胞层,形成了同一片树叶“背”与“面”不同的比重:叶面要重于叶背。在树叶飘落时,自然是以结构紧密较重的一面先落地了。

还有一个原因,叶子在生长的过程中,由于种种原因,形状会变成弯曲状,叶尖下垂,所以下落的时候会正面朝下,背面朝天。

风景树“皇后”“生子”之谜

雪松是松科家族的佼佼者,树体高大,亭亭玉立,洁净如碧,为世界著名的三大观赏树种之一,有风景树“皇后”的美誉。印度民间将其视为圣树。雪松最适宜孤植于草坪中央、建筑的前庭中心、广场中心或主要建筑物的两旁及园门的入口等处。雪松原产于喜马拉雅山西部阿富汗至印度海拔1300~3300米之间,不过,遗憾的是,这高贵的“皇后”引进我国后却迟迟不肯“生子”。这是什么原因呢?

松树一般都是雌雄同株的裸子植物。春天新枝的基部生出雄球果,顶端生有1~2个雌球果,雌球果的表面会分泌出一种黏液,风一吹,雄球果上的花粉便被吹散,就能黏在雌球果上,使其授粉结籽。

雪松

但是,在雪松结的松塔里全是空的,很难找到一个松子。经科学家们长期观察发现,原来雪松绝大部分都是雌雄异株,雌雄同株者只占5%。我国引进的雪松多是孤株栽植,很少成林。再加上我国的地理条件和印度、阿富汗有很大不

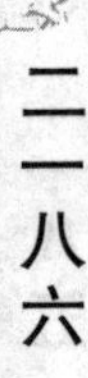

同，这就使得雪松雌球果和雄球花的成熟时间相差 10 天左右，所以，当雄球花上的花粉被吹散时，雌球果还未成熟，自然授粉效果差，因此，这种风景树"皇后"也就一直未能生下"一儿半女"。为了获得饱满的种子，繁殖雪松，人们把成熟的雄球花摘下，筛选出花粉，放在 0℃～5℃的冰箱里保存，等雌球果成熟时，进行人工授粉。从此，结束了我国雪松一直靠从国外引进的历史，使得雪松家族在我国也能旺盛地繁衍。

合欢树预测地震之谜

我们知道很多动物有预测地震的本领，但植物也能预测地震，你知道吗？植物生理学家最近发现，有些植物不仅能对外界变化做出相应反应，而且还具有一套独特的预测灾祸降临的本领。

日本有一位名叫鸟山的学者，专门从事植物地震预测方面的研究。他以合欢树作为实验对象，用高灵敏度的记录仪器，测量合欢树的电位变化。

经过数年的研究，鸟山惊奇地发现，这种植物能感受到火山活动、地震等前兆的刺激，在这些自然现象发生之前，合欢树内会出现明显的电位变化，电流也会突然增强。例如，1978 年 6 月 6 日至 9 日 4 天中，合欢树电流正常，但 1978 年 6 月 10 日至 11 日，突然出现极强大的电流，结果 6 月 12 日下午 5 点 14 分，在树附近的地区发生了里氏 7.4 级的地震。此后，余震持续了十多天，电流也逐渐减弱。余震消失后，合欢树的电流才恢复正常。1983 年 5 月 26 日中午，日本海中部发生了 7.7 级地震，在震前的 20 多个小时，鸟山教授又一次观察到合欢树异常的电流变化。

实验表明，合欢树不仅能预测地震，而且预测的还十分准确。合欢树为什么能预测地震呢？有关专家认为，合欢树在地震前两天能够做出反应，出现异常大的电流，是由于它的根系能敏感地捕捉到作为地震前兆的地球物理化学和磁场的变化。

尽管现在已有许多地震监测仪器，人们仍期望加强对植物预测地震的研究，以便使

人类能多途径地、更准确地预测、预报地震，尽可能地减少地震造成的危害及损失。合欢树的这个特点现在正逐渐为人们所应用，为人类准确预报地震提供了一条新的途径。

无花果的花之谜

无花果为桑科植物，从外观上只能看见果而不见花，故而得名。难道无花果真的是不开花就结果吗？其实，这是一个误解，世界上没有不开花就结果的植物。无花果不仅有花，而且有许多花，只不过人们用肉眼是看不见的。

平时人们吃的无花果，只是花托膨大形成的“肉球”，而并不是真正意义上的果实。无花果的花和果实都藏在那个“肉球”里面。这个“肉球”仅在上部开了一个小口，中间有一处凹陷。在凹陷周围开了许多小花，这就是植物学上所说的“隐头花序”。

无花果

如果把无花果的肉球切开，用放大镜观察，就可以看到里面有无数的小球，小球中央的孔内生长着无数绒毛状的小花。雄花和雌花上下分开，每朵雄花、每朵雌花各结一个小果实，也藏在“肉球”内。因此，无花果的名字其实是名不副实的。

美味的无花果

无花果味道香甜，营养丰富。鲜果中果糖和葡萄糖的含量高达 15%~28%，还可以加工成蜜饯、果干、果酱和罐头食品。无花果入药可开胃、止泻，是治疗喘咳、吐血和痔疮的良药。

香蕉树不是树

香蕉树十分粗壮高大，有的树高甚至超过 10 米，因此，它往往被人们认为是一种树。其实，香蕉树并不是树，而是一种生长在热带的草本植物。

香蕉树真正的茎是地下的块状茎，那里贮存着丰富的营养物质，香蕉的根系、叶片、花轴和吸芽都是从这里生长出来的。地面上的树干部分则是由叶鞘相互包裹所成的假茎，每一片新叶都从中心部分的地下茎伸出，生长至最后一片叶时，由假茎中心伸出花轴及花序，因此香蕉树并没有坚硬的木质部。香蕉树一般都是软软的，不能像其他的树木那样坚硬挺立，也不能像别的树木那样年年直立生长，生长一段时间后，生长期就结束了，树上的枝叶就会逐渐枯死。等到来年再从根部长出新芽，继续向上生长，展开阔大的叶子，再结出新的果实。根据香蕉树的这些生长特点，可以判断它其实并不是真正的树。为了区别它和香蕉的果实，才称它为“香蕉树”。

香蕉的种子

香蕉的种子所存在的位置十分隐蔽且不易察觉，因此，人们一直认为香蕉是没有种子的。其实香蕉的种子就在香蕉树的果实中，也就是我们平时所吃的香蕉顶端。但是香蕉的种子缺少胚乳，很难萌发成香蕉树，所以香蕉树一般采用扦插、压条、断根等无性繁殖的方法。

梨的果心很粗糙的原因

梨吃起来爽脆多汁，酸甜可口，风味芳香。梨还富含糖、蛋白质、脂肪、碳水化合物及多种维生素，有益于人体健康。很多人都爱吃梨，可是每次吃梨快吃到果心时，就会觉得

果肉变得又粗又硬，而且味道也变得酸酸的。

所有的梨都是这样吗？是的，每个梨的果心部分都特别粗糙。

原来，在梨的果实里面，有一种质地像石头一样粗糙的组织叫作“石细胞”，它是“厚壁组织”的一种，这种细胞的作用是保护种子。在靠近种子的中心部位，一般会发现附近的果肉吃起来特别粗糙，颜色也比其他部分深很多。其实这就是石细胞为了保护种子而增加了很多纤维质来让细胞壁变厚的缘故。

不过现在也有很多梨都是石细胞较少的品种，如丰水梨、鸭梨等。

“指南草”指南之谜

内蒙古大草原十分辽阔美丽，旅行者往往会流连忘返。但美丽的草原也暗藏凶险，一不小心就会因找不到方向而迷路。这时，当地的牧民就会从地上拔起一棵草，让旅行者沿着这棵草所指示的方向走，这样就不会迷路了。这棵草就是当地的“指南草”。

“指南草”是内蒙古草原上一种特有的植物，它是草原上一种叫“野莴苣”的植物的俗称。“指南草”的叶子呈南北向生长，基本上垂直地排列在茎的两侧，并且叶子几乎与地面垂直，“指南草”为什么可以指示方向呢？科学家发现，越干燥的地方，所生长的“指南草”指示的方向就越准确。原来，内蒙古草原十分辽阔，一望无际。几乎没有什么高大的树木。一到夏天，草原上的草就只能忍受那火辣辣的太阳的炙烤，中午时分，整个草原就像一个大火炉，十分炎热，水分也蒸发得很快。在这样的环境中，野莴苣只好让叶子与地面垂直且呈南北排列，这样可以在中午阳光最强烈的时候减少阳光直射的面积和水分的蒸发，还有利于吸收太阳的斜射光，增强光合作用。

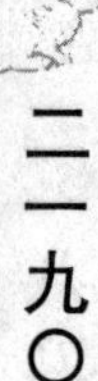

内蒙古草原还有蒙古菊、草地麻头花等植物也像野莴苣一样能指示方向。

其实在自然界中，很多植物为了生存都练就了自己独特的本领，能不断改变自己，让自己以最佳的状态适应环境。在非洲的马达加斯加岛，有一种奇特的“烛台树”，当地人都把它当作指南树,在大森林里迷路的人只要找到它就能找到方向了。因为它的树干上长着一排排细小的针叶,而且不管树长多高,也不论长在什么地方,它那细小的针叶总是指向南极。

无叶之树的秘密

树木一般都有叶子,如果说世界上还有不长叶子的树,你是不是觉得很有趣呢?在南京中山植物园的温室里,就有两株不太高的光杆无叶树,科学上称它“绿玉树”。这种树的树干、树枝都是绿色的,但一年到头总是光溜溜的。有时在新枝的顶端能看到三五片极小的叶,但也会很快脱落。因此,人们称它“光棍树”。

绿玉树为什么会只长树干、枝条,不长树叶呢?其实在很久以前,绿玉树是有叶子的,但绿玉树的老家远在气候干旱、雨水稀少的非洲,为适应严酷的自然环境,绿玉树经过长期的进化,叶子越来越小,逐渐消失,最后成了无叶之树。没有叶子对绿玉树来说是件好事,这样就可以减少体内水分的大量散失。绿玉树的枝条里含有大量的叶绿素,能代替叶子进行光合作用,制造其生长发育所需的养分。这是绿玉树同干旱作斗争的巧妙方法,也是它经受长期自然选择的结果。

绿玉树

不只绿玉树,很多植物为了生存,不仅要凭借自身顽强的生命力,还要适时作出改变,努力去适应大自然。如干旱地区的植物,就会采用减少叶片蒸腾作用的方法来保持体内的水分。

大家都知道,植物蒸腾的主要门户是植物叶子上那些细小的气孔,气孔口有两个呈半月形或哑铃状的特殊的保卫细胞。孔口敞开时,表明植物体内水分充足;在缺水时,孔口就会紧闭,以减少水分的散失。禾本科植物的叶里,还有一些特殊的大细胞,水分充足时就膨胀,使叶片舒展;水分不足时就收缩,使叶片卷成筒状,这样做也能在一定程度上减少植物水分的散失。有的植物为了长期同干旱的环境做斗争,会把自己变成全身披甲的战士。如在叶面上生成一层厚厚的蜡质、角质或绒毛之类的覆盖物,使表面细胞排列紧密粗厚。另外,在沙漠或者气候干旱的缺水地区,有些植物不长叶子,一些吃叶的动物见到光秃秃的树枝就不会去光顾它了,这样就减少了被动物吃掉的机会,这也是植物自我保护的一种表现。甚至还有植物的叶子全部退化,变成针刺状,以应付干旱。如仙人掌科的植物和绿玉树一样,因长期生长在非洲等沙漠地带,其叶子逐渐变成针刺状或毛状,也就不足为奇了。

春笋雨后生长最快

我们常用"雨后春笋"这个词来形容事物发展迅速。的确,春雨过后,竹林里的竹笋总是生长得特别快。不出几天,就能长成高高的竹子。

竹笋为什么在春季下雨后长得特别快呢?原来,竹子是禾本科的多年生常绿植物,它们有一种既能贮藏和输送养分,又有很强繁殖能力的地下茎(俗称"竹鞭")。地下茎和地上的竹子一样有节,是横着长的,节上长着许多须根和芽。这些芽到了春天天气转暖时,就会释放身体储备的各种生长所需的养分,向上升出地面,外面包着笋壳的就是我们常说的"春笋"。但在这个时候由于土壤还比较干燥,水分不够,所以春笋长得不快,有的还暂时藏在土里。这时如果降一场春雨,土壤中水分足了,春笋就会纷纷窜出地面。

竹笋的种类

竹笋的种类大致可分为冬笋、春笋、鞭笋三类。冬笋呈白色,肉质鲜嫩,是毛竹在冬季生于地下的嫩笋;春笋脆嫩甘鲜、爽口清新,被人们誉为春天的“菜王”,是在春天破土而出的新笋;鞭笋状如马鞭,呈白色,肉质爽脆,味微苦而鲜,是毛竹夏季生长在泥土中的嫩笋。

美味的竹笋

中国人十分喜爱竹子,历代文人墨客咏竹的作品众多,常常用竹子比喻谦虚、有节操的人。竹笋的营养价值较高,自古被视为“菜中珍品”,它所含的蛋白质比较丰富,还含有人体所需的各种氨基酸。另外,竹笋具有低脂肪、低糖、高纤维素等特点。清代文人李笠翁甚至认为肥羊嫩猪也比不上竹笋,把它誉为“蔬菜中第一品”。

生长最快的植物

世界上生长最快的植物是哪种呢?答案是毛竹。虽然它并不十分高大,生长速度却十分惊人,是名副其实的“生长冠军”。

在毛竹生命期的前5年,它的生长速度并不快。原来,它是在专心致志地发展它的内部力量,为以后的迅速生长做准备。此时毛竹的根向四周生长10多米,向地下扎根近5米深。到了第6年,一场春雨过后,便可在一昼夜间长1米多高。有的甚至能在24小时之内拔高2米。以这样的速度生长15天左右,最后大约能长到20多米。

毛竹

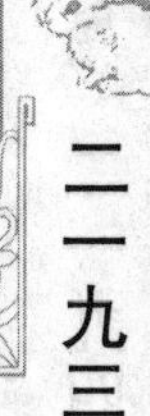

霸道的毛竹

毛竹看起来斯文秀气，其实它还是一个小霸王呢！在毛竹的生长期，它强壮的根悄悄地“侵占”了周围其他植物根系的发展空间，致使其他植物无法获得生长所必需的水分和养料。它以资源垄断的方式独自生长，周围的其他植物只能眼巴巴地看着它生长。只有等到它的生长期结束，这些植物才能获得重新生长的机会。

竹子不常开花的原因

在日常生活中，我们很难见到竹子开花，而与竹子同属禾本科植物的稻、麦等作物开花却各有其时，这是为什么呢？

开花植物的生命周期从种子开始，经萌发、生根、生长、开花、结实，最后产生种子，便完成一个生命周期。一般来说，开花植物的生命周期大致分为三类：一年生植物是在一年或不到一年的时间里，完成了一个生命周期，植株随之死亡；二年生植物是在两年或跨两个年头的时间里，完成了一个生命周期，植株随之死亡；还有一种多年生植物则要经过几年生长以后，才开始开花结实，但植株却能存活多年。竹子却与这些植物不同，它属于多年生一次开花植物，能成活多年，但只开花结实一次，结实后植株就会死亡。

知道了这个道理，竹子为什么不经常开花的原因也就清楚了。

那么竹子多久才开花呢？这个没有人知道，因为竹子只有在遇上反常的气候时，才大量开花结实，以产生生命力强的后代，去适应新的环境，而在平常年景一般都不开花。所谓“竹子开花大旱年”，说的就是这个道理。

荷叶能凝聚水滴的原因

雨后初晴，人们可以在公园的荷塘边看到这样的美景：荷叶上的水珠滚来滚去，如泪滴般晶莹剔透,美不胜收。好奇的人可能要问了,这些雨水为何不能溶于荷叶,而在上面凝结成水珠呢?

荷叶

经科学实验证明,液体和固体接触有浸润和不浸润两种现象,雨水遇见荷叶就属于不浸润现象。荷叶叶面上有许多密密麻麻的茸毛,每根毛都十分纤细,上面含有既不带正电,也不带负电的中性蜡分子。当水滴落到蜡面的荷叶上时,水分子之间的凝聚力要比在不带电荷的蜡面上的附着力强。所以雨水落在荷叶面上不会浸润整个叶面,而是聚集成水珠。

荷叶自洁效应

我们发现,荷叶上的脏东西只需用少量的水就可以很方便地清洗掉。原来,荷叶表面十分平坦,具有极强的疏水性,还有它那一层蜡状晶体,使洒在荷叶上的水自动聚集成水珠,水珠的滚动把落在叶面上的尘土、污泥粘吸并带离叶面,使叶面始终保持洁净,这就是著名的"荷叶自洁效应"。不过如果把一滴洗涤剂或洗衣粉溶入水珠,水珠就会立即解体散开平铺在荷叶上。

液体的表面张力

液体的水有一种被称为表面张力的特性,即聚拢自身体积的特性。这种张力的物理特性就像一层弹性的薄膜把水包裹住不让它流出来,使得液体的表面总是试图获得最小的、光滑的面积。

玉米头顶开花腰间结实

玉米有一种非常奇怪的特性:头顶开花,腰间结实。不像一般的植物,哪里开花就在哪里结实。为什么玉米会有这样的“怪癖”呢?

这就得从植物的生长特性说起了,玉米和小麦等禾本科植物一样,都是雌雄同花植物。一开始玉米的花和果实都长在茎秆顶上,但是随着生活环境的变化,玉米的果实又非常硕大,这就使得柔弱的茎秆承受不了果实的重量,十分容易倒伏。为了继续生存和繁衍下去,玉米不得不逐渐随着客观条件的变化而改变自身各部分器官的构造,这就使得玉米茎秆上花序的雌蕊逐渐退化,最后只剩下三个雄蕊;而长在玉米叶腋里的花序中的花,只留下了雌蕊,雄蕊退化了。

就这样,玉米从雌雄同花植物变成了同株异花植物。三株雄蕊的花高高地开在茎秆的顶端,借着风力传播花粉,而又大又粗的果实则牢牢地结在玉米秆中部的叶腋里,这样就不容易倒伏了。玉米这种头顶开花、腰间结实的现象是长期进化的结果,也是植物为了适应环境而不得不进行的改变。

耐寒植物的花朵也能发热

植物学家注意到了植物的一些奇特习性,如在气温常为零下几十度的北极地区,仍然有植物能够不惧严寒,绽放出美丽的花朵。更为奇特的是,这些植物花朵内的温度总比外部气温要高。

20 世纪 80 年代,瑞典有三位植物学家在北极地区实地考察时发现,那里的很多植物都像向日葵那样有追逐太阳的习性,花朵总是对着太阳。他们想,花朵的内部温度比外界高会不会就是这个原因呢? 为了证实这个猜想,他们做了一个实验,将一株仙女木花的花萼用细绳绑住，使其不能随意转动方向。结果显示，由于被固定的花不能追逐太阳了，它的温度比那些未固定的花朵温度要低0.7℃。这个实验证明了他们的猜想是正确的。由此他们认为，北极气候寒冷，花朵为了满足植物生长的需要，会做向阳运动以集聚热量，有利于种子的孕育及结果。

但是这一理论后来遭到了挑战。美国著名的植物学家丹·沃尔发现了一种叫臭菘的极地植物，这种植物花苞内的温度总是恒定地保持在22℃左右，这种现象用向阳理论就解释不通了。为了弄清臭菘是如何维持这个温度的，丹·沃尔进行了一系列的测试和研究，他发现臭菘体内的乙醛酸体细胞内部十分有利于酶的化学转移。花朵中的"发热细胞"在臭菘体内的脂肪转变成碳水化合物时，会将其所释放的能量变为己用。

植物自然发热有着极其重要的意义。丹·沃尔的观点是，花朵内有了足够的热量，就能大大加速花朵香气的传播，招引一些甲虫、尺蛾等传粉使者前来为它们传播花粉。

有很多学者并不同意丹·沃尔的这一观点。美国植物学家克努森认为，臭菘提高局部温度更重要的是为了延长自身的生殖季节，使它有足够长的温暖期来开花、结果和产生种子，而并不仅仅是为了引诱昆虫。

丹·沃尔则辩解说，昆虫的肌肉在低温时几乎无法正常工作，在这种情况下，发热的花朵无疑像一间间温暖的小房，引诱昆虫前来寄宿，同时也达到了传播花粉的目的。

目前，耐寒植物花朵的"发热"现象还没有一个确切的解释，有待科学家们进一步探索。

植物的辐射也能治病

欧洲著名的医生、杰出的草药巫师爱德华·贝奇认为，所有的生物都能发出射线，高振动的植物能提高低振动的人类的振动。他希望可以利用这种天然的方法来帮助患者治疗疾病，恢复健康。

苏联黑海市的几家疗养院在为患者治疗时不仅采用了药物疗法，还将他们带到大自然去接受植物的"治疗"。同样的道理，贝奇认为，草药具有提高人的振动的功能，使人的精神和身体轻松愉快。因此，他在为患者治病时，经常让草药和鲜花的振动充溢人体，让疾病在植物的振动下慢慢消散。

贝奇认为，凝聚了植物生命力的露珠是治疗疾病前所未有的特效药，特别是受过太阳照射的露珠。因此，他做过一个实验，分别采集了一些花朵上向阳和背阳的露珠，发现背阳的露珠药效不如向阳的露珠，因此，他推测太阳太阳光的辐射是北纬过程的基础。于是他便挑选了一些花放入一个装着清水的玻璃钵里，放在田野里晒几个小时，发现得到的水也充满了植物的振动和能量，可以用来治疗各种疾病。这已经从很多患者那里得到了证实。

贝奇在研究中发现，很多普普通通的植物对治病很有帮助。如英国乡村小路和田埂旁大量生长的黄色龙牙草可以用来治疗忧郁症；蓝色的菊苣花可以治疗忧虑过度；石玫瑰配剂可以治疗极度恐惧症。

由于与植物长期接触，贝奇觉得自己都能感觉到植物的各种反映了。当他用手轻轻抚摸各种被测的植物时，就能感觉到它发出的夺去和能量。这些植物有的会令人感到兴奋，有的则使人感到疼痛、呕吐、发热、急躁。

但现在，关于植物的振动和辐射还存在很多谜题，植物科学家们还在继续深入研究植物的这种放射性。希望答案能早日揭开，为人类带来福音！

植物生长与地球自转的关系

科学家们发现，植物的生长发育也会受到地球自转所形成的重力的影响。

地球自转对植物的影响有很多方面，无处不在的螺旋体便是受这种影响最明显的代表。例如，常常可以在潮湿的混交林或在河岸溪边看到的爬蔓植物啤酒花，啤酒花丛长得高高的、像一团乱麻似的,这一团团乱麻就是它的茎。这种茎有的会按逆时针方向攀住附近的灌木或乔木盘旋上去,形成左螺旋生长;有的会像绳索一样自相缠绕。一般来说,爬蔓植物大都是沿着支撑体向右盘旋上升的,只有少数向左旋,啤酒花就属于这极少数中的一种。

除爬蔓植物外,其他植物的叶子也都是按螺旋方式长在茎上的。最明显的就是芦荟。仔细观察就会发现,榆树、赤杨、柞树以及柳兰,草地矢车菊的叶子都是明显按螺旋方式排列在枝上。不只树木,大多数草的叶子排列也都是螺旋式的。正是由于这种排列方式,叶片之间才没有相互阻挡,使所有的叶片都能接受到太阳光的照射。一般来说,叶片按顺时针方向盘旋而上的植物占多数,逆时针而上的较少。通常的情况是,右旋植物的叶子右半部生长得比较快,左旋植物的叶子左半部生长得比较快。

叶子旋转的方向还会透露出植物的性别。如白杨、柳树、月桂树和大麻等植物,叶子从左向右排列的是阴性植物,从右向左排列的是阳性植物。一些针叶植物的螺旋性并不表现叶子在茎上的排列形式,而是表现在这些叶子的旋转方向上。像成对生长的松树针叶常常是以螺旋方式旋转的,而每一对松针旋转的方向总是相同的。

人们还发现,椰子树的叶子也是按螺旋式排列的,这种排列因其在赤道南北的位置不同而不同。生长在赤道以北的椰子树叶大多数是左旋的,而生长在赤道以南的则多是右旋的。

不只植物的茎叶,植物花朵上的花瓣、植物的果实也都是按螺旋方式集聚在一起。如聚花果、向日葵的籽,松树和白杉的球果的鳞片,都是呈螺旋状聚集排列的。

科学家经过进一步深入研究后发现,对动植物机体的发育起决定性作用的脱氧核糖核酸的分子结构也是细长的双螺旋线。这就说明了为什么生物机体的整体都有螺旋状组织。

对于这些奇特的现象,科学家的解释是宇宙中的星体都在永无止境地旋转,人们看到世界上存在的那么多螺旋现象,就是这种旋转对地球生物所产生的影响。

还有科学家认为,地球的引力场和电磁场对植物的生长发育起着巨大的作用。自然界中的螺旋现象就是宇宙中万物运动的共同规律的反应。

研究植物的螺旋状态对人类有着十分重要的意义。一些科学家通过对几十种植物叶子的左右两半分别进行各种物质含量的化验,发现发育较快的那半边所含的叶绿素、维生素 C 和植物本身生活所必需的其他营养物都比另一边多。由此,有人分析,一些植物对人体的效用,或许就取决于叶序的方向或者叶子的旋转方向。由于这种差异,造成它们所含的药用物质或其他物质的差异。

目前对植物螺旋状态的研究还在起步阶段,远未达到令人满意的程度。许多疑团还有待人们一一解开。

花开花落各有其时的原因

花开花落是一种十分常见的自然现象,但是为什么有的花喜欢在骄阳下绽放,有的则喜欢在夜色中盛开呢?植物开花的时间为何都不尽相同呢?

这得从植物各自不同的特性说起。一般来说,大多数植物都是在白天开花,在清晨的阳光下,花的表皮细胞内的膨胀压增大,上表皮细胞(花瓣内侧)生长得快,于是花瓣便向外弯曲,花朵盛开。而且在阳光下,五彩缤纷的花色十分耀眼,花瓣内的芳香油也容易挥发,这样就能吸引很多昆虫前来采蜜。由于有昆虫为花儿传授花粉,花卉就能结籽,从而增强了植物繁殖后代的能力。

但是,也有很多植物选择在晚上开花,而且这些晚上开花植物的花朵大多为白色。这是什么原因呢?同白天开花的植物一样,晚上开花的植物也要吸引昆虫来传授花粉;而五彩斑斓的颜色在夜间却并不十分明显,只有白色在夜色中的反光率最高,这样就容易被昆虫发现。因此,经过长期的演化发展,以前那些缤纷多彩的花种由于无法吸引足够的昆虫前来传授花粉,失去了繁衍后代的机会,逐渐被淘汰,而那些夜间开白色花的植物则获得了繁衍后代的机会而生存下来。

还有的植物习惯就更加有趣了,白天盛开,夜间闭合,跟人类的作息时间很相似。如睡莲、郁金香等都是在白天竞相争艳,而到了晚上却都像害羞的小姑娘似的,全躲起来了,等到第二天才继续开放。这又是什么原因呢?原来,花儿的这种昼开夜合现象是由于温度和光线的变化引起的,晚上一般气温较低,而且光线也十分柔弱,达不到花儿绽放所需的条件,植物由此产生睡眠运动。如果把已经闭合的花移到温暖的、有光线的地方,3~5分钟后它就会重新开放。

白天开出艳丽的花朵,夜晚开出洁白的花朵。不论它们的开花时间如何,这些都是植物为适应外界的生活环境,长期以来形成的习性。

叶与花的秘密

每到春天,百花争艳,由此花也被誉为“春的使者”。俗话说红花还需绿叶配,可当我们置身于万紫千红的花海时,有没有发现这样一个奇妙的现象:有的鲜花是和绿叶相伴一起,有的则是鲜花独自盛开,并不见绿叶的踪影。这是什么原因呢?

原来,很多植物的花和叶在上一年的秋天就形成了,它们都被包裹在植物的芽里。被包在芽里的花叫“花芽”;被包在芽里的叶叫“叶芽”;花和叶都被包在芽里的叫“混合芽”。为了度过寒冷的冬天,这些芽会等到第二年的春天才开花、吐叶。植物的花、叶对环境、温度等生长条件都有各自不同的要求,只有满足了这些要求,它们才会生长发育。如玉兰花,它的花芽生长需要比较低的温度,因此,它的花芽就会先于叶芽生长,我们就会先看到玉兰的花朵,过段时间才能看见它的叶。而苹果、橘子等果树,花芽生长时需要比较高的温度,因此,它们的叶芽先于花芽生长,我们会先看见它们的树叶,然后花儿才会绽放。还有的植物花芽和叶芽对生长条件的要求相差无几,因此,我们可以看见它们的花和叶同时现于枝头。

植物幼苗向太阳"弯腰"的原因

1880 年,英国特征学家达尔文观察到一个有趣的现象:稻子、麦子等植物的幼苗在受到阳光的照射后,会向太阳所在的方向弯曲。但是如果把这些幼苗的顶端切去或者用东西遮住的话,就不会再出现这种情况了。这是什么原因呢?达尔文提出了这样的假设:在幼苗的尖端含有某种特殊的物质,受到阳光的照射后,这种特殊的物质就会跑到幼苗背光的一侧,从而引起幼苗的弯曲生长。

但是达尔文最终也没有弄清楚这种特殊的物质究竟是什么。他的这个发现和假设却引起了很多科学家的兴趣,很多人为了弄清这种物质,开始着手进行大量的研究。

1926 年,荷兰科学家汶特经试验后发现,将燕麦幼苗的顶端切掉后,燕麦幼苗就会立即停止生长,但如果将切下来的顶端再放回原来的位置,幼苗又能重新开始生长,并向太阳的方向"弯腰"。更为神奇的是,将切下来的顶端放在琼胶上几个小时,然后把这琼胶小块放在切面上,幼苗竟能重新生长!

这个实验增强了人们寻找这种奇妙的"特殊物质"的信心。人们坚信在幼苗的尖端肯定存在这种"特殊物质",而且这种物质可以转移到琼胶中去。

1933 年,谜底终于被揭开了。化学家们从幼苗的尖端,分离出了好几种对植物的生长具有刺激作用的物质。这些奇妙的物质,被称为"植物生长素"。能够使幼苗背太阳一面的细胞分裂生长加速,使幼苗朝太阳的方向"弯腰"。

我国古代有一个"拔苗助长"的寓言,说一个急性子的人见他的苗不长,而急得到田里去把庄稼往上拔!其实种庄稼的人,都想庄稼快点长大。而植物生长素的发现,能不能运用到生产中去,让它为农业服务呢?

遗憾的是,植物中所含的天然植物生长素十分稀少,在 700 万棵玉米幼苗的顶端,总共只含有 1‰克的植物生长素!

地下森林,光听名字就很神秘,什么是地下森林呢?其实地下森林就是指生长在火山口里面的森林,只有在火山口才能看见它们,外面一般是看不见的,就好像森林长在地底下一样。

在我国黑龙江省宁安市境内的张广才岭上,有一个著名的地下森林,位于每拔 1000 多米处。这个地下森林颇为壮观,在 7 个死火山口内,由东北向西南延伸,长达 20 千米,宽达 4 千米,面积达 6 万公顷。

有人实地调查了这 7 个火山口,最大的上口直径有 500 米,下口直径 300 米,深 100 多米;最小的则像一口井,山口直径 20 多米;深 600 多米。人们发现这里形成了一个理想的天然生态系统,几乎成了植物的"世外桃源"。因为这一带气候条件十分优越,年平均气温 4℃,年降水量 600~800 毫米,土壤湿润肥沃,十分有利于植物的生长。这里生长着各种各样的植物,多达百余种,如东北著名的树木红松、鱼鳞松,珍稀的黄檗、紫椴、水曲柳等,胡桃楸和蒙古栎也选择在此安家。还有很多著名的草药也生长于此,如人参、五味子等。这里还是很多野生动物的天堂,如野猪、马鹿、金钱豹等。林间的树木还有免费的"医生"——啄木鸟、杜鹃等为它们捉虫除害呢!

这个神奇的地下森林是如何形成的呢?据专家推断,在一万年前,这一带有大量的活火山,经常会喷出大量岩浆,等到岩浆冷却以后,就变成了七个大的深洞。经过长时间的风吹雨打,岩层逐渐风化剥蚀,形成土壤,加上动植物、微生物等的活动,土层越来越厚。靠动物或风力的传播,大量种子在此生根发芽,由此形成了如今的地下森林。另外,复杂的地形使这些植被极少受到外界的破坏,也是它们得以保存至今的一个重要原因。

植物会发光的原因

在夏天,我们经常可以在树林里、草丛中看见星星点点的萤火虫飞来飞去,将宁静的夏夜装点得格外美丽。但是,不只萤火虫等动物,还有很多神奇的植物也会发光。

在我国江苏丹徒区，人们发现了几株会发光的柳树。这些田边腐朽的树桩在白天丝毫不引人注目，但一到夜晚，它们却闪烁着浅蓝色的荧光，就算狂风暴雨、酷暑严寒，这种神秘的荧光也不会消失。

这些普普通通的柳树为什么会发光呢？当地众说纷纭。经过研究，人们终于揭开了谜底。原来，柳树并不会发光，那些发光体只是一种寄生在它们身上的真菌，即假蜜环菌。人们给这种会发光的菌取名为“亮菌”，“亮菌”在苏、浙、皖一带分布十分普遍。它们靠吮吸植物的养料生存，其白色菌丝体长得像棉絮一样，能闪闪发光。在白天，人们是看不见这种光的，只有到了夜晚才会显现出来。其实，一千多年前的古书中就已经记载过朽木发光的现象。如药房里常见的“亮菌片”“亮菌合剂”就是这种发光菌制成的药，对胆囊炎、肝炎具有相当好的疗效。

海员们有时会在漆黑的夜晚看到海面上的海火，它是一片乳白色或蓝绿色的令人目眩的闪光。深海潜水员偶尔也会在海底遇见像天上繁星般的迷人闪光。其实，这些都是海洋中某些藻类植物、细菌及小动物成群结队发出的生物光。

1900 年巴黎国际博览会上，据说发生了一个有趣的小插曲。光学馆有一间特殊的展览室，那儿没有一盏灯，但整个房间却明亮悦目。原来，光线是从一个个装着发光细菌的玻璃瓶中发出的。这种奇思妙想真是令人惊叹。

植物为什么会发光呢？研究发现，植物体内含有一种特殊的发光物质，即荧光素和荧光酶。在进行生物氧化的生命活动过程中，荧光素在酶的作用下氧化，同时释放出能量，这种能量就会以我们平常见到的生物光的形式表现出来。

我们平常用的白炽灯泡，有 95%能变成热量消耗掉，很可惜只有极少量的能变成光。生物光属于“冷光”，有 95%的能量转变成光，发光效率很高。而且生物光的光色柔和、舒适，希望我们能模拟生物发光的原理，为人类制造出更多新的高效光源。

路灯旁的树木掉叶晚的原因

秋季是万物凋零的季节，植物都会在这个时候落叶。可如果仔细观察，你就会发现一个奇怪的现象：同一种树木，在路灯旁的总是比其他地方的树木掉叶晚。这是为什么呢？

我们都知道，温带的多年生木本植物在秋季落叶以后，个体的生长发育便会暂停，进入休眠阶段。树木为什么会落叶呢？我们通常认为是植物为了抵御严寒的侵袭而采取的自我保护措施。其实，并不仅仅如此，还有日照时间的影响。秋季日照时间逐渐缩短，预示严寒的冬天即将来临，叶片感受到这个信号后，便会产生一系列的生理反应，将信息传递给植物。这时植物就会将营养物质转移到根、茎和芽中贮藏起来；将枝条和越冬芽中的淀粉转变成糖和脂肪；使组织含水量下降；减少生长激素，逐渐增加脱落酸和乙烯，使植物体的代谢活动大大降低，最后出现落叶休眠现象。

明白了这个道理，路灯旁的树木掉叶比其他地方晚的原因也就不难理解了。在日落后，路灯会继续照射到旁边的树木，使树木接收到错误的信号，这样植物就无法进入休眠阶段，叶片会继续因蒸腾作用而失水，这对植物的生长是极其不利的。冬季甚至会因植物根系吸水困难而引发枝条枯萎，最终导致植株死亡。

水生植物不腐之谜

大家都知道，水是生命的源泉，无论哪种植物都离不开水，否则就会有死亡的危险。不过不同的植物由于具有不同的生活习性，所需水分的多少也是不一样的。像棉花、大豆、玉米等农作物就十分不耐涝，大雨过后，如果不及时排除囤积的水，这些作物就会被淹死。时间一长，整个植株就会腐烂。但却从来没人见过被淹死的荷花，它们身体的大

部分都长期浸泡在水里，为什么不会腐烂呢？还有金鱼藻、浮萍等水生植物，全身都浸泡在水里，为什么它们也没事呢？

这得从植物根的性能说起。一般植物的根，是用来吸收土壤中的水分和养料的。只有足够的空气，根才能正常地发育。在水中，植物的根得不到足够的空气，无法吸收养分，就会停止生长，最后导致整株植物死亡。

由于受到环境的影响，水生植物的根与一般植物的根不同。为适应水中的生活，它们的根都练就了一种特殊的本领——吸收水里的氧气，以确保根即使在氧气较少的情况下也能正常呼吸。

那么，水生植物是如何吸收溶解在水里的氧气的呢？水生植物的根部皮层是一层半透明性的薄膜，它可以使溶解在水里的少量氧气透过它而扩散到根里去。而且根表皮还具有上下联通的细胞间隙，形成了一个空气的传导系统。另外，水生植物的渗透力也特别强，氧气能够渗透到根里去，再通过细胞间隙供根充分呼吸。

有些水生植物的身体构造更加特殊，如深埋在池塘中的莲藕。大家都知道藕里有许多大小不等的孔，这些孔有什么作用呢？原来，在泥泞的池塘里，空气极不流通，莲藕上的孔就发挥了重要作用。这种孔与叶柄的孔是相通的，同时在叶内有许多间隙，与叶的气孔相通。污泥中的藕就是通过这种相连通的气孔来呼吸叶面上的新鲜空气。

菱角的根也生长在水底的污泥里，因此，它的结构也很特殊。它有很大的气囊，气囊是由叶柄膨胀而形成的，能贮藏大量空气，供根呼吸。还有槐叶萍等水生植物，它们有很多由叶变态形成的根，发挥根的作用。

另外，水生植物的茎表皮也具有呼吸新鲜空气的功能，而且水生植物没有一般植物表面那些防止水分蒸发的角质层。皮层细胞所含的叶绿素也有进行光合作用的功能。

水生植物正是由于具有这些特殊的构造，才能在水里正常呼吸。因此，即使长期浸泡在水里，水生植物也不会出现腐烂现象。

灵芝与仙草

关于灵芝，我国古代有许多神话传说。据说白娘子就是从天上偷得仙草灵芝使许仙起死回生的。灵芝真是这样的一种"灵丹妙药"吗？

灵芝

根据古书记载，大约在2000多年前，我国劳动人民就发现了灵芝，《神农本草经》上把灵芝分为赤芝、黑芝、青芝、白芝、黄芝、紫芝等六种。晋代化学家葛洪所著的《抱朴子》一书中把灵芝分为石芝、木芝、草芝、肉芝、菌芝等五大类，每类又各分120种。明代药物学家李时珍所著的《本草纲目》，也对灵芝的性状和用途作了记载。其实，现代科学已经鉴定出来，从前所说的各种灵芝，大部分都属于真菌的担子菌类低等植物，还有少数是矿物。

从分类学的角度来看，主要有灵芝和紫芝两种。灵芝又叫赤芝、红芝、本灵芝、菌灵芝、万年蕈、灵芝草等；紫芝又叫黑芝、玄芝等。它们跟蘑菇一样，本体都是菌丝，"灵芝"就是菌丝所形成的子实体，是用来产生"孢子"进行繁殖的。灵芝寄生在活着的或死亡的有机体上，靠着吸收这些现成的营养来生活。因为它们没有叶绿素，不能利用二氧化碳和水在阳光下进行光合作用，无法自我供给。

据化学分析和药理试验发现，灵芝具有一定的药效。它有滋补、健脑、强壮、消炎、利尿、益胃的功效。对神经衰弱、头昏失眠、慢性肝炎、肾盂肾炎、支气管哮喘以及积年胃病等病症，均有不同程度的疗效。

灵芝的形状奇特，像一把伞，但它的菌伞呈肾形，菌柄着生在菌伞的一旁。而有些在

特殊环境下生长的灵芝还具有奇妙的分枝和美丽的色彩。灵芝还含有大量的角质,质地坚硬,经久不腐,因此常被用来观赏。

尽管灵芝具有一定的药用价值和观赏价值,但灵芝也并不十分稀奇,在我国很多地方都可以采集到。它也绝不是什么仙草,更不是什么能起死回生的灵丹妙药。现代科学已经将灵芝身上那层迷信的东西剔除掉了。现在,许多地方将灵芝引种驯化,成功进行了人工栽培。还有人在发酵罐中用发酵法生产灵芝菌丝体,效果也不错。

防火树防火之谜

森林是地球的氧气工厂,置身其中总是会让人感觉神清气爽。不仅如此,树木还具有绿化、美化和净化环境等功能。但是树木还有一个我们大家不为所知的功能——防火。

日本位于环太平洋火山地震带,是个地震、火灾频发的国家,历史上曾经发生过关东地震大火灾、静冈火灾、酒田火灾等十大火灾。而城市的树木曾经一再有效地阻挡了火势的蔓延,减少了人民生命财产的损失。

1979 年,日本为验证树木是否具有防火性能,做了一个实验:设置四座长 20 米的木屋,排成 2 列,并在四座木屋间的空地上,一段种上常绿的珊瑚树,另一段不植树,然后将前列的木屋点火燃烧。结果,没有植树一段的后屋,不到 10 分钟即因受前屋的辐射热而起火,而有植树一段的后屋则完好无损。

实验证明,树木确实具有防火功能。为什么树木能防火呢?树木可以像一道防火墙,能有效阻挡火源发出的辐射热,不让辐射热点燃周围的物体。更重要的是,树木本身具有防火性能。活的树木体内含有很多水分,通常可达 40%~70%;树皮还有一层紧密的木栓层保护;树叶和树干具有蒸腾作用,树木可以依靠蒸腾散热和辐射散热的功能,迅速排除体内积热,降低体温,从而使自己具有很强的耐火性。据有关资料显示,当树木对辐射热的承受限度为10000千卡/平方米时，比干燥木材大1倍，比人体大5倍，即使着火也会随时熄灭，很少会全棵树烧光。

树木的耐热性和隔热性能因树种、树形、树皮以及叶片密度等情况而异。例如，树形较均匀一致的珊瑚树，可阻挡辐射热量的83%~93%；白榄树单株可阻挡热量36%，三棵并列种植则可阻挡热量90%以上。还有树形、树叶密度比较一致的桧树，种植一株可以阻挡90%的辐射热通过，三株并列种植则可阻挡95%以上的辐射热通过，它的隔热作用可与隔火墙相媲美。

各种树木的耐热性能和隔热性能不同，人们把具有较强耐热性能和隔热性能的树种，称为"防火树"。

植物气象员

我们知道很多动物都有洞察天气变化的本领，其实，很多植物也能像气象台一样预报天气，而且还相当准确。

在澳大利亚和新西兰就生长着这样一种奇特的花。这种花对空气湿度十分敏感，快下雨时，湿度常常会增大，它的花瓣就会萎缩，将花蕊包裹起来。天晴时，空气湿度减小，它就会将花瓣重新张开。人们根据它的这种特性，给它起了一个形象的名字——"报雨花"。农民伯伯们常根据它花瓣的张合来判断天气情况。

在我国广西忻城县，生长着一种青冈树，和报雨花相似，也能预报天气。青冈树的叶子颜色会随天气的变化而变化。在晴天，树叶是深绿色；即将下雨的时候，树叶颜色变红；雨后，叶子颜色又会恢复到原来的深绿色。当地人们称这种树为"气象树"。

为什么气象树能预报天气呢？原来气象树之所以会对气候条件反应这么敏感，是因为植物叶片中所含的叶绿素和花青素的作用。当天气发生变化时，叶绿素和花青素的比值就会跟着发生变化。如在正常气候条件下，叶片呈现深绿色，是因为叶片中叶绿素含

量占优势。即将下雨前，树叶会由绿变红，是因为叶绿素的合成受到了抑制，而花青素的合成却加快了，这时叶片中的花青素就占了优势。根据经验，当树叶变红后一两天之内就会下大雨。雨过天晴，树叶又会恢复深绿色。

百岁兰叶子百年不凋之谜

百岁兰是生长在西南非洲近海沙漠地带的一种珍稀植物，十分耐旱，当地居民称它“通波亚”。百岁兰的外貌十分奇特，虽然它是一棵茎、叶、花和种子俱全的树，但怎么看它都不像是树，因为它出奇的矮。百岁兰茎的直径在 1 米以上，茎的长度却不到 20 厘米。远看像是被砍伐后的残桩，近看像两片被翻开的“厚嘴唇”。在“嘴唇”的外缘，各生一片阔带形的叶子，老树的叶子常常撕裂成好几条，好像很多叶片，厚嘴唇的边上就结着花和种子。

在百岁兰生长的非洲西南部的纳米布荒漠里，十分干旱，一年的雨量只有十几毫米，有时终年一滴水都没有，但百岁兰却可以在此存活几百年甚至上千年，而且它的那两片叶子似乎永远都不会凋零，因此，百岁兰又叫“二叶树”或“百岁叶”。

植物的叶子长到一定程度就会停止生长，然后衰老、枯萎、脱落。一些常绿树的叶子也是随着枝条的生长而不断长出新叶。新陈代谢是自然界的普遍规律，但这个规律似乎对百岁兰不起作用，百岁兰终生只长两片叶子，历经百年都不脱落，而且从不显老态。那么，百岁兰仅有两片叶子却始终不凋的秘密是什么呢？

原来，百岁兰叶子含有的一种细胞具有分生能力，这种细胞位于叶子基部的生长带。分生细胞会不断地产生新的叶片组织，使叶片不停地长大，而叶子前端老化了的部分则会逐渐消失。消失的部分很快就会由新生的部分替补上，给人们造成一种叶子不会衰老的假象。其实真正不会衰老的只是它的分生细胞。另外，百岁兰的叶子里还有一些能吸收空气中水分的吸水组织。

植物追踪太阳之谜

向日葵名字的由来就是因为其总是追逐着太阳的方向。其实不只向日葵，很多花儿都会向着太阳生长，向日葵只是一个典型的代表罢了。但它们为什么会追踪太阳呢？植物学家为了解开这个谜团，进行大量的研究后发现，这是由于它们受到体内生长激素的控制。

在北极，大部分植物都擅长追逐太阳。这是因为北极气候寒冷，花儿为了吸引昆虫前来传粉，使子孙后代繁衍不息，只能向阳聚集热量，以形成一个昆虫喜爱的温暖场所。

在研究植物向阳生长特性的时候，有个令人困惑的问题一直无人能解释：人们发现许多向阳植物在接受不到光照的地下部分，也能对光做出反应。最近科学家们才解开这个谜题，原来植物的身体能像导光纤一维样把照射到地面的阳光传递到身体的其他部分。

在追踪太阳的植物中，缠绕植物可能是最有趣的了。如牵牛花，它盘绕在竹竿上的细茎全部沿逆时针方向右旋着朝上攀爬。而另一种缠绕植物蛇麻藤则与它相反，以顺时针方向左旋着向上生长。不过它们为什么会这样生长，目前还没有一个令人信服的答案。

近日，一位科学家提出了一个有趣的假设。他推断这类缠绕植物的祖先，分别生长在南北半球，植物茎为了跟踪东升西落的太阳，逐渐形成了各自不同方向的旋转，如果这种说法成立，那么，起源于赤道附近的缠绕植物，是不是左右旋转都可以呢？后来，人们真的在阿根廷靠近赤道的地区发现了左右旋转都可以的中性植物。看来，这个假设已经逐渐被事实证实了。

植物也要睡觉

我们人类一生中 1/3 的时间都是在睡眠中度过的，很多动物也都会冬眠。那么，植物是不是也会睡觉呢？这是一个有趣的问题。

如果细心观察，你就会发现，植物在夜晚会发生一些奇妙的变化。如公园中常见的合欢树，它那许多的小羽片在白天舒展而平缓，可一到夜晚这些小羽片就像害羞的含羞草叶子一样成对地合拢关闭了。其实这就是植物睡眠的典型现象。

花生的叶子从傍晚开始就会慢慢关闭，它也开始了它的睡眠。还有醉浆草、白屈菜、含羞草、羊角豆等植物都存在睡眠现象。

不只植物的叶片，植物的花朵也会睡觉。这些花儿的睡眠时间长短不一，太阳花的睡眠时间较长，上午 10 点钟醒来后绽放出缤纷的花朵，中午一过便又闭合起来睡眠了。但一到阴天，它却直到傍晚才进入“梦乡”。

还有些花儿昼夜颠倒，白天睡大觉，夜晚时分醒来。如紫茉莉下午 5 时左右开花，到第二天拂晓时花就闭合起来开始睡眠了。还有一些昼闭夜开的花，如月光花、待宵草、夜开花等。番红花就更奇特了，在早春开花的时候，一天之中会睡好几次。

植物的叶子、花儿这种昼开夜合或夜开昼闭的现象叫作“睡眠运动”。它不仅是一种有趣的现象，而且还是一个科学之谜。科学家们最关心的问题是，植物的睡眠运动会对植物产生什么影响呢？

原来，植物的睡眠是在长期的进化过程中对环境的一种适应。由于白天和黑夜的光线明暗差异明显、气温高低悬殊、空气湿度大小不同，为了适应这些变化，植物就形成了保护自己的睡眠运动。

植物都有各自不同的睡姿。如蒲公英睡觉时就像一把黄色的鸡毛帚，所有的花瓣都会向上竖起来闭合；胡萝卜则像正在打瞌睡的小老头。

植物也有语言

植物也有语言吗？20 世纪 70 年代，澳大利亚的一位科学家发现了这样一个现象：植物在遭到严重干旱时，会发出“咔嗒、咔嗒”的声音。通过进一步测量，他发现，这种声音是由微小的“输水管震动”产生的。但科学家还无法解释，这声音是出于偶然，还是由于植物渴望喝水而有意发出的。如果是后者，则意味着植物也有能表示自己意愿的语言能力。那就太令人惊讶了！

不久之后，英国一位名叫米切尔的科学家，为了证明这个推测，将微型话筒放在植物茎部，倾听它是否能发出声音。经过长期测听，他虽然没有得出结论，但科学家们对植物“语言”的研究，仍然热情高涨。

1980 年，美国科学家金斯勒，为监听植物生长时发出的电信号，将一台遥感装置置于一个干旱的峡谷。结果发现，植物在进行光合作用时会发出一种电信号，只要将这些信号破译出来，人类就能了解植物生长的秘密了。

金斯勒的这一发现引起了许多科学家的兴趣。但同时，他们又怀疑这些电信号真的是植物的语言吗？它们能准确完整地表达植物生长的情况吗？

最近，来自英国和日本的科学家罗德和岩尾宪三，设计出一台别具一格的“植物活性翻译机”，以便能更彻底地了解植物语言的奥秘，这种机器只要接上放大器和合成器，就能够直接听到植物的声音。

这两位科学家说，植物的“语言”常常随着环境的变化而改变。如在黑暗中突然受到强光的刺激，有的植物能发出类似惊讶的声音；有的植物在缺水时会发出饥渴的声音；还有的声音像悲鸣的口笛；有的像患者临终前的喘息声……各种各样，真是很奇妙。

罗德和岩尾宪三预测说，这种奇妙的机器，或许不仅可以运用到农业生产中，在不久的将来说不定还能充当植物翻译家，实现人与植物的“对话”呢！当然，这仅仅是一种美

好的设想。不过随着科学的发展，我们期待这个美好的愿景能早日实现。

分批收获的蓖麻

植物的生长成熟都有一定的规律。但是，很多植物就很特立独行，比如同一株上的果实或种子的成熟期却有先有后，并不一致。蓖麻就是这样一种植物。

蓖麻

蓖麻种子的成熟期很不一致。为什么会出现这种情况呢？原来，在蓖麻的生长过程中，总状花序总是最先发生在主茎顶端，主茎抽出第一条分枝后，在分枝上才会再发生2~3个侧总状花序，分枝上又抽出第二次分枝，再发生侧总状花序。就这样，依此类推。由于各枝分生总状花序的时间不同，它们果实成熟的先后顺序也不一样，总是先分生总状花序的主茎的果实先成熟，再是各分枝。总的来说，一株蓖麻要完全成熟，前后需要两个多月的时间。

正是如此，蓖麻的果实必须分批收获。在果实呈现黄褐色、凹进部分具有明显裂痕时，就应及时采收。否则果实会自行裂开，造成裂果落粒损失。收集的果实应在充分干燥后，进行搓擦拍击，脱粒清选。

蓖麻主茎果穗上的种子比分枝上的好，所以要单收单藏，留作下次播种用。

碧桃只开花不结果之谜

桃树不仅会结出美味的果实，美丽的桃花更是深受人们喜爱。有很多公园都将桃花作为观赏品种进行栽植，每年春天一到，公园里游人如织。但是也有这样一种特别的桃树，它只会开出娇艳的花儿，却不结实。

杭州西湖的苏堤和白堤两岸，柳树和桃树是西湖的主要风景之一。这里的桃树就是只开桃花，不结桃子，它们叫“碧桃”，是专供观赏用的。每逢夏末秋初，它们的枝头上依然只有满树浓绿的叶子，而果园里的桃树早就果实累累了。

原来碧桃的花和其他桃树的花不一样，它的花被叫作“重瓣花”。因为它的花不像结果实的桃树的花，每朵花上只有5个花瓣。碧桃的每朵花有7~8个花瓣，有的甚至达到十几个花瓣。重瓣花里只有雄蕊，没有雌蕊，或者雌蕊已经退化成一个小突兀，所以不能受精。这就是它们只开花不结果的原因。

“不死”的洋葱

有这样一句歇后语：“屋檐下的洋葱头——皮焦肉烂心不死。”的确，我们日常生活中最常见的洋葱，具有十分顽强的生命力。

在剥洋葱的时候我们就会发现，洋葱的构造很奇特，它穿了很多层“衣服”，而且一层紧挨一层。为什么它要穿这么多“衣服”呢？

原来，洋葱的故乡在又旱又热的沙漠。沙漠里降水十分稀少，有时甚至终年没有一滴水。在这个水比黄金还宝贵的地方，很多植物为了生存，都想尽方法来保持自身水分，避免水分蒸发。洋葱也是这样，为了保住自己体内那点水分和营养物质，就用一层层的鳞片将自己紧紧包裹起来，这样，水分就没那么容易从身体蒸发了。

现在，在人们的田园里，洋葱已经有足够的水可以喝了，但它却依然秉性难改。

洋葱

洋葱头保存水分和营养物质的能力十分惊人，一年之内都不会干枯，即使将它贮藏在热的炉灶旁边也是一样。这都要归功于它那一层又一层的“衣服”——鳞片。

因此，人们将贮藏了一年的洋葱头拿出来种植，它还能照样生根发芽。不过，干透了的洋葱也是不能发芽的。

食用发芽土豆会中毒的原因

土豆又叫马铃薯。马铃薯原产于热带美洲的山地，现广泛种植于全球温带地区。别看马铃薯不起眼，但却含有丰富的B族维生素，不仅能延缓人体衰老，而且富含膳食纤维和蔗糖，有助于防治消化道癌症和控制血液中胆固醇的含量。而且它只含有0.1%的脂肪，更是减肥者的首选。

大家知道，食用发芽马铃薯会中毒，这是为什么呢？原来，土豆在贮藏期间，如果温度较高，土豆顶芽和腋芽就容易萌发。在发芽的地方会产生一种生物催化剂——酶。酶在促进物质转化的过程中会产生一种叫作“龙葵精”的毒素。它是一种弱碱性的生物碱，溶于水，具有腐蚀性和溶血性，会使人出现恶心、呕吐、头晕和腹泻等中毒症状，严重时还会造成心脏和呼吸器官的麻痹，甚至危及生命。

怎样避免吃到发芽土豆而中毒呢？在土豆芽还较小的时候，将土豆顶部切除，这时还有一部分残留的毒素，可以将土豆在水中多泡一会儿，煮的时候时间稍长一点，使残余的毒素被破坏掉，这样，土豆还是能吃的。但是，如果土豆的芽长得太大，毒素已经扩散到整个块茎，就不能吃了。发芽的土豆一定要扔掉，千万不要觉得可惜，也不要用其来喂家畜，否则会引起中毒。

那么，如何防止土豆发芽呢？其实很简单，只要将土豆贮藏在黑暗阴凉的地方就可以了。另外，刚收获的土豆一般都有2~3月的休眠期，在休眠期内，土豆是不会发芽的。

树干呈圆柱形的原因

树木品种繁多，形态各异。但所有的树木都有一个共同的特点：树干都是圆的。为什么树干不似树冠、树叶、果实的形状那般千变万化呢？

从几何知识的角度可以这样解释：相等周长的形状，圆的面积比其他任何形状的面积都大。圆形树干中导管和筛管的分布数量比非圆形树干的多，这样，圆形树干输送水分和养料的能力就更强，更有利于树木生长。

另外，圆柱形的容积也最大，具有最大的支持力。挂满果实的果树必须要有强有力的树干支撑，这样才能维持高大的树冠的重量，圆柱形无疑最能满足这些条件。

外来的伤害也常常会对树木造成破坏，树木输送营养物质的通道皮层一旦中断，树木就会死亡。而树木的一生又难免会遭到如动物咬伤、机械损伤、自然灾害等灾难的袭击。圆柱形能有效防止和减轻这些伤害。狂风暴雨来袭时，都会沿着圆面的切线方向掠过，这样树木就只会受到一小部分影响。如果树干是方形、扁形或其他棱角形，就极易受到外界伤害，所以，圆柱形的树干是最理想的形状。

草原上很少见到乔木的原因

辽阔的大草原一望无际，处处是“风吹草低见牛羊”的美景。可是，你是否注意到，草

原上除了草本植物和灌木丛外，几乎看不到乔木，这是为什么呢？

人们经过长期的科学考察发现，原来草原上的泥土层只有20厘米左右，再往下就是坚硬的岩石层了。即使是茂盛的灌木丛下，土层的厚度也不超过50厘米。草本植物的根须会侧面生长，而灌木的根一般都不太长，所以它们能在草原上生存。但是乔木十分高大，树根也是笔直向下长，树大根深，那浅浅的土层当然也就满足不了乔木根的生长需要了。那些勉强在此生长的树木，也是经不起风吹雨打的。

一望无际的草原

草原上降水丰富，但由于土层浅薄，因此，土层的含水量并不多。而且草原上水分蒸发得相当快，土层中的水分容易散失。而树木的生长，不但需要一定深度的土层使根系扎牢以吸收土壤中丰富的水分和养料，还需要有足够的水分。这两个条件草原都不具备，自然也就很难在草原上看见乔木的身影。

掌状分裂的植物叶子

植物种类繁多，它们的叶子也是形形色色，千姿百态。叶子的形状有圆形、卵圆形、椭圆形，也有披针形、匙形、镰刀形、提琴形等。叶子的边缘，有的光滑，有的像波浪，有的像锯齿。这都得感谢大自然这位能工巧匠。

仔细观察就会发现，很多树叶都呈深浅不一的掌状分裂，有的出现浅裂、深裂或全裂。像棕榈、蓖麻等，叶的边缘处都有明显的分裂，从而使整片树叶出现许多缺刻。

为什么植物的叶片会呈这种掌状分裂呢？我们都知道树叶是植物进行光合作用、制造养分的主要器官，阳光是光合作用过程中的一个必要条件。植物扁平的结构能加大表

面吸收光能，为了最大量地吸收光能，植物的叶片在长期的演化过程中形成了掌状分裂的形状。分裂留下的缺刻也不会完全阻挡下面的叶子接受光照，因而能保证光合作用的充分进行。

另外，这些分裂缺刻在遇到大风时，能使叶片不易被吹折，大大减少了强风的危害。植物的叶子就是经过这样长期的自然选择，出现了掌状分裂。

红色的嫩芽、新叶

春季万物苏醒，花草树木都在这时开始发芽抽枝，嫩绿的新叶碧翠欲滴，十分可爱。可如果你仔细观察就会发现，这些嫩芽、新叶并非全是绿色的，还有红色、紫色等相间其中。

大家知道，千变万化的植物色彩，是由它们体内含有的色素决定的。植物体内都含叶绿素，所以一般植物都是绿色的。但叶绿素是植物生长到一定阶段才产生的。在嫩芽、新叶萌动的阶段，它们是依靠植物体内其他部分供应养料的，叶绿素产生以后，植物能够自己制造养料了，才不需要其他部分供应养料。叶绿素产生早的植物，嫩芽、新叶就绿得快；叶绿素产生迟的植物，嫩芽、新叶就绿得迟。

植物体内含有一种叫花青素的物质，各种花果的美丽颜色就是它的作用。在植物枝芽叶绿素产生之前，这种物质把嫩芽、新叶染成红色、紫色，直到枝芽的叶绿素大量产生，草木才呈现出一片葱绿。

红叶的形成

秋季万物凋谢，树叶都会变黄，然后随着秋风到处飘零。但是也有一些树木不是变成黄色，而是变成猩红色，如枫树、乌桕、黄栌、槭树等。人们称这种猩红色的树叶为“红

叶”。

红叶自古就是文人墨客们的最爱,现在我们在很多名作中都能看到红叶的身影。“霜叶红于二月花”“乌桕犹争夕照红”……这些都是我们所熟知的诗句。现在,北京的香山公园就以红叶著称,每年秋高气爽的时节,漫山遍野的红叶吸引了大量的游客前去观赏。

那么,这些美丽的红叶是如何形成的呢?植物中含有大量叶绿素,而且在夏季的时候叶绿素颜色较深,因此,植物树叶在平时一般呈现绿色。但植物中还有一些叶黄素、胡萝卜素等。当秋季来临,叶绿素由于寒冷的侵袭遭到破坏,最后逐渐消失。这时树叶中的叶黄素、胡萝卜素就显现出来了,秋天的黄叶就是这样产生的。红叶的形成则是因为叶子在凋落前受到强光、低温、干旱的影响,叶内就会产生大量的红色花青素,致使树叶变红。据统计,约有几千种树木的叶子能够变红。

枫叶之国

枫树是加拿大的国树,枫叶是加拿大民族的象征。加拿大国旗的中间就是一片红色的枫叶,代表了勤劳勇敢的加拿大人民。每到秋天,加拿大境内漫山遍野都是红色,仿佛一片红色的海洋,蔚为壮观。加拿大因此有“枫叶之国”的美誉。

花儿会散发香气的原因

春天百花盛开,万紫千红,阵阵花香扑面而来,令人心旷神怡。可是,花儿为什么会散发出这些迷人的香气?它们的香味从何而来?

让我们先来了解一下花瓣的结构吧。花瓣分为表皮、薄壁和维管组织三部分。薄壁组织中有许多油细胞,这些油细胞能分泌出有香气的芳香油,我们闻到的香气就是这些芳香油在空气中挥发扩散的结果。

但是也有一些花瓣里并不含油细胞，而是在细胞新陈代谢的过程中不断地产生芳香油。还有一些花瓣细胞里有一种特殊物质配糖体，它本身没有香味，不过当它经过酵素分解的时候也能够散发出芳香的气味。有的花香气浓烈，有的花清新淡雅，就是因为不同的花儿分泌芳香油和分解配糖体的能力不同。

花的颜色、开花时间、气候也能影响花香的浓淡。一般来说，颜色越浅的花，香味越浓；颜色越深的花，香味越淡。白、黄、红三种颜色的花香气最浓，其中白花可谓"香花之最"。热带地区因阳光直射，所以花香大多浓烈；寒带地区受到斜射的阳光，所以花香大多淡雅。

像向日葵这样的花在阳光照耀下香味更浓，而夜来香和栀子花则在阴雨天或晚上才散发出浓烈的香气，为什么会有这样的差别呢？这都是它们适应环境的结果。它们利用香气将昆虫吸引过来，为它们传播花粉，以达到结籽、繁衍后代的目的。

高山地区花儿颜色鲜艳的原因

电影《冰山上的来客》有一首著名的插曲——《花儿为什么这样红》，传唱至今，同时它也为植物学家提出了一个问题。

高山、高原地区气候比较寒冷，自然条件恶劣，但是生长在这里的植物并不是人们想象中的那么黯淡。与此相反，在我国云南、四川、西藏等地的高原地带，漫山遍野开着颜色艳丽的花朵。

为什么高山地区植物花朵的颜色特别鲜艳呢？植物学家们对此意见不一。大部分植物学家认为，这是高山地区植物对环境适应的结果。高山上强烈的紫外线对花朵细胞中的染色体造成破坏，阻碍核苷酸的形成。为了应对这种情况，高山植物就在体内产生出能吸收大量紫外线的类胡萝卜素和花青素，以减轻受害程度。类胡萝卜素是包含红色、橙色和黄色在内的一个大色素类群，而花青素可以使花儿呈现出橙、粉、红、紫、蓝等

多种颜色。正是这两类色素使花儿的颜色变得丰富多彩。

还有些持不同意见的植物学家,他们认为,色素的增多与高山的气候条件有关。高寒地带昼夜温差可达10℃以上。白天,温度高时,花儿进行充分的光合作用,合成的碳水化合物就多;夜间,温度降低了,白天合成的碳水化合物一部分被呼吸作用消耗掉,其余部分被用来合成各种色素。色素增多,花色自然就特别鲜艳。但这种说法尚未得到证实。

花儿盛开之谜

花开花落,是十分正常的自然现象。但花儿为什么会开放呢?其实,早在一个世纪前,就有人对此进行了研究。德国植物学家萨克斯提出一种假设,他认为,植物体内含有一种特殊物质,正是这种特殊物质在支配花儿开放。

还有的科学家提出另一种假设,认为植物能够开花,也许是由于周围环境的微妙变化决定的。1903年,德国植物学家克列勃斯做了一个实验,他把一种香连绒草放在很弱的光照下,生长了好几年都不见它开花,最后将它们搬到阳光充足的地方,很快就开花了。由此,他提出一个新的观点:给植物创造一些如光照、水分之类的条件,就可以使植物开花。

但他的这种观点被苏联科学家柯洛米耶茨推翻。柯洛米耶茨认为,植物开花,与体内细胞液的浓度密不可分。他通过观察和实验发现,苹果树苗在一般的自然环境下,要4~5年才能开花,但如果对果树进行施肥,提高植物细胞液的浓度,果树只需生长一年便会开花。

还有一些科学家通过实验认为:对花的形成、开放起决定作用的是植物生长素。

那么,植物开花到底是由内部的特殊物质决定的,还是由周围的环境决定的?是由阳光照射、肥料决定的,还是由植物生长素决定的?抑或是这些因素共同作用的结果。

这些问题目前还没有定论，有待于进一步研究。

“花中花”之谜

通常月季花在开放时，一朵即是一朵，但有时（罕见）会发现一朵月季花在盛开时，其中心忽生出一个短柄，柄上再生出一朵月季花的情况，看上去就像是起了个“楼台”，煞是有趣。但这时下面的那朵花便会渐渐凋谢，好像上面那朵新长出的花是来接班的一样。园艺家们认为这是一种变态，在月季花中不多见。倒是月季花花心开花，但花无柄者较多见，出柄的少见。

花中花

花的这种变态原因，尚不太明确，一般认为，花是变态的枝条，枝条缩到极短，枝条上的叶子变态为花的各个组成部分，如萼片、花瓣、雄蕊、雌蕊等。因此，花中生出短柄来，可能是一种“返祖现象”。

中午不能浇花的原因

植物和人一样需要不断补充水分，才能保持正常的新陈代谢。在夏季，花很容易干旱，要不断给花浇水以补充水分。但是，千万不要在中午给花浇水，否则很容易导致花卉死亡。这是为什么呢？

一天中，中午的气温是最高的，特别是夏天，植物叶面的温度常可高达40℃左右，蒸腾作用特别强，同时水分蒸发也快，根系需要不断吸收水分，以补充叶面蒸腾的损失。如

果这个时候给花浇水，土壤温度突然降低，根毛受到低温的刺激，就会立即阻碍水分的正常吸收，而叶面水分蒸发很快，这时水分失去了供求平衡，导致植物叶片焦枯，严重时会引起全株死亡。

有养花经验的人都会在早晚浇花，因为早晚气温较低，浇水后土壤温度与气温差异小，没有引起死亡的危险。如果在阴天，气温变化不大，不管什么时候浇水都可以。

除了花，很多草本植物都不宜在夏天的中午浇水。

浇花的规律

春季是花的生长旺季，此时应该多浇水，并最好在午前浇水；夏季以清晨和傍晚为宜；立秋后花卉生长缓慢，应适当少浇水；冬季多种花卉进入休眠或半休眠期，要控制浇水，冬季浇水宜在午后 1~2 时进行。

用什么样的水浇花最好

雨水是一种中性水，不含矿物质，有较多的氧气，用来浇花最为理想。用融化后的雪水浇花效果也很好。

花香能治病的原因

你听说过花香能治病吗？花香疗法确实具有治病健身的功效。别具一格的花香疗法不是靠打针吃药，也不用开刀电疗，而是让患者坐在舒适的安乐椅上，一面嗅闻周围花儿溢出的阵阵幽香，一面聆听悠扬悦耳的音乐，不少疾病就是在这花香之中被治愈的。

花香为什么能治病呢？原来，构成花香的主要成分是一些有机化合物。这些有机化合物极易挥发，能够随同花香散发到空中，在人们呼吸时进入人体嗅觉器官，刺激嗅觉神经，使人感到香味的存在。如檀木发出的优雅檀香味，是一种含有檀香醇的有机化合物；

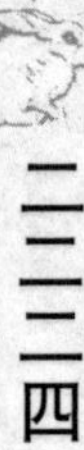

白兰花浓郁的香味伴随着一些有机酸类化合物;还有我们常常嗅到的薄荷清凉香味,主要成分是萜类物质。在闻花香的同时,这些有机化合物在人体内发生作用,能够灭菌驱虫,起到消炎、消毒或缓泻等作用,达到治病的效果。

花香疗法必须在医生的指导下进行,这如同打针吃药一样。因为各种香气的化学性质不同,药理作用也千差万别,甚至有些花香还含有剧毒,一旦使用不当,就会使人中毒,引起过敏甚至休克。

高原上多紫花的原因

春天来了,各种各样的花都竞相开放。娇黄的迎春花、鲜红的山茶花,还有粉红的桃花、雪白的李花……把大自然打扮得万紫千红。可是,在青藏高原上,却是紫色的花开得特别多。为什么高原上多紫色的花呢?

这是因为高原地区海拔高,大气稀薄,太阳光中的紫外线照到地面比较多。在长期的自然选择中,只有那些花色素为紫色的花,才能有效地反射紫色光,从而适应这种高原的气候条件。

我们都知道,太阳光可分为红、橙、黄、绿、青、蓝、紫七种颜色。哪种光波被物体反射,这种物体就会呈现哪种光波的颜色;光若被全部反射时就呈白色;光若被全部吸收时就呈黑色。高原上的野花极需反射紫色光,以免遭受过多紫色光之害,这样,高原上的紫色花就特别多。同时,紫色光在阳光下显得十分光彩夺目,比其他颜色更能引起蜜蜂、蝴蝶等昆虫的注目,更易招引它们来采花传粉,以延续后代。

另一个原因是高原寒季长,地温低,有机物较难腐烂,使大多数土壤偏碱性,这也会影响花的颜色,所以深色、紫色花就多了。

春天萝卜会出现空心的原因

萝卜是一种十分常见的蔬菜，冬天和早春的萝卜肉质优良，甚至还能当水果。可是一到春天，萝卜常常变得肉质粗糙，甚至出现空心，这是什么原因呢？

萝卜在秋季的生长季节，根和叶片具有不同的功能，根吸收土壤里的水分和无机盐类，叶子则进行光合作用制造养分。冬季天气转冷时，叶里的营养就逐渐往根里贮藏，因此，在冬天，萝卜味道十分鲜美。

有人曾做过试验，萝卜生长的初期，叶子的重量比根重 1~2 倍；过了半个月以后，根的重量和茎叶的重量就相等了，因为养分累积到了根里；又过了半个月，根的重量就会超过茎叶重量的 1~2 倍，甚至 3 倍。

贮藏在根里的大量养分会留在春天萝卜抽薹开花时用，因为抽薹开花时需要大量养分。

到了春天，萝卜开始抽薹开花，根里贮藏的养分就会被迅速地消耗掉，纤维素反而增多。结果，根的肉质由致密的、透明的状态变成疏松的、好像由棉絮构成的状态，也就是大家知道的空心现象，并且会变得干而无味。

所以，为了避免萝卜变空心，应该在抽薹以前收获。

高原上植物生长的奥秘

在世界某些高原上，有的植物会出现一些特殊的生长趋势，引起了人们的注意。

13 世纪意大利著名的旅行家马可·波罗发现帕米尔高原的植物生长与其他地方的植物生长很不一样。在海拔 2100~3800 米的高处这样极端恶劣的环境下，生长着各种各样的果树，也有美国的橡树和楞树、西伯利亚落叶松，还有远东的五加皮等。这些植物能承受冬季-30℃的严寒和夏季 35℃以上的酷暑。更令人惊讶的是，它们的生长速度还特

别快,植株和果实也长得非常大,真是高原奇迹!

在非洲的扎伊尔和乌干达交界处,有一个名叫卢文佐利的地方,那里海拔高达3300米,生长着一种平原上很不起眼的小植物——石南,在那里竟能长到25米高。在欧洲最多只有半米高的金丝桃,在那里也能长到15米。这些都十分令人惊奇。

高原植物为什么会出现这样奇特的生长趋势呢?经过科学家们对高原植物和它们的生长环境进行考察和研究后发现,这些都是由高原特殊的地理环境和气候条件决定的。如帕米尔地区,空气新鲜而干燥,二氧化碳的含量极为稀少;卢文佐利地区,降雨量很大,气温很高,土壤中的矿物质含量非常丰富。另外,高原高强度的紫外线有可能使控制植物生长的细胞染色体产生遗传突变,从而改变植物的生长速度。

不过这些都还是科学家们的初步研究结果,尚未定论,高原植物生长的奥秘究竟是什么?还有待于进一步研究。并且这方面的研究必将对人类控制农作物及经济作物的生长产生积极的影响。

植物的"针灸疗法"

为了防止病虫侵害植物,长期以来人们最常用的方法就是对植物施肥、喷农药,但这两种方法却容易产生一些环境问题。为了找出更加有效的环保方法,科学家们一直在为此进行不懈的努力。

十几年前,国外两名科学家惊奇地发现,有些植物会出现与人类的"血脉堵塞""神经衰弱"等病类似的情况,并导致植物生长缓慢、产量降低。两位科学家突发奇想:能不能运用给人治病的方法来给植物治病呢?说做就做,他们给植物通以微电流,结果植物不但恢复了健康,产量也成倍增加了。经过"电疗"的桃子没有了令人讨厌的绒毛,黄瓜经过"电疗"后没有了籽,洋葱经过"电疗"后没有了能使人流泪的辛辣气味。

我国山西的果树专家也用类似的方法给因缺铁而患"黄化尖绿症"的苹果树治过病。

他们给缺铁的苹果树配置了一种特制的补铁药液，并像给人类打针那样，把药液注射进树的主根部位。结果疗效明显，苹果树很快恢复了健康。直到现在，这项技术都还处于世界领先地位。

我国传统的中医疗法也能运用到对植物的治疗中。在我国民间，很早就有人用针刺法给植物治病。我国南方一些经验丰富的老农，常用两根很细的竹签刺在玉米靠近根茎的“节巴”处。这样的玉米不但长得分外粗壮，联结出的玉米棒子也比没有被针刺过的玉米多得多。巴西和其他一些国外的生物学家也曾将我国这种针灸的办法运用于果树栽培，结果被针灸过的果树开花结果都更多，枝叶也更加茂盛。

为什么针灸对植物会有如此神奇的功效呢？研究人员发现，针刺后，植物通过光合作用而得到的营养物质，会比较多地停留在开花结果的部位，促进了植物的生长。而且针刺还可以加速植物细胞的分裂过程，提高植物产量。

不过针刺为什么能让植物生长得更好，是巧合还是必然？科学界目前还没有得出足以让人信服的结论。

水果皮上的白霜之谜

在吃苹果、葡萄、柿子等水果时，你是否发现，这些水果外面都裹了一层白霜，就像给水果穿了一件白色的“外衣”。那么，这件“外衣”到底是什么呢？很多人都认为，它是农药残留物。其实并不是，水果在发育成熟时，体内会分泌出一种糖醇类物质，它是生物合成的天然物质，对人体完全无害。

但是，并不是所有水果皮上的白霜都是无毒的。在水果的生长过程中，为了防止发生病虫害，果农们大多都会喷洒由硫酸铜和石灰混合制成的杀虫剂。有时候我们看到水果表面上的白霜和蓝色斑点就是石灰粉和硫酸铜的残留物，对人体有一定的毒性。因此，吃水果前一定要用水清洗干净或充分浸泡。

第十六章　植物之最

树之最

1.最早的树

大约在一个世纪前,人们曾在美国纽约州的吉尔博挖掘出了许多树木化石,科学家认为这是生长在地球上的最早的树木。2005 年,科学家把这种树的树冠化石和树干化石组合起来,展现出这种地球上最古老的树木的复原图。它高约 9.14 米,外形看上去像现代的棕榈树,大约生长在 3.85 亿年前。这种树属于一种名为瓦蒂萨的早期蕨类植物。它没有真正的叶子,只有一些类似于叶子的小枝,这些树枝掉落到地上腐烂后能够为其他生物提供食物来源和庇护所。瓦蒂萨不像用种子来繁殖的显花植物,而是像藻类、蕨类和菌类植物那样用孢子来繁殖。

2.生长最慢的树

自然界树木生长有快有慢。例如在俄罗斯的喀拉里沙漠中,有一种高度很矮、圆形树冠的尔威兹加树,从正面看上去,就像是沙地上的小圆桌。因为沙漠中雨水稀少,风又大,天气干旱,所以尔威兹加树生长极其缓慢,堪称世界上生长最慢的树。它 100 年才长高 30 厘米,生长速度极慢。和毛竹的生长速度相比,尔威兹加树长得慢如蜗牛,要长 333 年,才能达到毛竹一天生长的高度。

3.体积最大的树

地球上的植物,形态各异,千差万别。有的个体非常微小,有的个体却很庞大。生长在美国加利福尼亚的巨杉,长得又高又壮,是世界上体积最大的树,堪称树木中的“巨人”,所以人们习惯地称其为“世界爷”。

巨杉

这种树一般高 100 米左右,最高的可达 142 米。体积最大的一棵巨杉名叫“谢尔曼将军”,这棵巨杉有 3500 年的树龄,其直径近 12 米,树干周长为 37 米,需要 20 来个成年人才能抱住它。人们在树干下部开了一个可以通过汽车的洞,这个洞有 4 匹马并列的宽度。人们要用长梯子才能爬到树干上去,如果把树干挖空,人可以爬上去 60 米,再从树洞里钻出来。如果用它的木料盖楼,可够盖 40 套 5 间一套的房屋。

巨杉的木材不易着火,有防火的作用,是枕木、电线杆和建筑上的良好材料,有很高的经济价值。

4.最粗的树

在西西里岛的埃特纳山边,有一棵叫“百马树”的大栗树,这是世界上最粗的树。人们在 1972 年发现了它,经测量,发现它树干的周长竟有 55 米,要 30 多人才能合抱住。树下部有大洞,由于洞内宽敞,采栗的人常把那里当宿舍或仓库用。

栗树的果实——栗子,含丰富的蛋白质、淀粉和糖分,不仅味甜可口,还有益脾补肝、强壮身体的医疗作用,可用来炒煮烹调,是一种备受人们喜爱的高营养绿色保健食品。

5.最粗的药用树

世界上最粗的药用树是生长在非洲东部热带草原的波巴布树。波巴布树的树皮、叶子、果实都可供药用。它的个子只有 10~20 米高,可是树干却粗得出奇,一般的直径都超过 10 米,最粗的一株树干基部直径竟有 16 米,要 30 个成年人手挽着手才能把它围一周,不愧为“药材大王”。

粗大的波巴布树,远看像坐落在热带草原上的一幢幢楼房,当地有的人家真的把这种树的树洞当房子住。这种树洞又是狮子、斑马等动物避雨或休息的场所。猴子非常喜欢吃这种树的果实,所以人们又叫它猴面包树。

6.树冠最大的树

孟加拉国的一种榕树的树冠可以覆盖 1 万平方米左右的土地,在炎热的夏季,这棵树能提供半个足球场大小的树荫,从而供许多人同时纳凉。

枝繁叶茂的孟加拉榕树能由树枝向下生根。这些被称作“气根”的树根悬挂在半空中,从空气中吸收水分和养料。多数气根也扎入土中,起着吸收养分和支持树枝的作用。一棵榕树最多的可有 4000 多根气根,因为直立的气根很像树干,因此,从远处望去,像是一片树林,人们形象地称这种榕树为“独木林”。据说曾有一支六七千人的军队在一株大榕树下乘过凉,可以想象,这棵榕树有多大了。当地人们还在一棵老的孟加拉榕树下开办了一个市场,这个市场一直都人来人往,热闹非凡。它的树冠无愧为世界上最大的树冠。

孟加拉榕树

7.最古老的种子植物

银杏树是现存树木中辈分最高、资格最老的种子植物。银杏树在2亿年前的中生代就已出现在地球上了,被称为种子植物中的“活化石”。

银杏曾经广泛分布在欧亚大陆上,后来,大部分地区的银杏被冰川毁灭,成了化石。目前,只有中国还分布有银杏树,因而,银杏树相当珍贵,并对植物学研究有宝贵的价值。

银杏的叶子碧绿,像把折纸扇,含有能防虫蛀的抗虫毒素。银杏的果实,成熟时外种皮呈现出杏子般的橙黄色,“银杏”这个名称就是因此得来的。它的种皮色白而硬,人们称其为白果。银杏的种仁味道香美,并有祛痰、息喘、止咳嗽的功效,但多吃容易中毒。现在,江苏的泰州、泰兴,苏州的洞庭山和安徽的徽州等地,盛产银杏,并且出产的白果质量最好,最负盛名。

8.最矮的树

在温带的树林里,生长着一种叫紫金牛的小灌木,绿叶红果,非常漂亮,惹人喜爱,由于极具观赏性,人们常常把它制成盆景。它长得最高的也不过30厘米,因此,得了一个“老勿大”的绰号。其实“老勿大”比起一种生长在高山冻土带的树来要高6倍,这种树名叫矮柳。它的茎匍匐在地面上,长出像杨柳一样的花序,高不过5厘米,只有世界上最高的杏仁桉树的1/15000。生长在北极圈附近高山上的矮北极桦也很矮,甚至不及蘑菇高。

紫金牛

科学研究发现,因为高山上的温度极低,空气稀薄,阳光直射,风又大,只有那些矮小的植物才能适应这种环境。所以,高山植物都很矮小。

9.最高的树

世界上最高的树是生长在澳大利亚的一种叫作“杏仁桉”的树，它的平均高度达到100米！

杏仁桉是一种在澳洲大陆非常常见的树种，它最具特色的地方就是它的高度，一般长成的杏仁桉都在100米左右，这就已经相当高了，但这还不算最高的高度，据说澳洲当地有一棵杏仁桉高达156米，它粗粗的树干像一座高塔直插云霄，比50层楼还高！在人类关于树的所有的历史记载中，还没有哪一种树的高度能高过杏仁桉，可见杏仁桉绝对是世界第一高树了！

10.最重的生物

这是一种巨大的复合树——树干由一个普通的根系连接起来，重达数千吨——拉丁语中称之为“我传播”。虽然这些无性系中独立的成员相当短寿，但是它们至少有4.7万棵，而且都是雄性的，已经自身繁殖至少1万年了，甚至也许还要长很多很多年。虽然这种无性系分株比较细长，几乎不能长得很高，但是它们所覆盖的面积起码达0.43平方千米。

美国白杨能以正常的有性方式进行繁殖，产生种子。但如果条件不适合种子萌芽，或者白杨被火灾或雪崩毁坏了，它就会选择快速的无性繁殖，从根部或树干的下部长出枝条来。事实上，由于它部分具有防火性能，所以在周期的火灾当中还能茁壮成长，消灭了与之竞争的树种。

一棵成熟的白杨的根系能发出每平方千米近5000万棵芽，由于每个季节白杨的芽能长1米，所以它很快就超过别的树种。因此，美国白杨在经历了第4纪冰川后成功地在北美洲扎下根来，现在成了这个大陆上分布最广泛的树种，仅次于世界上分布最广的刺柏属树木。

11.木材最轻的树

巴沙木是生长在美洲热带森林里的轻木，是生长最快的树木之一。这种树四季常青，树干高大，有类似梧桐叶的树叶，芙蓉花般的黄白色花朵，棉花状的果实。中国台湾南部和广东、福建等地也都有广泛栽培。

轻木的木材是世界上最轻的，每立方厘米只有 0.1 克重，是同体积水的重量的 1/10。用来制作火柴棒的白杨是它重量的 3.5 倍。巴沙木木质轻而牢固，有很大的实用价值，是航空、航海以及其他特种工艺的宝贵材料。它的用途广泛，可做木筏，往来于岛屿之间，也可做保温瓶的瓶罩。

12.树干最美的树

世界上树干最美的树是白桦树。

白桦树在植物学上属于桦木科、桦木属，是一种落叶乔木，成熟以后高度一般来讲都在 10~20 米之间，最粗的白桦树直径有 1 米多。白桦树之所以被人们认为是世界上树干最美的树，是因为它的白垩色的树皮，一年四季，无论哪个季节都是雪白色的，偶尔也会带着些红晕，再加上它碧绿色的树叶的衬托，远远地看过去，亭亭玉立，煞是好看！

白桦树

白桦树是温带或寒带植物，在中国的好多地方都能看到它的影子，尤其是中国东北的大、小兴安岭林区，几乎整个林区面积的 1/4 都是白桦树。

13.叶子最长的树

世界上植物的叶子形状各式各样,大小也千差万别。最大的一片叶子大到可遮住一间小房子,最小的还不及鱼鳞大。如果仔细比较它们的长度,就会发现植物的叶子长度也没有一片是完全相同的。玉米的叶片,是比较长的,大约 1 米左右。南美洲的亚马孙棕榈的叶子竟然接近 25 米长。热带的长叶椰子则拥有迄今所知道的最长的叶子,一片叶子有 27 米长,竖起来有 7 层楼房高。

14.对火最敏感的树

世界上对火最敏感的树是生长在非洲安哥拉的梓柯树。因为只要有人在树下点火,梓柯树就会立即喷出一种特殊的液体,把火浇灭,所以人们把这种树叫作"灭火树"。

梓柯树是多年生的常绿树,高大雄伟,枝繁叶茂,叶片细长,向下垂挂,把全树围得密不透光。在浓密的叶丛中,有许多皮球般大小的"天然灭火器"——节苞,它并不是果实,而是"自卫"的武器。节苞上面密布网状小孔,里面装满透明的液体,节苞怕见阳光,一旦被太阳光或火光照到,里面的液体便会从细孔中喷射出来。

有人曾想试验一下梓柯树对火的灵敏度和实际效果,在树下用打火机吸烟,结果一条条白色的浆液向他射来,烟未点燃,人已是满面白浆,使人啼笑皆非。也有人想在树下点起一堆熊熊篝火,但始终未能如愿。这是因为梓柯树具有把火消灭在萌芽状态的"特异功能",它喷射出来的浆液中确实含有灭火物质——四氯化碳。科学家曾在梓柯树的启示下设计成功微型自动灭火器。

15.根扎得最深的树

科学家研究表明,漂浮在池塘水面的浮萍的根不到 1 厘米,水稻的根也仅 20 厘米左右,棉花的根最深的也只有 2.0~2.2 米。在非洲沙漠里,有一种叫有刺阿康梭锡可斯的灌木,根长达 15 米,但这还不是世界上根长得最深的树。

世界上根长得最深的树，是生长在南非奥里斯达德附近的回声洞里的一株无花果树，它的根有120米长，要是挂在空中，有40层楼那么高。一般地说，旱生植物，根长得长而深，目前，还没有发现比这棵无花果树根更长的植物。

16.最凶猛的树

在世界上500多种能吃动物的植物中绝大多数只能吃些小昆虫。可是，生长在印度尼西亚爪哇岛上的一种名叫奠柏的树，居然能把人吃掉，因而是世界上最凶猛的树。

这种树长着许多柔软的枝条，一旦被人触动，那些枝条马上就像蛇一样把人卷住，使其脱不了身。然后这种奠柏能分泌一种强腐蚀性的液汁，把人慢慢"消化"掉。不过，当地人已经知道如何对付和利用它了。只要先用鱼去喂它，等它伸开枝条，分泌液汁，就赶快去采集它的树汁，因为这树液是制药的宝贵原料。在充满智慧的人类面前，世界上最凶猛的树也能被人们加以利用。

17.最容易对人造成伤害的树

一种生长在美国佛罗里达州和加勒比海沿岸的树在16世纪被西班牙探险者发现。

这种树被人们称为曼奇尼树，它的树液有毒，一滴树液便可使人失明，曾被用作箭上的毒药；曼奇尼树上的果子也有毒，咬上一口，便会起水疱且非常疼痛，轻微接触也会引起水疱。因此，人们把曼奇尼树称为最危险的树，同时，曼奇尼树也因其毒性而闻名于世。

18.最毒的树

在两个世纪前的爪哇，有个酋长用涂有一种树的汁液的针刺犯人的胸部，眨眼工夫，犯人就死去了。从此人们对这种树非常害怕，而这种树也因此闻名世界。在中国，人们形象地称其为"见血封喉"，形容它毒性猛烈。

这种树就是剪刀树也叫箭毒木，其树身高30米，产于东南亚和中国的海南岛、云南等地。它的树皮中含有白色剧毒乳汁,它有急速麻痹心脏的作用。人们把这种乳汁涂在猎兽用的箭头上,制成毒箭,中箭的兽类数秒内就会中毒而亡。如果不小心让它进入眼内,眼睛顿时就会失明。它的毒性巨大,剧毒的巴豆和苦杏仁在它面前也逊色很多。因而,箭毒木是最毒的树。

19.最长寿的树

人活到百岁就算长寿了,但与树木相比,人的寿命简直微不足道。

许多树木的寿命都在百年以上。例如杏树、柿树,而柑树、板栗树、橘树能活到 300 岁,杉树可活 1000 岁。中国南京有一棵 1400 年树龄的六朝松,而山东曲阜的一棵桧柏则有 2400 年的树龄。中国目前活着的寿命最长的树是台湾省阿里山的一棵红桧,已存活了 3000 多年了。

世界上最长寿的树,是曾经生长在非洲西部加那利岛上的一棵龙血树。它的树龄有 8000~10000 年。不过,在 1868 年,被大风刮断死去了。

龙血树一般高 20 米,基部周围长有 10 米,七八个人伸开双臂,才能合围它。它是一种常绿植物,树脂有防腐功效,呈暗红色,常被制成防腐剂。当地人形象地称它为“龙之血”,龙血树名称即由此而来。

20.最坚硬的树

铁桦树的硬度相当大,甚至超过了钢铁,子弹打在这种木头上,就像打在厚钢板上一样,不能洞穿,因此被认为是比钢铁还要硬的树。

由于它木质坚硬,所以非常珍贵。它一般能活 300 多年,树木高约 20 米,树干直径约 70 厘米,密布白色斑点的树皮呈暗红色或接近黑色,树叶是椭圆形的。它主要分布在朝鲜南部和朝鲜与中国接壤的地区以及俄罗斯东部海滨一带。

铁桦树的木质比橡树硬 3 倍,比普通的钢硬 1 倍,是世界上最硬的木材,常常被当作

金属使用。苏联曾经在快艇上使用铁桦树制成的滚珠球轴承。由于质地极为致密，所以铁桦树一旦入水就往下沉；更为奇特的是即使被长期浸泡在水里，它的内部仍能保持干燥。

铁桦树

21.贮水本领最强的树

生长在南美洲草原上的一种纺锤树，身躯很像一个大萝卜。这种树高可达30米，相当于10层楼房的高度。它的树干两头细中间粗，最粗的地方直径达5米，与火车通过的隧道差不多宽。纺锤树上端的枝条很少，叶片也不多，远远看去，这种树又像一个插着枝条的花瓶，因此人们又叫它瓶子树。

旱季时，人们常砍棵纺锤树作为饮水的来源，因为纺锤树的树茎内可贮存2吨多的水。一棵纺锤树几乎可供4口之家饮用半年，所以纺锤树在缺水的地区被居民们视若珍宝。纺锤树可谓是世界上贮水本领最强的树。

22.最能忍受紫外线照射的树

紫外线是太阳光里的一种射线，它会对生物产生影响，特别是微生物，受到一定剂量的紫外线照射，在十几分钟之内就会死亡。紫外线常被用在医院、工厂、学校等场所，进行杀菌消毒。

研究表明，如果用相当于火星表面的紫外线强度为标准，来照射各种植物，番茄、豌豆等只要3个多小时就死去；小麦、玉米等被照射70多个小时后，叶片就会死亡。但有一种植物，对紫外线忍受能力最强，这种植物名叫南欧黑松，它被照射635小时，仍完好无损。科学家估计，像南欧黑松这样的植物，能够在火星上生活一个季节。根据这一事例，人们猜测，在地球以外的行星如火星上，可能会存在生物。

23.最有希望的石油树

在非洲生长着一种树，高7~8米，一年四季都是光秃秃的枝条，看上去没有叶子，人们叫它光棍树。其实光棍树也有叶子，可能是因为它生活在气候非常干旱的地方，所以叶子特别特别小，落得也过于早，人们很少能看到它的叶子就以为它没有叶子。但就是这样的一种外表非常奇怪的树却被人认为是最有希望的石油植物，因为在它肉质的枝条中分泌出来的乳汁里面含有非常非常多的碳氢化合物，这种化合物正好是石油的主要成分，所以有关专家认为光棍树很可能在未来是最有希望的石油植物。这种奇树在中国南方的广东、福建一带也经常能看到。

24.世界上含盐最多的树

世界上含盐最多的树是生长在中国黑龙江和吉林交界处的一种叫作“木盐树”的树。一般来讲，木盐树的高度都在6~7米，树干非常粗壮，在中国东北的大兴安岭尤为常见。

25.世界上含糖最多的树

世界上含糖最多的树是北美洲的糖槭。

糖槭盛产于北美洲，尤其在加拿大分布得更多。糖槭从外表上看并没有什么特殊之处，但它的确是世界上含糖最多的树，它的含糖量达到了85%，是不是相当高呢？我们所知道的甘蔗也不过如此，甚至有些纯种的糖类植物的含糖量还不如糖槭，这可真是奇怪！有资料显示，一棵很普通的糖槭一年的产糖量高达2.5千克之多，产糖最高的糖槭一年能产糖3.5千克呢！并且糖槭生产出来的糖和我们常见的糖类的味道比起来根本不相上下，有的人甚至认为糖槭的糖要比我们常见的糖的味道还要好。这对于盛产糖槭的国家来讲可真算得上是一种不错的经济开发项目，其前景肯定是一片光明！

26.世界上含酒最多的树

世界上含酒最多的树是非洲的休洛树。

休洛树盛产于非洲东部,在罗得西亚的恰西河两岸尤为常见。它也算得上是世界上最为奇特的树种之一了,因为在它树干里能分泌一种特殊的白色的液体,这种白色的液体带有天然的酒的醇香,甚至能让人迷醉,与我们日常见的酒有同样的作用,但是它要比我们做的饮用酒的味道好得多,当地人把它当作天然的美味招待远方的贵客!科学家用了好长时间才弄明白为什么休洛树能“酿酒”。原来在休洛树里面分泌的本来是一种含有糖的液体,但是当氧气不足的时候,糖类物质就会发生化学变化,变成含有酒精的液体,休洛树也就因此能“酿酒”了!

27.世界上含淀粉最多的树

板栗、山芋、小麦、马铃薯等的植物淀粉,主要集中在果实、种子、块根、块茎中,很少有植物的淀粉分布在茎干中,但是也有一些植物的茎干内含有丰富的淀粉。

生长在印度尼西亚、菲律宾等国的西谷椰子树是树干含淀粉最多的植物。通常一株高 11 米、直径 20 多厘米的树干,可含淀粉 100 多千克,大的树干就更多了。洁白均匀的西谷米就是这种干粉经加工制成的,味道很好,把它做成饭,吃起来和大米一样香,当地人就用它作为粮食。据说一个人在西谷椰子林内劳动 1 天,可得到够吃 1 年的西谷米。

28.世界上含食用油量最多的树

油棕是世界上含食用油量最多的树,一般亩产棕油 200 千克左右,相当于花生产油量的五六倍,大豆产油量的 10 倍,堪称“世界油王”。人们从油棕的果肉和果仁中榨油,油棕果肉含油 46%~50%,果仁含油 50%~55%。

油棕原产于非洲西部的热带雨林中,高约 10 米,树干直径 30 厘米。油棕四季开花,每个大穗能结上千个卵形果实。油棕树长得像椰子树,因此人们把它叫作“油椰子”。目前,我国云南、广西、广东、海南也有大量油棕树。

29.出木材最多的树

世界上出木材最多的树是鸡毛松。鸡毛松树干高大且又圆又直,极少凹凸,是上好的木材。树木最高可达 45 米,直径最大可达 2 米。这种树生长在海拔 500~1000 米的山地上,主要分布在我国海南岛山区,广西、云南也有少量分布。

由于长期砍伐,鸡毛松数量越来越少。目前鸡毛松已经成为濒危物种,被列为国家三级保护植物。

30.世界上唯一一棵标在地图上的树

我们在地图上看到的一般是山脉、河流、建筑,如果一棵树能够出现在地图上,那这棵树一定不简单。世界上就有一棵在地图上标出的树。它是被非洲尼日尔国人视为珍宝的“神树”,因其生长在尼日尔阿加德兹省寸草不生的特内雷地区,因而得名“特内雷之树”。

“特内雷之树”是一种金合欢树,历经风暴的侵袭,在一望无际的沙漠中傲然挺立了 180 多年,为了吸取养料和水分,它的根深扎到沙漠以下 30 多米处。在同一地区人们栽过同种金合欢树,均未成活。因此“特内雷之树”成了当地的图腾,也是倍受沙漠化干旱之苦的尼日尔全体人民的骄傲。因为从它身上,人们可以学到勇敢地面对逆境的精神。

不幸的是,1973 年“特内雷之树”被汽车撞死。为此尼日尔发表了新闻公报,全国为此树举哀,并把残损的树干运回首都尼亚美。1977 年,尼日尔政府在国家博物馆为“神树”盖了亭,以示永久的纪念。

31.最耐盐碱的树

世界上最耐盐碱的树是红树。红树生长在东南亚、非洲等热带海岸的泥滩上。涨潮的时候,红树有一大截淹没在水里,只能看到露在海平面上的茂盛的树冠;落潮的时候,

红树的根从淤泥里露出来。这种树常常长成茂密的海上森林,因为它们能够经受长期的海水浸泡和盐碱泥地的环境,而且具有防风固堤的作用。

红树的叶子是绿色的,之所以叫作红树,是因为它们的树干长期浸泡在海水中,富含单宁酸,被砍伐后氧化变成红色。

32.最耐干旱的树

世界上最耐干旱的树是生长在沙漠中的胡杨。胡杨是一种落叶乔木,主要分布在我国新疆南部、塔里木盆地、河西走廊等地。胡杨的生命力极强,被人们誉为“沙漠中的英雄”。它们能够忍耐极端最高温 45℃ 和极端最低温 -40℃的袭击。在干旱的沙漠地区,它们的根可以扎到 10 米以下的地层中汲取水分。在非常干旱的季节,胡杨就脱掉叶子,停止生长;一旦下雨,它们就会拼命储水以备旱时使用,有了足够的水分,它们又能长出新的叶子。胡杨对盐碱有极强的忍耐力,它们的树干和叶子可以把体内多余的盐碱排出以免受伤害。据说,胡杨活着一千年不死,死后一千年不倒,倒后一千年不烂。

胡杨林

胡杨是荒漠地区特有的珍贵森林资源。它对于稳定荒漠河流地带的生态平衡,防风固沙,调节绿洲气候和形成肥沃的森林土壤,具有十分重要的作用,是荒漠地区农牧业发展的天然屏障。同时,胡杨是较古老的树种,它对于研究亚非荒漠区气候变化、河流变迁、植物区系的演化以及古代经济、文化的发展都有重要的科学价值。

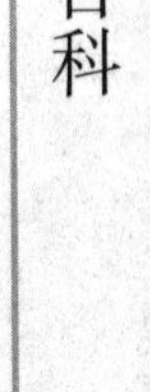

33.最不怕冷的种子植物

一般种子植物生长活动的最低温度是0℃。到了冬天,大部分种子植物就会落光叶子,停止生长,等到来年春天再发芽。但是,也有一些耐寒的种子植物,比如松树、柏树等针叶树。

苏联科学家用人工控制的方法,把白桦树放在逐步降温的环境里,它竟能耐得住-195℃的低温。因此桦树算得上种子植物中耐寒的冠军。

34.最怕痒的树

世界上最怕痒的树是紫薇树,也叫痒痒树。如果你用手去挠紫薇树的树干,它的枝叶就会抖动,发出沙沙的响声,好像不胜其痒而发笑一样。有意思的是,它的抖动幅度因用力大小而异,触摸树身时用力大,“笑声”就大,用力小,“笑声”就小。

紫薇树

年轻的紫薇树干,年年生表皮,年年自行脱落,表皮脱落以后,树干显得新鲜而光滑。老年的紫薇树,不再复生表皮,筋脉暴露,莹滑光洁。紫薇的叶子呈椭圆状,夏季开花,花色有红、紫、白、蓝多种,花期长达三个月,因此紫薇花也叫“百日红”。

紫薇树产于亚洲南部和澳洲北部,我国长江流域、华南、华北、西北地区都有分布。

35.最会预报天气的气象树

自然界中的生物为了生存,能够很好地适应环境的变化。比如有些动物会随着环境的变化而改变体色,把自己隐藏在环境中。很多植物会随着季节的变化而改变颜色,有些植物还会随着天气的变化而改变颜色，人们可以根据植物颜色的变化来判断天气的变化。

最会预报天气的树要数广西忻城县的一棵青冈栗。这棵树高约 20 米、直径约 70 厘米，它的颜色会随着天气的变化而变化，晴天的时候，叶子是深绿色，如果叶子转变为红色，一两天内就会下雨，雨过天晴之后，又会转变为深绿色。

树叶的颜色之所以会变化，是叶绿素和花青素在起作用。遇到干旱或强光条件的时候，叶绿素的合成受到阻碍，花青素在叶子中占优势地位，因而叶子的颜色由绿转红。

36.最具贵族气派的树

最具贵族气派的树要数檀香树，檀香木素有“香料之王”的美誉，倍受人们推崇。檀香木用途广泛，最初用来做供佛的香料，后来逐渐应用到中医、雕刻工艺品和高级化妆品领域。其经济价值极高，以斤论价，被人们称为“绿色金子”。

檀香树

檀香树是非常漂亮的树，但是它们的生长过程却不怎么光彩。它们是一种半寄生性常绿乔木，根系上长着成千上万个“吸盘”。这些“吸盘”紧紧地吸附在寄主植物上，从它们那里掠夺水分、无机盐和其他营养物质。虽然檀香树的根系也从土壤中吸取少量营养，但主要还是靠掠夺寄主植物的营养而成活。檀香树对赖以生存的寄主植物选择非常苛刻，主要选择洋金凤、凤凰树、红豆、相思树等豆科植物作寄主。此外，檀香树嫉妒心还特别强，不容许赖以生存的寄主树长得比它高，比它好，如果寄主树长得比它茂盛，它就会很快“含恨”而死。因此，在生长得郁郁葱葱的檀香树下，往往长着几棵面黄肌瘦、垂头丧气的寄主植物。

37.最亮的树

在非洲的原始森林中长着一种能够发光的树，当地的居民叫它“魔树”。在白天，这种树看上去与一般树没有什么两样，但是一到晚上，它的树干和树枝都发出闪闪的荧光来，把四周照得雪亮。当地人喜欢在晚上来到树下玩耍、休闲。

魔树为什么能发光呢？科学家经过反复研究，终于解开了这个谜团。原来，会发光的不是树本身，而是一种寄生在它身上的真菌——假蜜环菌的菌丝体。因为它会发光，所以人们也称之为“亮菌”。这种真菌靠吸收、分解树木的纤维素和木质素为营养进行生长繁殖。它们附着在树皮上，不仔细看，根本发现不了。到了夜晚，它们就发出淡蓝色的光亮来。

假蜜环菌发光是因为它体内有一种特殊的物质——荧光素和荧光酶。荧光素在酶的作用下氧化，同时放出能量，并以光的形式表现出来。

38.最会走路的树

大部分树木把根扎在一个地方就固定不动了，然而有些树木可以移动，其中最会走路的树是生长在南美洲的卷柏。每当气候干旱，严重缺水的时候，卷柏会自己把根从土壤里拔出来，摇身一变，让整个身体蜷缩成一个圆球状，变得又轻又圆。只要稍有一点儿风，它就能随风在地面上滚动。一旦滚到水分充足的地方，圆球就迅速地打开，把根重新钻到土壤里，暂时定居下来。如果那里的环境不再适合生长，它们就会再次搬迁。

不停地搬家虽然可以给卷柏创造生存条件，同时也有一定的危险：它们可能被风吹起挂在树上，也可能滚到路上，被车压扁，甚至有的孩子会把几株卷柏合在一起当球踢。

39.最小的灌木

林奈木是“灌木王国”中最小的成员，也叫林奈草和林奈花，又名北极花。它们木质茎与枝仅仅高约5~10厘米，细如铁丝，看上去很像苔藓。其实林奈木属于忍冬科，是四

季常青的灌木，长着四片叶子，花成对生于枝顶，白色或粉红色，有香味。果实很小，近似球形，长约 3 毫米。

林奈木广泛分布于北半球寒冷地区，多生于针叶林和阔叶混交林下。我国东北的长白山等地区的树林下就生长着成片的林奈木。

40.最稀有的树

著名的佛教圣地普陀山不仅以众多的古刹闻名于世，而且是古树名木的荟萃之地。在普陀山慧济寺西侧的山坡上生长着一株称作普陀鹅耳枥的树木。这种树木除了在普陀山有生长外，世界其他地方均没有生长，而且目前仅剩下一株，因此它被列为国家重点保护植物。

普陀鹅耳枥是 1930 年 5 月由我国著名植物分类学家钟观光教授首次在普陀山发现的，后由林学家郑万钧教授于 1932 年正式命名。据说，在 20 世纪 50 年代以前，该树在普陀山上并不少见，可惜渐渐死于非命，只剩下最后一株。仅存的这株普陀鹅耳枥高约 14 米，直径 60 多厘米，树皮呈灰色，树叶呈暗绿色，树冠微偏。它虽然历尽沧桑，度过许多风雨寒暑，却依然枝繁叶茂，挺拔秀丽，成为普陀山一道独特的景观。

41.形状最奇特的树

桫椤树又名树蕨或蕨树，是白垩纪时代遗留下来的珍贵树种，出现在距今约 3 亿多年前，曾经是草食性恐龙的主要食物，也是当今世界上仅存的木本蕨类植物。因此有"活化石"之称，被列为国家一级保护植物。

桫椤树的树形奇特，树干似笔筒，树叶似孔雀开屏，笔直的树干高达 8 米，巨大的叶子长达 1~3 米，从树干顶端伸展下来，非常壮观，特别是经过人工选择在适合的地方大面积种植之后，形成的景观枝繁叶茂，遮天蔽日，非常迷人。

42.最珍稀的树种

银杉是300万年前第四纪冰川时期残留下来的世界珍宝，是我国特有的世界珍稀树种。银杉曾经被认为是地球上已经灭绝的、只保留着化石的植物。1955年，银杉在我国首次被发现的时候，引起了世界植物界的巨大轰动。

银杉是松科的常绿乔木，主干高大通直，挺拔秀丽，枝叶茂密，尤其是在其碧绿的线形叶背面有两条银白色的气孔带，每当微风吹拂，便银光闪闪，更加诱人，银杉的美称便由此而来。银杉属于常绿乔木，高达24米，胸径通常达40厘米，有的达到85厘米；树干通直，树皮暗灰色，裂成不规则的薄片；小枝上端和侧枝生长缓慢，呈浅黄褐色。

目前银杉仅分布在我国广西、湖南、四川、贵州四省区的30多个分布点。银杉的生长发育需要一定的光照，如果不采取保护措施，它们将会被生长较快的阔叶林遮蔽，从而面临灭绝的境地。银杉被列为国家一级保护植物，政府已建立银杉保护区。

43.最大的蔷薇

蔷薇是一种常见的庭园植物，普通的蔷薇是丛生的小灌木，枝上长有小刺，羽状复叶，小叶呈倒卵形或椭圆形，花呈白色或粉红色，有芳香。

世界上最大的蔷薇生长在美国亚利桑那州。这棵蔷薇高达2.75米，树干直径为1.41米，枝叶覆盖的面积达501.3平方米，人们用68根柱子和几百米的铁管做支架，在这棵蔷薇树下搭起一座凉棚，可供150人在下面乘凉。

草与叶之最

1.陆地上最长的植物

在热带和亚热带森林里，生长着参天巨树和奇花异草，也有将人绊倒的“鬼索”，这就

是缠绕在大树周围的白藤。

白藤茎干一般很细只有4~5厘米，它的顶部长着一束羽毛状的叶，叶面长尖刺。茎的上部直到茎梢又长又结实，也长满了又大又尖往下弯的硬刺，就像一根带刺的长鞭一样随风摇摆，一碰到大树，就紧紧地攀住树干不放，并很快长出新叶。接着它就顺着树干继续往上爬，而下部的叶子则逐渐脱落。白藤爬上大树顶后，已经没有什么可以攀缘的了，于是它那越来越长的茎就往下坠，再次缠住比较低的树枝，如此反复，在大树周围缠绕成无数怪圈。

白藤从根部到顶部达300米以上，比世界上最高的桉树还长一倍呢。资料记载，白藤长度的最高纪录竟达500米，是陆地上最长的植物。

2.最大的草本植物

草本植物体形都很矮小，一般的小草只有几厘米高，稻子、小麦也仅1米左右，但是在草本植物这个大家族里，也有身躯庞大的种类，其中最大的要数旅人蕉。旅人蕉的茎有双臂合抱那么粗，高23米以上，有六七层楼高，是世界上最高大的草本植物。

旅人蕉的叶片硕大奇异，状如芭蕉，左右排列，对称均匀，犹如一把摊开的绿纸折扇，又像正在尽力炫耀自我的孔雀开屏，极富热带情趣。旅人蕉的叶片基部像个大汤匙，里头贮存着大量的清水。旅行者身带的饮水喝光，燥渴难忍时，若幸运地遇到它，只要折下一叶，就可以痛饮甘美清凉的水。因此，人们给它起名“旅人蕉”。又因为它含水多，所以又叫“水树”“救命之树”“沙漠甘泉”。但是实际上它不是树，而是世界上最大的草本植物。

旅人蕉原产于马达加斯加岛，在我国的广东和海南也有少量栽种。

3.最孤单的植物

在植物王国中，有一种植物是最孤单的，因为它只有一片叶子，所以叫作独叶草。

独叶草的地上部分高约 10 厘米，通常只生一片具有 5 个裂片的近圆形的叶子，开一朵淡绿色的花；而独叶草的下部分是细长分枝的根状茎，茎上长着许多鳞片和不定根，叶和花的长柄就着生在根状茎的节上。独叶草不仅独叶独花，而且结构独特而原始，它的叶脉是典型开放的二分叉脉序，这在毛茛科 1500 多种植物中是独一无二的，是一种原始的脉序。

独叶草是毛茛科的一种多年生的草本植物，是我国云南、四川、陕西和甘肃等省特有的小草。它生长在海拔 2750～3975 米的高山原始森林中，生长环境寒冷、潮湿，十分隐蔽，土壤偏酸性。

4.最顽强的植物

世界上最顽强的植物要数地衣。有人曾做过试验，结果发现地衣在-273℃的低温下还能生长，在真空条件下放置 6 年还保持活力，在 200℃ 的高温下也能生存。因此无论沙漠、荒山、南极、北极，都有地衣的身影，甚至在大海龟的背上它都能生长。

地衣

南极考察者曾在一片贫瘠而无雪覆盖的山地岩石缝中，发现有生长旺盛的地衣。在环境稍好的地方，这种植物直接依附在光秃秃的岩石上，它们通过分泌酸，在岩石上腐蚀出一个个小坑，在坑中生长。它每天的生长时间只有 1～2 小时，一株地衣需 25 年才能长到 2.5 厘米左右。地衣的寿命可达 450 年。

5.最能贮水的草本植物

最能贮水的草本植物是仙人掌。仙人掌生长在热带、亚热带干旱的沙漠，那里气候炎热、干旱，年降雨量在25毫米以下，有的地方甚至终年不下雨。在如此干旱的环境中，只有像仙人掌这种具有超强贮水能力的植物才能生存。

仙人掌为了适应干旱的沙漠环境，叶子已经退化成针状，这样可以减少水分的蒸发。它们的根系广而深，能够大量吸收地下水，它们的肉质茎厚厚的，能够贮存大量水分。茎表面有一层蜡质皮，能够防止水分蒸发。

仙人掌类植物还有一种特殊的本领，在干旱季节，它可以不吃不喝地进入休眠状态，把体内的养料和水分的消耗降到最低程度。当雨季来临时，它们又非常敏感地"醒"过来，根系立刻活跃起来，大量吸收水分，使植株迅速生长并很快地开花结果。有些仙人掌类植物的根系变成胡萝卜状，可贮存三四十千克水分。

6.感觉最灵敏的植物

植物和动物一样，也有感觉，花草树木受到光、温度等外界刺激会做出各种反应。比如向日葵会跟着太阳转动花盘，含羞草的叶子被触碰之后会合起来。世界上感觉最灵敏的植物是毛毡苔。有人曾做过实验，把一段长11毫米的头发丝放在毛毡苔的叶子上，叶子马上就会卷起来。还有人把0.000003毫克碳酸铵滴在毛毡苔的绒毛上，也会马上被它发觉。

毛毡苔也叫日露草，生长在热带和温带地区。它是一种食虫植物，叶子扁平，像圆盘一样平铺在地上，叶片表面长有紫红色的纤毛，能分泌香甜的黏液，吸引贪吃的小昆虫，昆虫一碰到黏液就会被粘住，成为毛毡苔的美食。

7.最会跳舞的植物

在我国南方有一种神奇的跳舞草，它们的触觉非常灵敏，枝叶能够随着声波震动，当音乐响起时，就会翩翩起舞。音乐节奏越快，它跳得越快；音乐节奏越慢，它跳得越慢；音乐停止时，它就停止跳舞。跳舞草又叫情人草、风流草、求偶草、多情草，是一种豆科植物。株高60~150厘米，叶柄上长有三片叶子，叶片随植株的生长而变化，初生真叶对生，以后转为单叶互生，叶片呈椭圆形或披针形，长5~10厘米。跳舞草开紫红色的蝶形花。

跳舞草是一种快要绝迹的珍稀植物。这种草既是有趣的观赏植物，也是珍贵的药材，具有很高的科研价值。

8.花序最大的草本植物

植物王国的花千姿百态，有一朵花生在一个花枝上的，也有几朵花生一个花枝上的，几朵花聚集在一个枝条上，按照一定的顺序排列，组成花序。

在苏门答腊热带雨林的潮湿、低洼地带生长着一种叫作巨魔芋的草本植物，它是世界上花序最大的草本植物。巨魔芋地下块茎的直径达半米，块茎上长着一枝粗壮的地上茎，高约半米，在靠近地面的地方有一片叶子。这种植物最初就裹在这片叶子里，它的肉穗花序包在大苞片中，苞片外面呈绿色，里面是红色。花序上密布着数以千计的黄色的雄花和雌花，整个花序高达3米，直径达1.3米。整个花序和花序下的茎连起来，看起来很像一个巨型的烛台。巨魔芋的花散发出腐臭味，吸引苍蝇等昆虫前来授粉。

9.最能预测地震的植物

世界上最能预测地震的植物是含羞草。含羞草高20~60厘米，叶子很小，成对排列。它们对环境的变化非常敏感，只要碰一下它的叶子，叶片马上就会合拢，甚至叶柄也垂下来。通常，含羞草的叶子傍晚合上，白天张开。据说，地震来临之前，含羞草的叶子就会一反常态，白天合上，晚上张开或半开。如果出现这种情况，就要提前采取措施，预防地震。

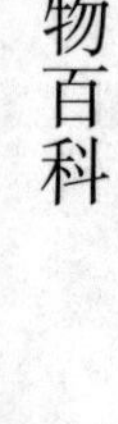

10.寿命最短的种子植物

植物寿命的长短,与它们的生存环境有密切关系。有的植物为了使自己在严酷、恶劣的环境中生存下去,经过长期艰苦的“锻炼”,练出了迅速生长和迅速开花结果的本领。世界上寿命最短的种子植物是生活在非洲撒哈拉沙漠地区的短命菊。沙漠中长期干旱,这种植物的种子在早春稍有雨水湿润的情况下,就赶紧发芽生长,开花结果。整个生命周期,只有短短的三四个星期。

短命菊的舌状花排列在头状花序周围,像锯齿一样。它对湿度极其敏感,空气干燥时就赶快闭合起来;稍稍湿润时就迅速开放,快速结果。果实成熟之后,缩成球形,随风飘滚,一旦遇到潮湿的环境,立即生根发芽。由于它生命短促,来去匆匆,所以被称为“短命菊”。

11.吸水能力最强的植物

世界上吸水能力最强的植物是泥炭藓,泥炭藓也叫水苔或水藓,它们生长在沼泽地区或森林洼地。这种植物平时呈淡绿色,干燥时呈灰白色或黄白色,丛生成垫状。它们的吸水能力特别强,能吸收自身体重的10~25倍的水分,比脱脂棉的吸水能力强1~1.5倍,不愧是吸水能力最强的植物。

大型的泥炭藓经过消毒加工后,可以代替脱脂棉做敷料或制造急救包。由于泥炭藓含有泥炭藓酚、丁香醛及多种酶,作伤口敷料时,有收敛和杀菌的作用,能够促进伤口愈合。

12.最著名的灭虫植物

在夏天,蚊虫的叮咬很讨厌,如果点上蚊香,就会使蚊子晕头转向。蚊香之所以能灭虫,因为它含有除虫菊的成分。

除虫菊的花朵中含有约百分之一的除虫菊素,用除虫菊的头状花序磨成的粉末是杀虫剂的主要来源。除虫菊对多种昆虫如蚊、蝇、臭虫和蟑螂等有毒杀作用。昆虫接触除虫菊素后1~2分钟内即出现过度兴奋，运动失调，迅速晕倒或麻痹。有一部分昆虫可于1天后复苏。除虫菊粉的活性物质会使昆虫和冷血脊椎动物产生接触性中毒，但用作杀虫剂的除虫菊粉浓度对植物及高等动物无害，因此这些杀虫剂广泛用于家庭与家畜的喷洒杀虫。

13.最精巧的食虫植物

世界上有很多种食虫植物，其中最精巧、最复杂的食虫植物要数猪笼草。猪笼草喜欢温暖潮湿的环境，主要分布在澳大利亚、马来西亚、印度东部、印度洋群岛以及中国的海南岛、西双版纳等地的热带森林。

猪笼草捕捉虫子的方式很奇妙，它们的捕食工具是叶子。猪笼草的叶子构造非常复杂，叶片的中脉伸出，变成卷须，卷须可以攀附着其他东西往上爬。卷须顶部有一个像瓶子一样的囊状物，瓶子口上有一个能够开合的盖子，瓶内有半瓶黏性的液体。瓶口能够分泌香甜的汁液，吸引小昆虫。当小昆虫吃得正高兴的时候，一不小心就会栽到瓶中，被有黏性的液体消化掉。

14.世界上价格最贵的草

黑节草

世界上价格最贵的草是黑节草。这种草产于我国云南的阔叶林中，只有十几厘米高，但是茎上有很多节，节间呈黑褐色。黑节草的药用价值极高，能清热生津、消炎止痛、清嗓润喉，因此很受演员、歌唱家和教师的欢迎。

由于黑节草很受欢迎，历经长期拔采，种源已临枯竭，又因森林遭受破坏，生存环境

恶化，植株大量消失，现在黑节草已经处于濒临灭绝的境地。用黑节草研制的中药在国际市场上售价每千克为3000多美元，因此黑节草被誉为最贵的草。

15.最名贵的草药

人参号称“百草之王”，是驰名中外、老幼皆知的药材。在中国医药史上，使用人参的历史久远。早在战国时代，名医扁鹊对人参药性和疗效已有了解；秦汉时代的《神农本草经》将其列为药中上品。明代著名中医学者龚居中在《四百味歌扩》中列为第一条：“人参味甘，大补元气，止渴生津，调营养卫”，成为无数中医入门的第一句背诵歌诀。人参能入五脏六腑，是补药中的极品。

由于人们的过度采挖，以及对人参生存环境的破坏，野生人参越来越少，已经处于灭绝的边缘。人参已经被列为我国珍稀濒危植物，长白山等自然保护区已经加以保护，人参资源正在逐渐恢复和增加。

16.生长最快的植物

生长在中国云南、广西及东南亚一带的团花树，是生长较快的植物。它一年能长高3.5米，因为生长迅速，被称为“奇迹树”。生长在中南美洲的轻木长得更快，它一年能长高5米。

堪称向高处生长最快的植物应该是毛竹。它从出笋开始，只要两个月的时间就长成成竹了，高达20米，大约有六七层楼房那么高。生长最快时，一昼夜能升高1米。所以人们常用“雨后春笋”来形容事物发展的速度之快。

竹子的生长是一节节拉长，长成的竹子的节数和粗度与竹笋是相应的，竹子长成后就不再长高了。而所有树木的生长，是从幼芽开始，经几十年，乃至几百年的漫长生长过程。与之相比，竹子的生长是很特别的。

17.世界上分布最广的草

狗牙根草,又称百慕大草、绊根草、爬地草。在热带、温带都有分布,是世界上分布最广的草。在农田、草地、路旁、水沟边随处可见这种草。

狗牙根草喜欢光热,抗旱耐热能力强,耐践踏,具有很好的恢复能力。它们对保护和管理要求不高,在盐碱地也生长较快,侵占性强,是果园里的重要杂草。因此狗牙根草被广泛应用于高速公路、广场、公园等绿地。现在足球、马球、垒球、高尔夫球等体育用草地也广泛使用狗牙根草及其杂交品种。

18.世界上最耐盐碱的草

陆地上很多地方在远古时代都是海洋,后来陆地上升,海水干涸,海水中的盐分仍然残留在土壤中。土壤中的盐碱是植物生长的大敌,一般土壤中的盐碱含量在0.5%以下可以种植普通的庄稼,如果盐碱含量在0.5%~1.0%,只有少数耐盐性强的植物能够生长,比如棉花、甜瓜、苜蓿等。含盐量超过1.0%的土壤,植物就很难生长了。

世界上最耐盐碱的草是盐角草,又叫海篷子。这种植物主要分布在我国西北和华北的盐土中。它能生长在含盐量高达6.5%的潮湿盐沼中。盐角草之所以如此耐盐,是因为它能够将从盐碱地里吸收的大量盐碱贮存在身体内的盐泡里,它体内所含的盐分高,体液浓度大,所以能够在盐碱地生存。

19.最耐干旱的植物

人们熟知的耐干旱的种子植物是沙漠中的仙人掌类植物。仙人掌原产南美洲热带、亚热带大陆及附近岛屿。仙人掌特殊的结构能够适应干旱的环境。有人做过一个有趣的试验:把一棵37千克重的仙人球放在室内,一直不浇水。过了6年,仙人球仍然活着,而且还有26.5千克重。

比仙人球更耐干旱的植物是生长在沙漠里的沙那菜瓜。有人把它贮藏在干燥的博

物馆里，整整 8 个年头，它不但没有干死，还在每年的夏天长出新芽。在这 8 年中，仅仅是重量由 7.5 千克减少到 3.5 千克。这种耐旱的本领，在所有的种子植物中无疑是冠军了。

20.世界上最大的圆叶

世界上最大的圆叶是原产于南美洲的王莲的叶子。王莲属睡莲科，是一种大型浮叶草本植物，有直立的根状短茎和发达的不定须根。

王莲是水生有花植物中叶片最大的植物，其初生叶呈针状，长到 2~3 片叶呈矛状，至 4~5 片叶时呈戟形，长出 6~10 片叶时呈椭圆形，到 11 片叶后叶缘上翘呈盘状，叶缘直立，叶片呈圆形，像浮在水面的圆盘，花的直径可达 2 米以上，叶面光滑，绿色略带微红，有皱褶，背面紫红色，叶柄绿色，长 2~4 米，叶子背面和叶柄有许多坚硬的刺，叶脉为放射网状。每片叶可承重数十千克，二三十千克重的小孩坐在上面也不会下沉。每棵王莲能长 20~30 片如此巨大的叶子。

王莲的叶子很大，花也很大，直径 25~40 厘米，花瓣数目很多，美丽而芳香。在花卉展览中，王莲是一种珍贵的花卉。

21.世界上最宽大的叶子

世界上最大的叶子是大根乃拉草，这种草是生长在南美洲巴西高原南部森林里的大型草本植物。它们主要分布在常绿阔叶林中。大根乃拉草的叶子非常巨大，能够把三个并排骑马的人连人带马都遮住。

22.世界上最小的叶子

文竹是一种常见的观赏植物，虽然名字里有个“竹”字，其实它并不是竹子，而是一种多年生藤本植物，因其枝干有节，像竹子一样，所以被称为“文竹”。文竹的分枝又多又细，通常人们认为那是文竹的叶子，实际上，那只是文竹的茎干和枝条。叶状枝纤细而丛生，呈三角形水平展开羽毛状；叶状枝每片有6~13枚小枝，小枝长3~6毫米。文竹真正的叶子已经退化为淡褐色的鳞片，长在叶状枝的基部，要用放大镜才能看清楚。因此文竹的叶子算得上世界上最小的叶子了。

23.最甜的叶子

世界上最甜的叶子是甜叶菊的叶子。甜叶菊是原产于南美洲的多年生草本植物。每千克甜叶菊的叶片可以提取60~70克的甜叶菊苷，其甜度大概是蔗糖的300倍。摘一片叶子在嘴里嚼一嚼，就好像吃了一口甜蜜的白糖。甜叶菊是理想的甜味剂，具有热量低的特点，它的含热量只有蔗糖的三百分之一，吃了不会使人发胖，对肥胖症患者和糖尿病人尤为适宜。长期用甜叶菊煮水喝，还有降低血压、促进新陈代谢和强壮身体的功效。

许多国家都引种栽培甜叶菊。甜叶菊在栽种的第一年能长到0.8米左右，第二年就能长到2米，生长速度很快。它的茎呈浅绿或浓绿色，全身长有甜绒毛。夏天的时候，它会开出一丛丛的小白花，散发出淡雅的香气。

花之最

1.世界最早的花

据相关科学家研究，世界上最早的花是出现于1.45亿年前的辽宁古果和中华古果。

辽宁古果和中华古果分别是由吉林大学孙革教授领导的课题组和中国地质学院的季强教授领导的课题组于辽宁的西部地区发现的。辽宁古果和中华古果现在已经被科学家确定为最古老的被子植物（有花植物），并把它们确定为早期被子植物的新科——“古果科”。现在已经完全可以肯定，出现于1.45亿年前的辽宁古果和中华古果是世界上最早的花，世界科学界的权威杂志《科学》于2002年5月7日介绍了这一最新成果。

2.世界上最大的花

植物界里的花朵,不但颜色不尽相同,而且大小各异。池塘里的浮萍花朵直径不到1毫米,是最小的花。桃花直径2~3厘米,玉兰花10~18厘米,牡丹20~30厘米。

牡丹虽称花王,却不是世界上最大的花。世界上最大的花是大花草的花,这种植物生长在印度尼西亚苏门答腊岛的森林里,其花朵直径达1.4米,几乎和我们吃饭的圆桌一样大。它的五片花瓣又大又厚,外面带有浅红色的斑点,每片花瓣有30~40厘米长,一朵花重6~7千克,花心呈面盆的形状,可以盛5~6升水。

大花草属于寄生植物,它寄生在像葡萄一类的白粉藤根茎里。这种古怪的植物本身是无茎无叶的,一生只开一朵花。花刚开的时候有一点儿香,不到几天就变臭了。在自然界里,这种臭花也能引诱某些蝇类和甲虫为它传粉。

3.世界上最香的花

世界上最香的花是一种叫作野蔷薇的花,素有"十里香"之称,意思是在十里之外都能闻到这种花的香味。

野蔷薇属蔷薇科,是一种落叶灌木,原产于荷兰,花为白色单瓣花瓣,花的直径2~3厘米,外表呈圆锥形,花开于每年夏季的5~7月,香味极浓。它不仅仅是世界上最香的花,也是香味飘得最远的花。它的花还是相当好的药材。

野蔷薇

现在在我国的南方地区也经常能看到这种花。

4.最臭的开花植物

自然界中并不是只有芳草香花，其实，也还有不少臭花、臭草。起码有不下几十种的植物用臭字命名，例如：臭椿、臭梧桐、臭娘子、臭牡丹、臭灵丹……有些植物的名字里虽然没有臭字，但其中也包含着臭的意思，例如鸡矢藤、马尿花、鱼腥草……这么多形形色色有臭味的植物，其臭的程度也是不同的。

在中美洲的森林里，有一种叫天鹅花的植物，这种花看上去很脏，其臭味很像腐烂的烟草，而且还有毒性，猪吃了马上会死去，没有吸烟习惯的人对这种臭味是很忌讳的。热带还有一种叫韶子的水果，它的味道虽然鲜美，闻起来却有恶臭味。

世界上最臭的植物，公认的是大花草，它的臭味很像腐烂的尸体。还有一种生长在苏门答腊密林里的巨魔芋，开花的时候，其臭味像烂鱼一样。也许臭味与它们发散的面积有关系，大花草的花朵最大，而巨魔芋的花序也是最大的。

5.开花最晚的植物

各种植物的开花时间是不同的，沙漠中的短命菊，出苗以后几个星期就开花结果。大多数草本植物，出苗后在当年或隔年开花，水稻、棉花、玉米是当年开花的植物，油菜、小麦是隔年开花的植物。

相比于草本植物，一般木本植物开花比较晚：桃树 3 年才开花，梨树 4 年才开花，银杏则要经过 20 多年才开花。毛竹在出苗后要经过 50~60 年才开花，而且一生只开一次花，花开完后就逐渐枯萎了。

生长在玻利维亚的凤梨是开花最晚的树。这种植物出苗后得经过 150 年才开花，它的花是圆锥形的花序。

6.最小的有花植物

世界上最小的有花植物是无根萍。无根萍的体内有大量淀粉存在。目前，无根萍体内的淀粉合成过程正在被研究。这种淀粉是一种很有前途的淀粉资源，将来很可能成为代替大米和小麦的粮食。无根萍的繁殖能力很强，每平方米的水面，有 100 万个它们的个体，而且它们还会继续繁殖。这种形如细砂的水生植物还是饲养鱼苗的好饲料。无根萍顾名思义是无根的浮萍的一种，它的体积很小，只有 1 毫米多长，不到 1 毫米宽。它们上面平坦，底下隆起，外形同一般浮萍很相似。虽然微小，但它也有花，当然花更小，只有针尖般大。

7.寿命最长和最短的花

自然界中，花的寿命通常是不长的，这是因为花都是比较娇嫩的，风吹雨打或是烈日的暴晒都会使它们枯萎。例如：玉兰、唐菖蒲等开花时间较长的花也只能开上几天；蒲公英的开花时间只有几个小时；牵牛花的开花时间也只有 18 个小时上下；晚上 7~9 点钟开花的昙花则只开三四个小时就萎谢了，“昙花一现”的说法便是由于昙花开花时间短而得来的。

实际上，世界上寿命最短的花并不是昙花，生长在南美洲亚马孙河的王莲花，在清晨的时候开放，仅仅半个小时就萎谢了。小麦的花则只开 5~30 分钟就谢了，这才是世界上寿命最短的花。

生长在热带森林里的一种兰花，开花时间是 80 天，它是世界上寿命最长的花。

8.颜色变化最多的花

一般的花，从花开到花落这个周期里，其色彩是没有什么变化的。但是，这种情况也不是绝对的，在自然界里，有一些花卉的颜色在一个周期里是会发生变化的。例如：金银花名字的来历便是由于它初开时色白如银，过一两天后，颜色便会变得如黄金。还有种生长在中国的樱草，在春天 20℃左右时是红色的，到 30℃的温室里就会变成白色。八仙花在一些土壤中开粉红色的花，在另一些土壤中开蓝色的花。不仅如此，还有一些花在

受精后也会变色。比如刚开时是黄白色的棉花在受精以后变成粉红色。杏花含苞的时候是红色，开放以后颜色渐渐变浅，最后几乎变成白色。

"弄色木芙蓉"是颜色变化最多的花。初开时它的花是白色的，第二天变成了浅红色，后来又变成了深红色，到花落的时候就变成紫色的了。这些色彩的变化，看起来非常奇妙，其实都是花内色素随着温度和酸碱的浓度变化所引起的。

9.最罕见的花

世界上最罕见的花是生长在南美洲的雷蒙达花。

雷蒙达花

雷蒙达花生长在南美洲海拔将近4000米的安第斯山上，它100年才开放一次，也就是在它生命临终前才开一次花，并且在开完后的很短时间内立即枯萎而死，把自己储存了一生的精力都在生命的最终时刻释放了出来。它的花芳香扑鼻，花穗有10~12米高，最粗的地方直径有1米，远远看去就像高高耸立着的一座高塔，特别壮观。但是它的花太难得了，100年才开一次，且一生只开一次！

作为世界上最罕见的花，雷蒙达花以它独有的魅力征服了来自世界各地的游人。

10.世界上最不怕冷的花

世界上最不怕冷的花是雪莲花。

雪莲花属于菊科，又名大苞雪莲、荷莲，产于中国，是一种极耐寒的多年生草本植物，在空气湿度较强的地方容易生存。雪莲花高15~35厘米，茎比较粗壮，它的花很漂亮，粉

色和白色相间,花冠为紫色,开于每年的7~8月。因为雪莲花极其耐寒,即使在-50℃的环境下,也能开放,所以它一般都生长在纬度比较高的地区,中国的新疆是雪莲花的原产地。现在,在蒙古地区以及俄罗斯的西伯利亚以西地区均有分布,雪莲花最具魅力的是它的耐寒性,这也让它成为世界上最不怕冷的花!

11.颜色和品种最多的花

月季花是世界上品种和颜色最多的花。

月季花又名月月红,属蔷薇科。月季在中国有悠久的栽培历史,原产于中国的西南地区,但是现在月季花已经广布于世界各地。月季花是单生的,也有的是几朵集合在一起生成伞房状,花径4~6厘米,有很浓的香气,重瓣,开在每年的5~10月。月季花的颜色不定,有紫、红、粉、白等颜色,除此之外,月季花还有不同的混色、串色、复色等,甚至有罕见的蓝色和咖啡色,这么多种颜色的花在世界上绝无仅有!另外,月季花的品种也非常多,有资料表明:月季花在全世界已有上万个品种,它是世界上存在的颜色和品种最多的花,人们可以欣赏到各种各样的月季花,也正是因为这个原因。现在,月季花在世界上的种植范围越来越广!

12.飘得最远的花粉

种子植物要结出果实必须经过授粉,即把雄蕊的花粉传给雌蕊,让雌蕊受精。那些美丽芳香的花朵可以引诱昆虫,让昆虫传播花粉。有些花既没有鲜艳的颜色,也没有迷人的香味,只能靠风传播花粉,比如杨树、柳树就是如此。靠风传播花粉的花,花粉数量少则数千,多则数万,甚至数十万。一阵风吹来,花粉就会漫天飞扬,飞得又高又远,近的几千米,远的几十甚至几百千米。其中,飞得最远的是松树的花粉,松树的花粉上有一个气囊,能够乘风上升几千米,飞越山岭,甚至跨越海洋。这样大范围地传播花粉,可以保证更多的雌花受精,从而结出更多的种子。

13.降落最快的花粉

以风为媒介传播的花粉在一阵微风的吹拂下，就可以把许多花粉卷扬起来，吹到距离地面200~500米的空中，少数也可达到2000米的高空。当风速减弱时，这些随风飘荡的花粉就会徐徐降落，降落的速度各种花粉是不同的。紫杉的花粉每秒降落不到1厘米。云杉的花粉下降得比紫杉快得多，每秒下降6厘米。虽然比降落的雨滴慢得多，但却是各种花粉中降落速度最快的花粉。

14.花粉最大的花

花粉最大的花是西葫芦花。植物的花粉直径一般为20~50微米，要借助显微镜才能看清楚，西葫芦花的花粉直径达200微米。如果一个人视力很好，甚至可以用肉眼看到单粒的西葫芦花粉。

西葫芦花粉营养价值相当高，含有大量的维生素和蛋白质，还具有医疗功效，能够防治慢性前列腺炎、出血性胃溃疡、感冒等疾病。此外，西葫芦花粉还有增强体质的作用。人们往往在猪、鸡、牛的饲料中加入少量西葫芦花粉来提高生产率和产蛋率。

西葫芦是一年生草本植物，矮生或蔓生的茎上长满绿色手掌状的叶子，黄色的花冠上布满很多花粉。西葫芦的果实是平滑的长圆柱形或椭圆形。果实的颜色为浅绿色、墨绿色或白色，果实成熟后逐渐变为黄色。

15.花粉最小的花

花粉最小的花是勿忘草，花粉的直径约2~8微米。

勿忘草原产欧亚大陆，是多年生草本植物，叶互生，狭倒披针形或条状倒披针形。勿忘草喜阳光，能耐旱，易自播繁殖。勿忘草花小巧秀丽，蓝色花朵中央有一圈黄色花蕊，色彩搭配和谐醒目，卷伞花序随着花朵的开放逐渐伸长，半含半露，非常惹人喜爱。

勿忘草花小素雅，生长快，春天播种可夏秋开花。有白花变种和红花变种。园林中

可供花坛、花境、林缘、岩石园等处种植,亦可盆栽或做切花。

勿忘草

16.最有名气的毒花

提到鲜花,我们首先想到的是美丽和芳香,很少有人把花和毒品联系起来。其实,很多花是有毒性的,其中名气最大的是罂粟花。虽然罂粟的毒性不是很大,但是提起罂粟,人们就会有一种恐惧的心理。因为鸦片、海洛因等毒品都是用罂粟制成的。罂粟未成熟的果实的果皮中含有一种与众不同的乳汁。乳汁中含有生物碱、吗啡等成分,对中枢神经有兴奋、镇痛、催眠的作用,长期使用容易成瘾,并慢性中毒,严重危害身体健康。罂粟、大麻和古柯并称为三大毒品植物。我国对罂粟种植和使用严格控制,除药物科研外,一律禁植。

17.最昂贵的郁金香

荷兰是一个花的国度,郁金香是荷兰的国花。从首都阿姆斯特丹到海牙北部的沿海地区,到处都能见到花田和温室,里面栽培着各种各样、娇艳芬芳的郁金香。从 17 世纪初,郁金香的培育和交易在荷兰开始普及,如今荷兰是世界上最大的郁金香出口国,荷兰的郁金香受到世界人民的喜爱,出口郁金香成为荷兰的经济命脉之一。

荷兰人栽培出 2000 多种郁金香,其中有一些是非常名贵的品种,比如直径 15 厘米的巨型郁金香,红、白、黄三色混合的郁金香,高雅的黑色郁金香。其中最昂贵的是白底红色条纹的郁金香,据说这样的一棵球茎可以换阿姆斯特丹运河区的一栋豪宅。

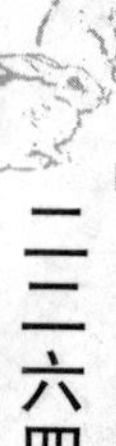

18.最小的玫瑰

玫瑰是象征爱情的花朵，因而受到人们的广泛喜爱。一般的玫瑰花的直径长 4～5.5 厘米。日本三重县的一位育种专家培育出世界上最小的玫瑰，只有小拇指的指甲盖大小，美其名曰“粉红珍珠”。物以稀为贵，尽管“粉红珍珠”价格不菲，但总是供不应求。培育者眼见“粉红珍珠”旺销市场，立志将迷你玫瑰系列化，还要培育“白珍珠”“黄珍珠”“紫珍珠”等。

韩国培育出一种“手指玫瑰”，这种迷你型的玫瑰花植株只有小指大，花朵也只有指甲盖大小，可以生长在装有凝胶状营养液的高 15 厘米、直径 5 厘米的试管中，不需要外界的水分和营养。

果实与种子之最

1.最大的水果

被称为“水果之王”的木菠萝是世界上最大的水果，它的果实很大，每只一般重 10 多千克，直径在 1 米左右，当之无愧地成为最大的水果。

木菠萝又名树菠萝、波罗蜜，其果实呈不规则的椭圆形，远远望去，就好像一个大蜂窝，表皮粗糙并且有软刺。它内含丰富的糖分、维生素和矿物质，吃起来异常甜润爽口。另外，木菠萝树形美观，生长迅速，是难得的绿化树种。它原产于印度、马来西亚，不过，如今中国的海南、广东、广西、云南、福建和台湾的热带、亚热带地区均有栽培，以海南的栽培量为最多。

2.最大的荚果

世界上最大的荚果是一种叫作“榼藤子”的荚果。

荚果在我们生活中是最常见的植物之一，比如花生、大豆。但是在荚果家族中，并不是每一种荚果都像花生、大豆这么大，比如有一种叫作“榼藤子”的荚果的体型就相当的大。榼藤子又名“眼睛豆”“过江龙”，它比一般的豆科植物的荚果要大几十倍，它是一种木质荚果，有 1 米多长，10 多厘米宽，中间有很多的节，每一个节内有一粒种子，种子也相当大，近似圆形，直径达 6 厘米，相当于我们平常见到的鸡蛋那么大了，这可是花生、大豆类的荚果所不能比的！

3.最甜的果实

人们都喜爱甜的食物。糖是甜的，许多水果由于含糖分，也有甜味，如西瓜含糖 4%，梨含糖 12%。由于糖是甜味植物（如甘蔗、甜菜）提炼的，浓度高，很少有植物能比糖更甜。

西非竹芋

然而，大自然是神奇的。在西非热带森林里的一种西非竹芋，它的果实异常甜，甚至比糖还甜 3 万倍！还有一种叫非洲薯蓣叶的植物能结出一种漂亮的红珊瑚色、野葡萄状的果实。这种果实每穗有 50 个左右，味道奇甜。经测算，人们发现这种植物的果实竟比食糖甜 9 万倍！事实上，这也是目前所知的最甜的植物。

这种高甜度的果实食之不腻，而且嘴里的甜味能保持很久。由于它奇特的甘甜味道，当地群众把它美誉为“喜出望外”。

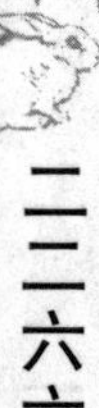

4.最有力气的果实

如果仔细观察，就会发现凤仙花的果实在成熟后，它的种子能从裂开的果皮中喷射到 2 米远的距离。事实上,并非只有凤仙花的种子能喷射,在神奇的大自然中,类似的植物还有很多。喷瓜就是其中之一。

喷瓜的果实种子一般能射出 13~18 米远,目前,它是世界上已知的力气最大的果实。它原产于欧洲南部,结出大黄瓜状的果实。成熟的果实中充满了有毒的黏性液体,果皮受到挤压,造成了强大的压力。当受到触动,果皮就如同被戳破的气球一般,会“砰”地爆裂。果实爆裂时会造成一股不小的推力,可把种子推出去。在挤压的一瞬间,果皮炸开的声音就像放炮一样响。喷瓜因此也获得了“铁炮瓜”的美称。

5.最小的种子

在人们的印象中,芝麻是相当小的种子了,其实,比芝麻小的植物种子还有很多。比如烟草和四季海棠的种子:5 万粒芝麻的种子,有 200 克重,同样数量的烟草的种子,只有 7 克重。四季海棠的种子更小,5 万粒只有 0.25 克,1 粒芝麻的重量是 1 粒四季海棠种子的近千倍。有一种叫斑叶兰的植物,它的种子小如灰尘,5 万粒种子只有 0.025 克重。它成为迄今所知的最小的种子。

斑叶兰这种微小的种子结构简单,只有一层薄薄的种皮和少数养料。它们存活期很短,极易死亡。但是它们随风飘扬,到处传播,种子数量又相当多,因而总有一些能传宗接代的。这种大量产种传播的方式,帮助斑叶兰顺利地适应了环境,并得以生存繁衍。

6.最大的种子

世界上最大的种子是复椰子的种子。复椰子分布在非洲东部印度洋中的塞舌尔群岛上,树干笔直,高达 15~30 米,叶子像把大扇子。复椰子的果实好像两个椰子合在一起,中间有一道沟,长约 50 厘米。复椰子的果实和椰子一样,外果皮是由海绵状的纤维组成的,除去这层纤维,就能看到有外壳的内核,也就是种子,复椰子的种子是植物界最大的种子,直径达 30 厘米以上,质量超过 5 千克。如此大的种子发芽也很不容易,发芽期

需要 3 年，而且只有在强烈日光照射下才能发芽。复椰子树生长同样非常缓慢，一般每年只长一片新叶子，它的花从授粉到果实成熟需要 13 年。

7.最小的果实

浮萍是最小的有花植物，它的果实也是世界上最小的果实。浮萍整个植株都是绿色的，没有茎、叶之分，统称为叶状体。叶状体两两相对，呈卵形，还有一条垂到水下的根，长 3~4 厘米。

浮萍夏季开花，花开在叶状体的边缘，呈白色。浮萍对水体环境的要求很高，除非环境适宜，否则很难开花。浮萍的果实类似陀螺的形状，里面有一粒种子。有一种浮萍，它的整个植株还不到 1 毫米，果实的重量只有 70 毫克，比一粒精盐还要轻。

8.世界上寿命最短、发芽最快的种子

寿命最短的种子植物是梭梭树的种子。梭梭树的种子只能活几个小时，在此期间，只要一点水，它就能在两三个小时之内生根发芽，然后生长繁殖，蔓延成片。如果在几个小时内没有合适的阳光和水分促成其发芽，那么梭梭树的种子就再也不能发芽了。

梭梭树生长在沙漠地区，种子在很短的时间内发芽，是它们适应沙漠环境的结果。

9.世界上最长寿的种子

世界上最长寿的种子是一粒古莲子，它能够沉睡千年后再发芽。1952 年，我国科学工作者在辽宁省新金县西泡子洼里，从泥炭层中挖掘出一些古莲子。这些古莲子由于年代久远，像石头一样坚硬。1953 年，科学家把古莲子浸泡在水里达 20 个月之久，都没有发出芽来。后来他们在莲子的外壳钻上个小孔，把两头去掉 1~2 毫米，然后再进行培养。结果经过两天，古莲子就抽出嫩绿的幼苗，发芽率高达 96%。经细心照料，这些古莲在 1955 年夏季开出了漂亮的淡红色的莲花。古莲的叶子、花朵和其他性状，都和常见的莲花相似，只是花蕾稍长，花色稍深。这些古莲后来还结出了果实。经中国科学院考古研

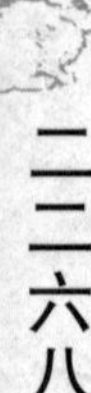

究所测定，这些古莲子的寿命约在830~1250岁之间，是世界上寿命最长的种子。

莲子之所以能活千年之久，一方面由于它一直被埋在泥炭层中，地下的温度较低，四季变化不大；另一方面由于古莲子的外面有一层硬壳，外表皮有坚硬的由栅栏状细胞构成的层间，细胞壁由纤维素组成，可以完全防止水分和空气内渗和外泄。在莲子里还有一个小气室，里面大约贮存着0.2立方毫米的空气。古莲子含的水分也极少，只有12%。虽然空气和水分的数量很少，但是对维持生命却是必要的。在这种干燥、低湿和密闭的条件下，古莲子过着长期的休眠生活，因而可以历经千年而不丧失其生命力。

10.消费量最大的水果

世界上消费量最大的水果是香蕉。

香蕉的原产地是亚洲的东南地区。中国的东南部地区，比如云南、广东、海南、福建甚至西藏地区，还有东南亚的马来西亚、泰国都是香蕉的高产区，在这些地区野香蕉的分布更是惊人！其实香蕉在世界上很多地区，尤其是热带或者亚热带地区都有种植，它最早的种植记录是在4000多年以前。现在香蕉在全世界的种植区域更广，已经有120多个国家和地区在种植香蕉，当然主要产区是在亚洲和中南美洲。香蕉这么大的种植区源于它巨大的消费量，香蕉现在是世界上消费量最大的水果。

11.含维生素C最多的水果

维生素C对人体的作用不可小瞧，它能提高人体抵抗各种疾病的免疫力，维持人体正常机能。人体一旦缺乏维生素C，常会出现如口臭、牙龈出血等不良症状，严重者可患贫血、气管炎等疾病，后果不堪设想。为此，我们要经常吃一些水果和新鲜蔬菜来补充体内的维生素C含量。

世界上含维生素C最多的水果是刺梨。据测量，每100克刺梨中维生素C的含量为1.5克，这个含量与下列水果的维生素C含量比例为：刺梨：猕猴桃=10∶1；刺梨：橙子=

50∶1;刺梨:梨子/苹果=500∶1。每个正常成年人每天只需吃半个刺梨就可以满足身体对维生素C的需要了。

12.含热量最高的水果

世界上含热量最高的水果是盛产于热带的鳄梨。

鳄梨

鳄梨是一种热带水果,原产中美洲,现在在全球的热带和亚热带的大部分地区都有分布,中国广东、福建、台湾等地区也种植着这种水果。鳄梨的营养价值很高,果肉柔软细腻,淡黄色,含有丰富的维生素以及大量的脂肪和蛋白质,还有着非常大的含油量。鳄梨不仅仅可以食用,还可用作化妆美容产品的原料。也许正是因为它丰富的成分决定了它的热量非常高,有相关数据显示,每千克鳄梨所含热量高达6822焦耳,使它成为绝对的"第一热量水果"。

13.最大的苹果

据"吉尼斯世界纪录"记载,世界上最大的苹果产于英国肯特郡的林顿,阿兰·史密斯种植的苹果最重一只达1.67千克。

14.世界上最早的方形西瓜

我们常见的西瓜都是圆形或椭圆形。其实,世界上还有方形的西瓜。最早的方形西瓜是由一名叫小野友行的日本人培育出来的。培育方形西瓜的方法并不复杂,只要在小西瓜结果后20天左右,用一个特制的四方形容器套在西瓜上,小西瓜就会按照容器的形状长成方形。方形的西瓜便于运输，受到人们的欢迎。

15.含维生素C最多的蔬菜

维生素C是维持生命活动的重要物质，很多蔬菜中都含有维生素C，比如芹菜、芥菜、西红柿等，其中含维生素C最多的蔬菜是辣椒。每100克辣椒中维生素含量达198毫克。此外，辣椒中含有丰富的维生素B、胡萝卜素和矿物质，有很高的营养价值。

辣椒原产于墨西哥，属于一年或多年生草本植物。果实通常成圆锥形或长圆形，未成熟时呈绿色，成熟后变成鲜红色、黄色或紫色，以红色最为常见。辣椒的果实因果皮含有辣椒素而有辣味，能增进食欲。在寒冷季节，吃辣椒还可以祛湿抗寒。

16.含热量最低的蔬菜

热衷于减肥的女性常常会选择吃黄瓜，这·是很明智的选择，因为黄瓜是世界上含热量最低的蔬菜。每100克黄瓜中只有16千卡的热量。此外，黄瓜中还含有一种可以抑制糖类转化为脂肪的物质，以及多种维生素、蛋白质和微量元素，具有开胃补血、延年益寿、抗衰老的作用。黄瓜中的黄瓜酶，有很强的生物活性，能有效地促进机体的新陈代谢。因此备受肥胖者的欢迎。

农作物之最

1.含植物蛋白质最多的农作物

蛋白质是维持生命不可缺少的营养素，含植物蛋白质最多的农作物是大豆。每100克大豆含有蛋白质36.5克，号称植物中的肉类。以大豆为原料加工成的豆制品，比如豆腐、豆浆、豆腐乳、豆豉等都是很受欢迎的食品。

大豆可以增强体质和机体的抗病能力，并能补充人体所需要的热量，此外，还有降血

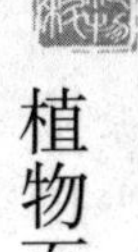

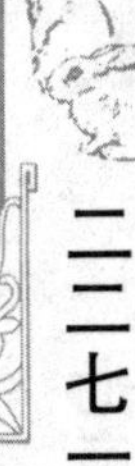

压和减肥的功效，还可以治疗便秘，极适宜老年人食用。

大豆

2.最古老的农作物

豌豆，又叫荷兰豆，是世界上最古老的农作物，距今已经有1.1万年的历史了。豌豆原产于欧洲南部、地中海沿岸以及西亚地区，是一种攀藤植物。豌豆在欧美国家种植比较普遍，我国是从汉朝开始种植豌豆的。

豌豆的颜色似翡翠，形状似珍珠，含有丰富的维生素A、维生素B和铁质，具有益气、止血、消肿和帮助消化的作用，还能增强身体的免疫力。

3.世界上最早的水稻样本

水稻是人类的主要粮食作物，水稻的种子脱皮之后就是我们平时所吃的大米。世界上最早的水稻样本是湖南永州市道县寿雁镇玉蟾岩出土的水稻样本，距今已有大约1.5万年。这表明中国的湖南是世界上最早的水稻种植地之一。

4.品质最好的纤维植物

世界上品质最好的纤维植物是苎麻。苎麻的纤维特别长，坚韧而富有光泽，而且染色后不容易褪色，因此苎麻是重要的纺织纤维作物。苎麻纤维的强度很大，扩张力比棉花高8~9倍，用苎麻纤维制作的麻绳、帆布、渔网、手榴弹拉线和降落伞等都非常坚韧。此外，苎麻纤维不容易导电，而且有吸湿和散湿快的特点，因此是制造防雨布和电线包皮的好材料。

5.最耐旱的农作物

世界上最耐旱的农作物是粟，又叫谷子，原产于中国，已经有 8000 多年的栽培历史了。粟在古代叫“禾”，去壳之后叫小米。粟是由野生的狗尾草选育培养出来的，主要分布在我国黄河中下游地区、东北和内蒙古等地。粟性喜温暖，适应性强，农谚有“只有青山干死竹，未见地里旱死粟”，可见粟的抗旱能力非常强，它耐干旱、贫瘠，而且不怕酸碱。因此在我国西北干旱地区、贫瘠的山区都有种植。

6.播种面积最大的农作物

世界上栽种面积最大的农作物是小麦。小麦是人类很早就开始种植的农作物，在古埃及的石刻中，已经有栽培小麦的记载。而且人们从古埃及金字塔的砖缝里也发现了小麦。据考古学家研究，大约 1 万年前，当人类还住在洞穴中的时候，就开始把野生的小麦当作食物了。

小麦是一种温带长日照植物，适应范围较广，自北纬 18°到北纬 50°，从平原到海拔 4000 米的高度（如中国西藏）均可以栽培。地球上小麦的播种面积居粮食作物播种面积的第一位。全世界有 1/3 的人口以小麦为主食。小麦有很多品种，其中以普通小麦种植最广，占全世界小麦总面积的 90%以上；硬粒小麦的播种面积约为总面积的 6%~7%。生产小麦最多的国家有美国、加拿大和阿根廷等。

小麦

7.栽种茶树最早的地区

种植茶树最早的地区是我国的西南地区。根据史料记载西汉时期就有人在广西、云南、四川一带栽培茶树，至今已有2000多年的栽培历史了。后来，茶树的栽培陆续扩展到其他地区。

茶树属山茶科山茶属，为多年生常绿木本植物。一般为灌木，在热带地区也有乔木型茶树，高达15~30米，基部树围1.5米以上，树龄可达数百年至上千年。在云南普洱县有棵“茶树王”，高13米，树冠32米，已有1700年的历史，是现存最古老的茶树。

8.产椰枣最多的国家

椰枣是枣椰树的果实，又名海枣、伊拉克蜜枣，是热带、亚热带干旱地区的重要干果。枣椰树原产西亚和北非，是最早驯化的果树之一。很久以来一直是地中海、红海沙漠地带的主要食品。

枣椰树如同椰子树，高约二三十米，四季常青，具有长达百年寿命的坚强生命力。枣椰在世界上分布很广，但人们总是把它们与伊拉克联系在一起，这是因为伊拉克是枣椰树最古老的故乡，已有5000多年的种植历史，无论从枣椰树的数量上还是其果实椰枣的产量和出口两方面，都占世界第一位。伊拉克全国18个省中，有12个省种枣椰，总数达3300多万株，约占世界产量的五分之二；其中一半以上供出口，出口量占世界的80%。

椰枣含糖量很高，香甜如蜜，营养丰富。伊拉克人的祖先把椰枣汁和牛羊乳拌在一起喝，当作佳肴。

9.产丁香最多的地区

丁香花拥有天国之花的光荣称号，也许是因为它高贵的香味，自古就倍受珍视。丁香花蕾或用丁香花蕾提取的丁香油是名贵的香料，能做高级的糖果、食品和香烟调味料，或高级化妆品的原料。有一种中药称“公丁香”，性温味辛，能温胃降逆，主治呃逆及胸膜胀闷疼痛，还有驱虫作用，公丁香就是丁香花蕾。

世界上产丁香最多的地区是东非坦桑尼亚东部的一个叫作桑给巴尔的地区。桑给巴尔生产的丁香，无论在产量还是在质量上都著称于世。桑给巴尔从19世纪下半叶以来，一直是世界上最大的丁香产地，种植面积达3万多公顷，所产丁香占世界丁香市场的五分之四。桑给巴尔的丁香，颗粒均匀，色泽好，气味浓郁芬芳，在国际市场上享有良好的声誉。

10.产橡胶最多的国家

橡胶一词来源于印第安语 cau-uchu，意为"流泪的树"。天然橡胶就是由三叶橡胶树割胶时流出的胶乳经凝固、干燥后制成的。橡胶具有受外力作用发生变形后迅速复原的能力，并具有良好的物理力学性能和化学稳定性。橡胶广泛用于制造轮胎、胶管、胶带、电缆及其他各种橡胶制品。

全世界有43个国家和地区种植天然橡胶，其中印度尼西亚、泰国、马来西亚、印度四大植胶国植胶面积约占世界总面积的75%，产量约占世界总产量的77%。其中生产橡胶最多的国家是泰国，泰国从1991年起即成为世界最大的天然橡胶生产国和出口国，目前该国有600多万人从事橡胶的生产、加工和贸易，占全国人口的近1/10，种有橡胶200多万公顷，橡胶产品的92%供出口。泰国是中国进口天然橡胶数量最多的国家。

11.最大的蕉麻生产国

蕉麻，也叫马尼拉麻，多年生草本植物，它的茎和叶子跟芭蕉树相似，所以叫蕉麻。蕉麻是热带地区重要的纤维作物，在19世纪成了制绳的主要原料。蕉麻纤维细长、坚韧、质轻，在海水中浸泡不易腐烂，是制作渔网、缆绳的优质原料。蕉麻还可以制作席子和地毯，以及麻织衣料。

蕉麻原产于菲律宾，目前菲律宾是世界上最大的蕉麻生产国。菲律宾的吕宋岛和棉

兰老岛是主要产地，种植蕉麻面积约13万公顷。2007年，菲律宾生产蕉麻6万吨，排名第二的蕉麻生产国厄瓜多尔仅生产1万吨。世界蕉麻产量的绝大部分产自菲律宾，其余部分来自厄瓜多尔。

12.棕油产量最高的国家

棕油是一种植物油，提取自油棕子，是继大豆油之后的第二大食用油。除此之外，棕油也被作为生物柴油使用。棕油产量最高的国家是马来西亚和印度尼西亚。这两个国家的棕油总产量占世界棕油总产量的86%以上。

2007年以前，马来西亚是世界上最大的棕油生产国，但是其播种面积已经达到饱和，产量一直在1700万吨左右。近几年，印尼的棕油产量增长较快，超过马来西亚，成为最大的棕油生产国。2007年的产量达1740万吨，而当年马来西亚的棕油产量约1650万吨。

13.可可产量最高的国家

可可原产于美洲，其果实经过发酵和烘焙后可以制成可可粉和巧克力。可可产量和出口量最多的国家是科特迪瓦。科特迪瓦的可可种植面积为187万公顷，年均产量130万吨，约占世界产量的45%，居世界第一位。

14.玉米、大豆、棉花产量和出口量最高的国家

我们都知道美国是工业和科技非常发达的现代化国家，其实美国的农业同样非常发达。

美国的粮食总产量占全球粮食总产量的20%，其中大豆和玉米占世界总产量的60%。由于美国农业资源丰富、土地肥沃、水资源充足，农产品大大超过本国需求，很大程度上需要出口解决农产品的销路问题。因此美国成为玉米、大豆出口量最高的国家。

美国也是棉花生产大国，棉花产量占世界的20%以上，2006~2007年度，出口量占世

界的总出口量的37%，占自身产量的75%。可见，美国棉花产量远远大于自身需求量，需要扩大出口削减库存。中国是最大的美国棉花进口国。

15.咖啡产量最高的国家

巴西位于南美洲东南部，是南美洲面积最大的国家。巴西是世界上最大的咖啡生产国和出口国，素有“咖啡王国”之称。咖啡是巴西国民经济的重要支柱之一，巴西咖啡以质优、味浓而驰名全球。全国有大大小小的咖啡种植园50万个，种植面积约220万公顷，从业人口达600多万，年产咖啡200万吨左右，年出口创汇近20亿美元。

巴西人酷爱咖啡。20世纪60年代，巴西咖啡人均年消费量达5.8千克。近几十年来，随着其他饮料的出现，巴西咖啡人均年消费量仍超过3千克。在巴西，无论是城市还是乡村，各式各样的咖啡屋随处可见。人们几乎随时随地都可以喝到浓郁芳香的热咖啡。

16.最早栽培金针菜的国家

金针菜，又叫黄花菜，属于百合科多年生蔬菜。金针菜原产于我国，已经有两千多年的栽培历史。金针菜含有丰富的营养物质，而且有美化庭院的作用。

金针菜

在古代，金针菜被称为“萱草”。据《诗经》记载，古代有位妇人因丈夫远征，在房屋北堂栽种萱草，借以解愁忘忧，从此世人称之为“忘忧草”。嵇康《养生论》中说：“萱草忘忧。”大约在500多年前，金针菜传到欧美，经过多年的人工栽培和育种，选育出许多优良的品种。目前全世界有15种，我国有12种。

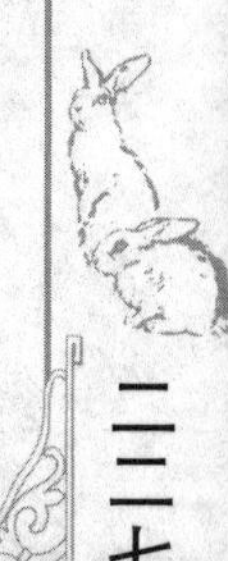

17.食用菌产量和出口量最大的国家

食用菌是可以吃的大型真菌，比如木耳、香菇、草菇、银耳、猴头、竹荪等。我国是世界上食用菌产量和出口量最多的国家。2007 年，全国食用菌年产量超过 1437 万吨，占世界总产量的 70%以上，年出口量近 7 亿美元，占全球食用菌贸易量的 40%左右。我国食用菌主要出口到美国、日本和欧洲的一些国家。

我国已查明真菌种类达 1500 种以上。人工栽培成功的已有 60 多种。食用菌理所当然地成为我国在国际竞争中的一项优势产业。近年来，我国食用菌科研、生产发展很快，全国已经成立了跨部门的食用菌协会，从食用菌的研究、制种、栽培、收购、加工等方面到开展系列化服务，为促进食用菌发展奠定了基础。

18.世界上最大的桃园

世界上最大的桃园位于山东肥城。该桃园生产基地开辟培植至今已有 1100 多年。早在 20 世纪 80 年代，肥城就被列为国家名特优产品（肥桃）基地县，肥桃栽培飞速发展。目前，全市肥桃栽培面积已超过 10 万亩，有 300 万株桃树，年产量达 7.5 万吨，成为目前世界上最大的桃园。

肥城引进培植了许多新品种，真正成了常年能赏桃花、四时可品仙桃的“世外桃源”。特别是每年桃花盛开和果实成熟的时候，春季满山桃花争奇斗艳，夏季硕果满园，桃香四溢，成为肥城的两大自然景观。

其他植物之最

1.植物界的最大家族

世界上已经发现的植物有 40 余万种，根据植物的生殖特点，可以分为孢子植物和种子植物两大类。种子植物又分为裸子植物和被子植物两类。用果皮包着种子的植物,就叫被子植物。桃子、苹果、梅子、杏子、葡萄这类水果,我们吃的是它的果实,果皮果肉包着核,核里面就是种子,这些都属于被子植物。我们平常看到的树木、花草、庄稼、蔬菜、牧草以及其他经济植物,除了松、柏类植物以外,大多数都属被子植物。因此,当你睁开双眼的时候,看到的绝大部分植物都是被子植物。

全世界被子植物的数量约有25万种,是植物界最大的家族。被子植物中既有1毫米长的浮萍,也有高达百余米的桉树;有只能存活几周的短命菊,也有寿命长达千年的龙血树。被子植物的分布非常广,从北极圈到赤道,从沙漠、海洋到高达6000米以上的高山,到处都有它们的身影。

2.最大的植物细胞

虽然自然界中的植物千姿百态,各不相同,但是所有植物都是由细胞组成的,在显微镜下可以清楚地看到这些细胞。植物细胞的长度一般在20~100微米之间,30~100个细胞才能组成一粒芝麻那么大的长度。一般一个细胞用显微镜放大60倍以上,才能用肉眼看到。

极少数植物细胞可以用肉眼看到。一个沙瓤西瓜中的一个沙粒就是一个直径1毫米左右的细胞,一条棉花纤维也是一个细胞,最长的可达75毫米,相当于成年人手指的长度,但是这还不是最大的植物细胞。世界上最大的植物细胞是苎麻茎的韧皮纤维细胞,最长能达到62厘米。

3.最大的孢子

孢子是生物所产生的一种有繁殖或休眠作用的细胞,能直接发育成新个体。采蘑菇时,只要你稍稍触及老熟的蘑菇,在它那雨伞股身躯反面的皱褶里,就会落下很多细细的"粉末"随风飞扬,这就是蘑菇繁殖后代的孢子。像蘑菇这样的孢子植物,不会开花结果,

它们都以孢子繁殖后代。

孢子一般是非常微小的单细胞,直径只有几微米到几十微米,肉眼一般看不见它们。红蘑菇孢子的直径只有10微米,也就是0.01毫米。可是,也有例外情况,像高卷柏的孢子就很大,它的直径竟有1.5毫米,也就是1500微米,约有芝麻大小。

在3亿年前石炭纪的地层中,地质学家发现了世界上最大的孢子化石,它叫大三缝孢子,直径竟有6~7毫米,比赤豆粒还要大。

4.最早出现的绿色植物

世界上最早出现的绿色植物是蓝藻。地质学家在南非古沉积岩中发现了生存在34亿年前的蓝藻类化石。这一发现在植物进化史上具有重大意义,证明那个时候世界上已经有绿色植物了。古代蓝藻和现代蓝藻在外形上有些相似,蓝藻中含有叶绿素,能够制造养分,还能独立繁殖。今天我们看到的花草树木都是蓝藻经过几十亿年漫长的历史进化而来的。

5.最早的陆生植物

生命从水生到陆生经历了漫长的过程。大约4.7亿年以前,即寒武纪时期,源于史前水生植物的最早的陆生植物在土壤里播下了种子,改变了整个植物世界的发展历程。这个时期的植物只是一些苔藓、地衣等细小的,不能完全脱离水体的植物。这些先驱登陆者在漫长的地质历史时期逐渐改变着陆地上的生存环境,使得陆地由荒凉贫瘠变得肥沃松软。这样的过程大约持续了1亿年。到了距今大约4.2亿年左右,植物已经初步具备了在陆地上生存的能力。但是那时的植物比较简单,并不能占领所有的陆地生态域,只能在水边生活。在距今大约4亿年左右的时候,即泥盆纪,植物进入了一个大发展时期,这个阶段也就是植物最终完成登陆的一个阶段。植物可以完全脱离水体,占领地球的不同生态域,并且形成了一定规模的森林。

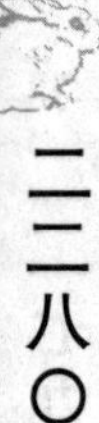

6.含蛋白质最多的植物

螺旋蓝藻是已发现的含植物蛋白最多的植物。蛋白质含量达到68%,比牛肉、大豆等高蛋白的食物高出很多,是瘦肉的4倍。这种蛋白质是螺旋蓝藻用光合作用产生的。营养如此丰富的螺旋蓝藻引起了科学家的兴趣,也许不久的将来,我们的餐桌上会出现这种高蛋白食物。

除了螺旋蓝藻之外,还有一种藻类含有很高的蛋白质,那就是小球藻,蛋白质含量为50%。

7.最大和最小的苔藓植物

苔藓属于孢子植物,不适宜在阴暗处生长,它需要一定的散射光线或半阴环境,最主要的是喜欢潮湿环境,特别不耐干旱及干燥。人们通常所说的苔藓其实是指一大类植物,可以分为苔和藓两种。一般情况下,藓类要比苔类大一点,但藓类的高度也只有几毫米到几十厘米。生长在新西兰的巨藓是目前世界上最大的藓类植物,它们高达50厘米。它之所以能长如此之高,可能与它的茎开始有了疏导组织的分化,以及细胞内有了类似木质素的聚合体的存在有关。夭命藓是藓类植物中最小的一种,它的茎长不及0.3毫米,由于个体小,往往附生在热带雨林中乔灌木的叶子上,一片小树叶上可以长几十甚至几百株,构成热带雨林奇观——“叶附生”现象。

苔藓

8.最大和最小的蕨类植物

蕨类植物是植物中的一个重要分类，属于孢子植物。蕨类植物孢子体发达，有根、茎、叶之分，不开花，以孢子繁殖。

最小的蕨类植物是产于南洋群岛的一种附生在树干上的团扇蕨。在它细长的根状茎上，长着几乎没有叶柄，长仅 5 毫米左右的扁圆形的膜质叶片，其孢子囊生在主脉延伸的囊托上，并被喇叭形囊苞所保护。

最大的蕨类要数桫椤属了。这个属有些种类的主干高达 20 多米，我国热带、亚热带产的桫椤高可达 10 米。

第十七章 植物标本的制作

种子植物标本的采集与制作

相对于动物标本来说,植物标本的采集与制作比较简单易行,而种子植物是植物界最为重要和常见的种类,在植物学方面开展科技活动,首先要认识各种种子植物,并且还要将已经认识的植物种类制成标本,作为进一步开展其他科技活动的资料。同学们从种子植物标本的采集与制作学起,更容易掌握系统的植物标本制作方法。因此,种子植物采集和标本制作,不仅是一项独立的活动,也是开展其他生物课活动的基础。

本章从种子植物标本的采集与制作开始,介绍一般植物标本采集与制作的基本知识。

1.植物标本的采集与制作综述

植物标本对掌握有关植物学的基础知识、科研资料和科普宣传,以及为国家自然资源的开发、利用提供科学依据等具有重要价值。学会采集和制作植物标本是培养植物分类学实践能力和进行植物识别、分类的重要步骤,也是同学们今后从事相关教学和科研工作的基本技能。通过植物标本采集,不但能够掌握采集的方法,还能够实地观察研究植物的形态、物候期、生态环境特点和分布规律等。

植物标本根据使用目的可分为以下四种。

(1)整体标本

整体标本主要用来识别植物，鉴定学名，鉴别中草药。通常对某一地区进行植被调查也是使用这种标本。例如调查某个学校、山头的植物资源时，虽然高等植物的根、茎、叶等营养器官，是识别植物依据之一，但是常因生长环境不同而有所差异，而花、果具有较稳定的遗传性，最能反映植物的固有特性，是识别和鉴别植物的重要依据，所以采集标本时必须尽量采到根、茎、叶、花和果实俱全的标本。草本植物还应该挖起地下部分，从根系上可以鉴别出是一年生还是多年生的。而且地下部分除根茎外，往往还存在变态根和变态茎，如荸荠、百合、菊芋、甘蓝、黄精、贝母、七叶一枝花等。木本植物应采集有代表性的枝条，最好附有一小片树皮。孢子囊群的形状与排列、根状茎及其鳞片和毛被等是蕨类植物重要的分类特征，采集时要加以注意。整体标本常制成腊叶标本和原色浸制标本。

(2)解剖标本

解剖标本主要用于观察、研究植物某一器官的内部组织结构。如解剖洋葱的鳞茎，以观察基盘、幼芽、鳞叶、须根等结构。横剖黄瓜，以观察瓜类的侧膜胎座和种子着生位置；纵剖桃花，以观察花的各部位及其形态。采集这类标本只要选择健康的有代表性的某一器官即可，不必采集整个枝条。解剖标本通常制成防腐性的浸制标本。

(3)系统发育标本

制作系统发育标本是为了观察研究植物的生活史，即某一植物从种子萌发到生长发育、开花、结果各阶段的生长情况，常用于生物教学和引种栽培及科研方面。这类植物标本必须采集植物不同的生长发育阶段，如制作菜豆和玉米种子萌发过程的标本，就要采集它们胚的萌动、长出主根和幼芽、长出真叶等各阶段的标本。这类标本可制成腊叶标本，也可以制成浸制标本。

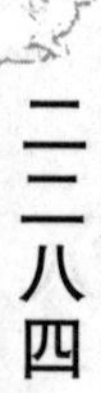

(4) 比较标本

比较标本主要是比较不同植物的某一器官的异同。例如比较双子叶植物和单子叶植物种子形态，就要采集油菜、大豆、黄瓜、番茄等成熟的果实，除去果皮，将种子晾干，还要采集小麦、水稻、玉米的果实晾干进行比较。比较各种形态的根，可以采集直根系的棉花、须根系的水稻和小麦、球根的心里美萝卜、圆锥根的胡萝卜、圆柱根的萝卜、块根的番薯、玉米及甘蔗的不定根，以及菟丝子、桑寄生的寄生根等。比较各种形态的茎，可以采集直立茎的桃、榕树，缠绕茎的牵牛花、金银花，匍匐茎的草莓，攀缘茎的葡萄、葫芦、爬墙虎，枝刺的山楂、皂角，肉质茎的仙人掌、昙花，球茎的荸荠、甘蓝，鳞茎的洋葱、大蒜等。比较各种形态的花冠，可采集离瓣花的桃花，十字花冠的油菜、荠菜，蝶形花冠的大豆、紫檀、蚕豆，管状花的红花，舌状花的菊芋，以及单子叶的小麦花等。比较各种花序，可以采集总状花序的白菜，穗状花序的车前，伞形花序的开竺葵，头状花序的向日葵等。比较各种形状的果实，可采集核果的李、杏，浆果的柿、葡萄，梨果的苹果、鸭梨，荚果的豌豆、刺槐，角果的萝卜、大青，瘦果的向日葵，颖果的水稻、小麦，翅果的榆、槭等。比较标本可以制成腊叶标本，也可制成风干标本，而果实以原色浸渍标本效果更好。

2.前期准备工作

野外植物采集，最忌草率从事。草率从事不仅影响活动质量，而且很容易发生安全问题。因此，在活动开始以前，必须做好各种准备工作。

(1) 选择和确定采集地点

①选择和确定采集地点的原则

采集地点的好坏，直接关系到采集活动的质量。选择和确定采集地点时，应遵循以下各项原则：

A 有比较丰富的植物种类，最起码要具备常见的植物种类，否则就难以保证采集

质量。

B 要有发育良好的植被类型,如良好的森林、灌丛、草地和水生植物群落等。只有在发育良好的植被类型中,才会生长各种典型代表植物,从而才能使同学们容易理解植物与外界环境统一的原则,以及植物分布的规律性。

C 交通要方便,采集地点比较安全。

②做好采集地点的预查工作

采集地点一旦确定,就要进行预查工作。预查应在临近采集活动开始前进行,其内容主要有以下几个方面:

A 调查可供采集的植物种类及其分布区域。

B 选择最佳采集路线和中途休息点。

C 了解在采集中可能出现的各种不安全因素,并准备好一旦发生安全问题时的解决措施。

D 熟悉从学校到采集地点的沿途交通情况。

(2)准备图书资料

采集开始前应准备好以下图书资料,供采集时使用:

①本地区的植物志。

②采集地点的植物检索表(根据预查所得植物名录,由老师进行编写)。

③有关采集地点的地形图和地质、地貌、气候、土壤等资料。

(3)学习植物采集方面知识

植物采集是一项知识性和技术性很强的科技活动,同学们一定要先学习有关的知识,有所了解和准备,主要有以下几个方面:

①种子植物形态学术语。

②植物检索表的组成及其使用方法。

③植物采集的方法和步骤。

④采集地点的植被类型、植物主要组成、地质、地貌、气候、土壤等知识。

(4)提高安全意识

野外采集中存在着许多不安全的因素,诸如蛇咬、摔伤、迷路、溺水等。为了防止出现这些事故,出发前应学习学校有关安全教育的内容。小组行动时,宣布一些必要的纪律,如采集过程中不准单独行动,不准捉蛇,不准下水游泳,必须穿着长袖上衣、长裤、高帮鞋和戴遮阳帽等。

3.植物标本采集的工具

为了能采集到完整的植物标本,使标本得到及时处理,并且回校后能立即制成标本,必须准备一套用品用具,这套用品用具包括采集工具、记录用品、防护及生活用具、标本制作器具等四类。

(1)采集工具

①标本夹:标本夹既可供采集标本又可供压制标本之用,是用木板条做成的长约45厘米、宽约30厘米的木制夹板。标本夹分为背夹和压夹两种,如图所示。前者最好是装有尼龙搭扣和背带,以方便在野外采集时随时将标本压入标本夹中,防止采集的标本失水皱缩;后者适用于标本的集中压制,较为常用。

使用压夹时,为了简便和减轻携带负担,可以把标本夹缩小到一张吸水纸那么大(40厘米×26厘米),改用尼龙搭扣加压固定,这种形式的标本夹比一般标本夹轻便实用,如图所示。

使用轻便型植物标本夹时,底板朝下,把吸水纸垫在底板上,放好标本后,再把盖板压在最上层的吸水纸上,然后用力把盖板上的尼龙搭扣紧扣在底板的搭扣上就可以了。

②树枝剪:树枝剪是用来剪断植物枝条的工具,常见的有两种,一种是剪取乔、灌木

枝条或有刺植物的手剪,另一种是刀口比较长大的长柄修枝剪,称为高枝剪,如图所示。高枝剪的剪柄上另安有一根长木把和一条绳子,把刀口对准剪取部位,然后拉动绳子,即可剪取较高的树枝。

③采集箱:采集箱是一种用来装那些不能放入标本夹的植物标本(如木质根、茎或果实等)的背箱,也适于遇雨时使用,一般用马口铁制成,长 40 厘米、宽 20 厘米、深 20 厘米。如图所示,缺点是比较笨重。也可用大塑料袋代替采集箱。

④采集袋:用人造革、帆布或尼龙绸制成,用于盛取标本和小型采集用品用具,其体积可为 44 厘米×39 厘米×15 厘米。

⑤小锄头(采集杖):用以挖掘植物的根、鳞茎、球茎、根状茎等地下部分,或石缝中的植物。

⑥小手锯:用来采集木材标本,或锯树枝之用。

⑦手持放大镜:用于在野外采集标本时,观察植物特征之用。

⑧米尺:用于测量长度。

⑨掘铲:用于挖掘一般草本植物。

⑩树皮刀:可以折叠,用于割取树皮。

⑪望远镜:用来嘹望远处的地形和植物种类。

⑫高度计(即海拔仪):用于了解采集地点的海拔高度。

⑬指南针:用来指示采集路途的方向。

⑭纸袋:用牛皮纸制成,长约 10 厘米,宽约 7 厘米,用于盛取种子以及标本上脱落下来的花、果和叶。

⑮小塑料袋:长约 15 厘米,宽约 10 厘米,用来盛鳞茎、块根等。

(2)记录用品

①采集记录表和铅笔:在野外采集时,用于记录植物的产地、生长环境、特征等各种

应记事项。为了使记录工作迅速准确,可事先按上列格式印刷,并装订成册,供野外采集时用。采集记录册中每一页记录一号植物(不同地点采集的同一种植物,要按不同号记录)。

②标本号牌:用白色硬纸做成,长宽各3厘米左右,系以白线,挂在每个标本上,用于在野外时填写采集人、采集号、采集地等信息。

③钢卷尺:用来测量植物的高度、胸高、直径等。

(3)防护及生活用具

①护腿:用厚帆布制成,用于防蛇咬伤。

②蛇药:用来治疗毒蛇咬伤。

③简易药箱:内装治疗外伤、中暑、感冒等医药用品。

④长袖上衣、长裤、高帮鞋和遮阳帽,这样的穿着是为了尽可能避免扎伤和咬伤。

⑤水壶及必要食品。

(4)标本制作器具

①吸水纸:吸水纸是在压制标本时起吸收植物水分的作用,各种纸张均可,但以吸水性强的麻皱纹纸为佳,也可以选用绵软易吸水的纸,通常是市售的富阳纸,某些较细的草纸和报纸也可以代用。

②镊子:用于压制标本时的标本整形。

③直刀(刻纸刀):用于标本上台纸时切开台纸。

④台纸:为8开的白板纸或道林纸,用来承载标本。

⑤盖纸:为8开的片页纸、薄牛皮纸、拷贝纸等纸张,不一定要透明,用来盖在台纸的标本上,保护标本。

⑥2~3毫米宽的白纸条、白线、针、胶水:用来固定台纸上的标本。

⑦野外记录复写单:其内容和大小跟野外记录册完全一样,但不装订成册,用来安放

在台纸的左上角。

⑧标本签:用于安放在标本的右下角。

⑨消毒箱:木制,用于标本杀虫,密闭性能要好,体积大小不限,一般要能容纳几十份腊叶标本,箱内距底部以上约5厘米处,按水平方向,放置带木框的铁纱,将消毒箱分成上下两部分,上面的空间放置待消毒的标本,下面的空间放置四氯化碳。

⑩四氯化碳和玻璃皿:用于标本消毒。

标本制作须在返校后进行,所以标本制作的器具无须带到采集点。

4.植物标本采集的原则

野外采集是有目的、有计划的行为,为了保证得到合格的植物标本,野外采集植物标本应遵循以下原则。

(1)确定采集对象

在植物生物课野外实习中,环境中的各种植物都是标本采集的对象。一般来说,不同的植物类群具有不同的生长习性和形态特点,虽然植物体每一部分的形态特点都包含有重要的信息,但花和果实却是大部分植物类群分类的最重要的依据。因此,在采集标本时,应该尽量选择具有花或果实的植株为对象。

对于植株较大的植物来讲,在采集植物标本时,不可能采集整个植株,而只能采集植物体的一部分。为使整个植株的形态、大小和其他特征在采集的标本上得到最真实的反映,在采集标本时,必须通过观察,首先确定采集植株的哪部分才有代表性。

在不同的环境条件下,生长着不同的植物,必须随时注意观察,尽量采集。同时,在相同或不同的生长环境下生活的同一种植物,可能会表现出不同的特点。因此,必须观察、了解采集地的环境,并注意观察植物变异的规律,才能采集到具有尽可能多的信息的植物标本。

(2) 重温基础知识

采集前须先对采集计划中所列的采集对象进行较系统的了解和分析。如以“科”为重点，或横向以药用植物为重点，较充分地掌握必要的基础知识，包括分类特征、分布特点、生活习性等，先有个概略的轮廓，以便下一步识别选采。

(3) 仔细观察，尽量采集

到了采集现场，不要急于动手采集，先仔细观察一下情况，如采集地区的地势、地貌、植被、群落分布等宏观概况，然后再确定采集路线和采集方法。另外，还要向当地群众请教，了解区域性的自然特点和植物生长、分布等情况，供作采集活动的参考。

初学者采集标本时，常常把注意力放在花朵鲜艳的植物种类上，因为这类植物容易引起人们的注意，也容易为人们所喜爱。但是，植物采集不是游山玩水，是一项严肃的科学活动。要知道，一种花朵不鲜艳、体态不好看的植物(例如禾本科植物)，它的理论意义和经济价值，可能比另一种花朵鲜艳的种类大得多，所以在采集过程中，不管好看的还是不好看的，常见的还是罕见的，大型的还是小型的，都要采集。要采集所遇到的各种植物。这就要求每个成员都必须仔细观察，不能马虎，更不能凭个人的喜好随意取舍。

还有，野外采集对同学们来说也是检验和提高观察能力的一次难得机会。在采集过程中，只要仔细观察，尽力搜寻，不仅可以采集到更多的植物种类，而且也可以从中培养自己敏锐的观察能力。

(4) 要采集完整并且正常的标本

什么是完整的标本？对木本植物来说，必须是具有茎、叶、花、果的标本；对草本植物来说，除了茎、叶、花、果以外，还应该具有根以及变态茎、变态根。

上述的根、茎、叶、花、果5类器官中，以花、果最为重要。因为花、果的形态特征是种子植物分类的主要依据，只有营养器官没有花、果的标本，科学价值很小，甚至没有科学价值。由于许多植物的花、果不可能同时存在，采集这类植物时，花、果二者只要有一项，

就算是完整的标本。

正常的标本是指所采到的标本体态正常。我们在采集过程中，常常会遇到一些体态不正常的植株，例如：由于昆虫和真菌的危害，有的植株茎叶残缺、皱缩、疯长以及产生虫瘿等现象，这些不正常的体态，都会给识别和鉴定工作带来困难，只要有挑选的余地，就尽量不采这样的标本。

(5)采集标本的大小和份数

野外采集的植物标本，主要用来制作腊叶标本，因此，标本的大小取决于台纸的大小。同学们制作腊叶标本用的台纸，通常是8开的白板纸或道林纸，其大小为38厘米×27厘米，所以标本的大小以不超过35厘米×25厘米为适度。采集木本植物时，可按照这一尺寸剪取枝条，草本植物虽然要采集全株，但一般不会超过35厘米×25厘米，如果超过35厘米×25厘米的范围，对高大草本植株，则可分别剪取其上、中、下三段作为标本。

每种植物标本在可能条件下要采3~5份，以供应用及与有关单位进行交换。在采集标本的同时，应采集一些花和果实，放入广口瓶中浸泡，留待返校后进行解剖观察。

对于要制成其他种类标本的植物，可根据实际情况，自行确定。

(6)采集及时妥善处理

采下的标本要及时加上标签，编号登记在采集记录本上，然后略加整理，即放入标本夹或采集箱内，待返回后加工。

(7)注意安全作业

在野外采集标本一定要注意安全，遵守山林保护守则。悬崖、山坡以及高大林木等，除有专门防护设备的专业考察采集外，一般都不要冒险攀登。此外，要注意防火，注意草丛、林间的蛇、兽。

5.在野外采集植物标本

制作植物标本的主要要求是典型和完整。而想要制成典型、完整的植物标本，又必须立足于标本的采集，采集不当，将很难达到上述要求，更无法提高到科学、精确、美观的境界。由此可见，植物标本的采集，在提供进一步加工制成合格的标本方面有着奠基的作用。

(1)草本植物标本的采集方法

采集草本植物通常是选择典型、完整的进行全株挖取。扎根较浅，土壤疏松时，可用手提、手拔；根系较深、土质较硬时，不可轻易拔取，要用小铁铲在根部周围松土浅挖，顺势将植株提出；有的还要用小铁锹深挖，扩大挖面，待露出主根后再设法取出，以防折断主根。

所谓典型，是指所采的标本要具有明显的分类特征，在同种植物中有较强的代表性。所谓完整，是指整株标本的根、茎、叶、花、果俱全，并基本完好无损。由于植物的生长发育阶段不同，遇到尚未开花、结果时，可先采下植株，留下标记，记下采集地点，等到花、果期再来补采配齐。每种植物标本一般采集 3~5 份，以后要用于教学的标本以及珍稀、奇异或有重大经济价值的植物，可酌量多采几份。

寄生植物如菟丝子、桑寄生等，采集时要把它们的寄主植物也采下一些，两种标本放在一起，并注明它们之间的关系。有些植株上的部分结构是分类鉴定时的重要依据，则应尽量选取采齐，如十字花科、伞形科、槭树科、紫草科植物的果实，沙参属、益母草属及伞形科的基部和茎上的叶片，兰科、杜鹃属等植物的花，百合科、兰科、薯蓣科、天南星科、石蒜科、莎草科、茄科、旋花科、桔梗科等某些植物的地下部分(球茎、块根、鳞茎、块茎、圆锥根)，以及鸢尾科、蕨类植物的根状茎等，都是分类上的重要依据，有匍匐茎的植物应和新生的植株一并采下。

(2)木本植物标本的采集方法

木本植物包括乔木、灌木以及木质藤本植物。采集木本植物应注意以下 3 个问题：

①木本植物树皮中的韧皮纤维大多很发达，采集时应该用枝剪或高枝剪只剪取局部茎叶、枝条、花和果实，不要用手去折，否则会撕掉部分树皮，不但影响标本的美观，而且

还可能影响标本质量。

②有些木本植物，开花在发叶之前，例如杨、柳、榛、榆、金缕梅、木棉等。对这样的植物种类，应分春、夏两次采集，而且第二次采集时，应该在春天采过花枝的那株乔灌木上采集枝叶，这就必须在树上挂一个跟花枝标本号码相同的号牌，必要时，还可在记录册上确切记明该树所在的位置，以免弄错。

③有些乔木类植物的部分结构是分类的重要依据，如皂角属、杨树属植物主干或枝上的棘刺，要注意同时采下；如果是药用植物，则需采下该植物的一小块树皮或一小部分根。

(3)水生植物标本的采集方法

水生植物，如金鱼藻、狐尾藻、眼子菜、浮萍等，植株纤细，把它们由水中取出后，枝叶会互相粘在一起，以致很难进行压制。对待这样的标本，在压入标本夹以前，要先将它们放入盛有清水的水盆内，使标本的各部分展开；然后用一张干净的16开或32开的道林纸放入水中标本的下方，缓缓向上将标本托出水外，使标本展开在道林纸上；最后，将标本连同道林纸一起压入标本夹中(将来压制时，也可以使标本与道林纸一起更换吸水纸)。

(4)寄生植物标本的采集方法

种子植物中有些种类寄生在其他植物体上，叫寄生植物，如列当、菟丝子、锁阳、槲寄生、檀香、百蕊草等，这些植物跟它们的寄主有密切关系，应连同寄主一起采集和压制标本。特别是那些用寄生根寄生在寄主根上的种类(如列当)在采集时，应小心地将二者的根一起挖出，并尽量保持二者根的联系，以利于鉴定工作的进行。

(5)大型植物标本的采集方法

有些植物如楤木、棕榈、芭蕉等，叶和花序都非常大，采集这样的植物标本，可用以下方法进行：

①如果标本的叶片大小超过了道林纸，但仅超过1倍长度时，可以不剪掉那部分，只需将全叶反复折叠，并在折叠处垫好吸水纸，放入标本夹内进行压制。

②如果是比上述叶更大的单叶，则可将1片叶剪成2~3段，分别压制，分别制成腊叶标本，但在每段上要拴一个注有A、B、C字样的同一号码的号牌。

③如果叶的宽度太大，则可沿中脉剪去叶的1/2，但不可剪去叶尖。如果是羽状裂片或羽状复叶，在将叶轴一侧的裂片或小叶剪去时，要留下裂片和小叶的基部，以便表明它们着生的位置。还有，顶端裂片或小叶不能剪掉。

④如果是2回以上的巨大羽裂或复叶，则可只取其中1个裂片或小叶进行压制，但同时要压制顶端裂片和小叶。

⑤对于巨大的花序，可取其中一小段作为标本。大型植物的标本，由于只选取了叶和花序的一部分，野外记录就显得更为重要，必须详细记录，如叶片形状、长宽度、裂片或小叶数目、叶柄长度、花序着生位置、花序大小等，均应加以记录。

(6)植物种子标本的采集方法

对于种子植物来说，除采用插条繁育等方法外，最重要的是用种子来播种育苗。为使播种的种子质量好、发芽率高、苗势健壮，留存好的植物种子就很有必要。因此，采集种子的方法一定要得当，应该保质保量地认真采集。采集植物种子的方法，主要包括以下几点：

①选择母树

采集植物的种子，跟一般考察采集不同。首先要根据目的种子植物选择好母树，即所谓"优树结良种，良种长好苗"。采集植物种子，要在优良的母树上采集，要选择生长势良好、壮龄、无病虫害的母株作为选采对象。

②适时采集

要根据种子成熟和脱落的特点，适时采集成熟种子。"成熟"包括"生理成熟"和"形态成熟"。种子发育到一定时期，内部的营养物质积累到相当程度，种胚已具有发芽能力，是为"生理成熟"。但仅有生理成熟还不够，因为这时的种子含水分较多，种皮松软不坚，对外界的抗逆能力较弱，不易贮藏而影响其成活率，需要等待种子外部形态成熟时才

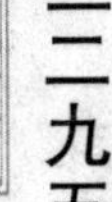

可采集。种子的“形态成熟”，可根据其外部颜色、形状等来确定，如颜色由浅变深，种子含水量少，种皮致密而较坚硬，形态成熟的种子抗逆性比较强，易于加工贮藏。

大多数种子植物是先生理成熟，而后形态成熟。但也有少数种子植物，如银杏，则是先形态成熟，再达到生理成熟，这样的种子，在采收后要等一段时间，待其生理成熟时才具有发芽力。这种现象叫“生理后熟”。

有些种子植物完全成熟后会自行脱落，有些种子植物即使完全成熟也仍宿存在树上，为此，采集种子时要注意其种子完全成熟后的脱落方式。例如，杨、柳、榆、桦、杉、落叶松、泡桐等植物的种子，成熟后常随风飘散，这就要求在完全成熟后和开始脱落前适时采集；核桃、板栗、油桐等植物的种子，粒型较大，成熟后即行脱落，一般可以等它们自行脱落或以震击等方法使它们落下地面后收集；松柏、女贞、乌桕、樟、楠等肉质果实，成熟后色泽鲜艳，易引鸟啄食，需及时采收；油松、侧柏、国槐、刺槐、紫穗槐、白蜡、苦楝等植物的种子成熟后仍长期宿存在树上，虽然可以延期采集，但仍以适时采收为宜，以免日晒、雨淋、鸟食影响种子质量，甚至散失。

③操作要点

在只采优种、不采劣种的前提下，可以使用不同的工具采集林木的种子。

常用工具有高枝剪、采摘刀、采种钩、采种镰，以及各种兜网、塑料薄膜等。有的专业采集备有软绳梯。林场采种作业可能还配备汽车升降机等。几种常用的采集工具。

采集种子植物应在晴天进行，雨天或雨后地面及树枝湿滑，操作不便，易出事故，而且雨淋后种实较湿，采下后容易发热霉烂。

采集时凡是能够用手采到的，一般不用工具；较高的可用高枝剪、采摘刀、采种钩、采种镰等采取。一般学校组织的林间采种，需有辅导老师指导。野外采集要注意远离电线（尤其是高压线），尽量不要搭梯、攀树，以免发生事故。

为了收集落在地面上的种实，采集前要把母树周围丛生的杂草等适当清除，树下的枯枝、落叶、碎石等也须清理，还可以在地面铺上布幕或塑料薄膜，便于收集落下的种实。

收集种子时,防止泥沙、土粒混入,并随手剔除干瘪、霉腐、虫蛀的种子。

采到的种子要按种子植物分别装进筐篓或麻袋中运回,每袋容量不宜过多,以免发热生霉。运回的种子应立即从袋(或筐篓)中倒出,薄薄地平铺在晒场上或凉棚下,并注意保持良好的通风。

(7)标本的编号

采好的植物标本一定要及时编号。编号的方法是在号牌上写上号码,然后将号牌拴在标本的中部,号码要用铅笔写,以免遇水褪色。

标本编号时应注意以下几个问题:

①在同一时间、同一地点采集的同一种植物,不管多少份,都编同一号。同一时间、不同地点,或不同时间、同一地点采的同一种植物,都应编不同号。

②雌雄异株的植物,其雌株和雄株应编不同号。

③剪成3段的草本植物标本,应分别拴上同号的号牌,以免遗漏。

④盛装种子、花、果等标本的纸袋,也应放入号牌,其号码应和该植物标本的号码相同。

(8)标本的记录

在野外进行标本记录是一项非常重要的工作,因为一份标本,当我们日后对它进行研究时,它已经脱离了原来的环境,失去了生长时的新鲜状态,特别是木本植物标本,仅仅是整株植物体上极小的一部分。根据标本的这些特点,如果采集时不做记录,植物标本就会失去科学价值,成为一段毫无意义的枯枝。因此,必须对标本本身无法表达的植物特征进行记录,记录越详细越准确,标本的科学价值就越大。所以对记录工作要一丝不苟,认真对待,即使因采集而身体劳累,也要坚持做好记录。

记录应尽量在采集现场进行,做到随采随记,如果时间紧或有别的原因不能当时记录,也不要迟于当天晚上。

各项记录项目的填写方法如下:

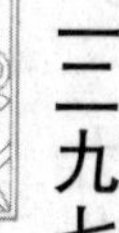

植物标本

采集号:一定要跟标本号牌上的号码相同。

采集日期:采集的实际日期,跟标本号牌上的日期相同。

产地:要写明行政区划名称、山河名称等。

海拔:本项记录很重要,因为每种植物都有自己分布的海拔高度范围,如果没有海拔计,可在事后向有关单位询问后补上。

产地情况:是指植物生长的场所,如林下、灌丛、水边、路旁、水中、平地、丘陵、山坡、山顶、山谷等。

习性:是指直立茎、匍匐茎、缠绕茎、攀缘茎等类型。

植株高:指用高度计测量出植株的高度。

胸径:是指乔木种子植物的主干从地面往上到1.3米处的直径(此处相当一般人胸的高度,故名)。

花期:指开花的时间。

果期:指结果的时间。

树皮:记录树皮的颜色、开裂状态。

芽:记录芽的有无、位置等。

叶:主要记录毛的类型、有无,有无乳汁和有色浆液,有无特殊气味等。至于叶形、叶序,标本本身展现得很清楚,不必记录。

花:主要记录花的颜色、气味、自然位置(上举、下垂、斜向)等。至于花序类型、花的结构、花内各部分的数目,则不必记录。

果:主要记录颜色和类型(尤其是小型浆果和核果在干后彼此不易区分,必须将类型记录清楚)。

木材：主要指乔木、灌木、草本等。

科名、学名、中名：如果当时难以确定，可以在以后补记。

(9)标本的临时装压

植物标本编号记录以后，要及时进行初步整理并放入标本夹。入夹前先将植株上的浮尘污物抖下或用湿布轻轻拭去，粘连在根部的泥土也要去净。然后摘除破败的叶片等，略做清理，再在标本夹的底板上铺垫5张吸水纸，把标本平放在吸水纸上，舒展枝叶，使叶片有正面也有反面。接着在标本上垫吸水纸8张，以后随放随垫。垫纸时要注意垫实垫平，上下层的植株根部要颠倒着放，以保持标本夹的压力均衡。

根部较粗、果实较大的标本放进标本夹加压时容易出现空隙，使部分枝叶受不到压力而卷缩皱褶，这时可用吸水纸将空隙填满垫平，再盖上盖板，加压扣紧，继续另采。

上面讲的是高度一般不超过40厘米的草本植物的处理方法。如植株较高，可将植物茎折曲成N或W形压放，高秆植物可先取下顶部的花，再截取根部和部分带1~2片叶的茎，如此分做三段制成标本。截取前要先量下整株的高度，以供鉴定参考。

由于时间很紧，标本又很坚挺，向标本夹内放置标本时，不必讲求标本的整形，标本整形工作可留待正式压制时进行。

6.植物标本的制作方法

制作植物标本的方法很多，总的来说可分为浸制、干制两大类。

(1)植物标本浸制法

用浸制法保存植物标本，关键在于保色、防腐。植物标本浸液有以下几种：

①普通标本浸液

用福尔马林50毫升、酒精300毫升，加蒸馏水2000毫升配制而成。这种浸液可使植物标本不腐烂、不变形，但不能保色。

②绿色标本浸液

配方一:硫酸铜 5 克、水 95 毫升。

这种保存液适用于绿色植物和一切植物绿色部分的保存。植物放入硫酸铜液后,由绿变黄,再由黄变绿。这时取出材料,用清水漂洗干净,浸在 5%福尔马林液内长期保存。

配方二:硫酸铜 0.2 克、95%酒精 50 毫升、福尔马林 10 毫升、冰醋酸 5 毫升、水 35 毫升。

先把硫酸铜溶于水中,然后加入配方中的其他组分。绿色标本能长期贮存在该液中。

配方三:醋酸铜 15~30 克、50%醋酸 100 毫升。

在 50%醋酸中逐渐加入醋酸铜,直到饱和。适用时取原液 1 份,加水 4 份,即成稀释的硫酸铜溶液。这种保存液适用于表面有蜡质、蛀质、质地较硬的绿色植物保色。加热稀释到醋酸铜溶液,放入植物,轻轻翻动,到植物由绿转黄再转绿色时取出植物,用清水漂洗后,浸入 5%福尔马林液内保存。

③黑紫色标本浸液

福尔马林 500 毫升,饱和氯化钠溶液 1000 毫升,再加蒸馏水 8500 毫升,待静止后将沉淀滤出,即可做浸液保存黑色、紫色及紫红色植物标本,如保存黑色、紫色、紫红色葡萄等标本效果较好。

另一种方法是用福尔马林 10 毫升、饱和盐水 20 毫升和蒸馏水 175 毫升混合而成的浸液,经试用对紫色葡萄标本有良好的保色效果。

④白色或黄色标本浸液

用饱和亚硫酸 500 毫升、95%酒精 500 毫升和蒸馏水 4000 毫升配成溶液,此液有一定的漂白作用,液浸后标本较原色稍浅一些,但增加了标本的美感,用以浸制梨的果实标本效果较好。

⑤红色标本浸液

配方一:甲液——硼酸 3 克、福尔马林 4 毫升、水 400 毫升;乙液——亚硫酸 2 毫升、硼酸 10 克、水 488 毫升。

把红色的果实浸在甲液里 1~3 天，等果实由红色转深棕色时取出，移到乙液里保存，同时在果实内注入少量乙液。

配方二：氯化锌 2 份、福尔马林 1 份、甘油 1 份、水 40 份。

先把氯化锌溶解在水里，然后加入配方中其他组分。溶液如果浑浊而有沉淀，应过滤后使用。红色果实能在此液中保存。

(2) 植物标本干制法

浸制的瓶装植物标本在使用、移动、保存、对外交流等方面有很多不便，所以大多数还是采用干制法制作标本。干制方法很多，其中以腊叶标本最为普遍。

①腊叶标本的制作

植物或植物的一部分通过采集，压制，上台纸，标明采集时间、地点，定了学名后成为标本，称为腊叶标本。"腊"，就是"干"的意思，新鲜的植物体，经过压制，失去了水分变成了干的，腊叶标本就初具规模了。腊叶标本是保存植物最简单的方法，是学习和研究植物分类学所不可缺少的材料。

腊叶标本的制作省工省料，便于运输和保存，是最常使用的一类植物标本。从野外采来的种子植物，主要用于制作腊叶标本。腊叶标本的制作包括以下几个步骤：

A 装压

采回的植物要当天整理。把采集来的标本，一件一件地撤去原来的吸水纸，同时在大标本夹的一片夹板上，放上 3~5 张吸水纸，把撤去吸水纸的标本放在准备好的标本夹上，标本上再放 3~5 张吸水纸，纸上再放标本，使标本和吸水纸互相间隔，层层罗叠。

整个过程要注意去污去杂，保持标本干净整洁，并仔细调理标本姿态。过于重叠的枝叶可以适当摘去一些，花、叶要展平，叶片既要有正面的，也要有背面的。整个标本夹的标本全部整理后，可在标本夹上压几块砖、石，只有压力重而均匀，才能达到使标本平整和迅速干燥的目的。

B 换纸

标本压人标本夹以后,要勤换纸,换纸是否及时,是标本质量好坏的关键。勤换纸能使标本迅速脱水,对保持标本的色、形有重要的作用。反之,换纸不勤,加压不大不匀,易使标本褪色、变形,甚至发皱、生霉。初压的标本水分多,通常每天要换纸 2~3 次。第三天以后,每天换 1~2 次,通常 7~8 天就可以完全干燥。换下来的吸水纸放在室外晾干,可以反复使用。为了快速干制标本,也有用电热装置烘干的,效果也很好。

C 整形

在第一次换纸时,要对标本进行整形,否则枝叶逐渐压干就不便调理了。具体做法是尽量使枝叶花果平展,并且使部分叶片和花果的背面朝上,以便日后观察研究。如有过分重叠的花和叶,可剪去一部分,这个与初次整理不同,需要保留叶柄、叶基和花梗,以使人能看出剪去前的状态。

以上三步是腊叶标本的压制过程,此过程必须要注意以下方面:

• 标本的大小适当、美观,否则,可将叶片等折叠或修剪至与台纸相应的大小。

• 压制标本时要尽量使花、叶、枝条展平、展开,姿势美观,不使多数叶片重叠。若叶片过密,可剪去若干叶片,但要保留叶柄,以便指示叶片的着生位置。

• 压制的标本要有叶片的正面,也要有部分叶片展示反面,以便于观察。

• 茎和小枝在剪切时最好斜剪,以便展示和露出茎的内部结构。

• 落下来的花、果或叶片,要用纸袋装起,袋外写上该标本的采集号,放在标本一起。

• 标本夹中的标本位置,要注意首尾相错,以保持整叠标本的平衡。否则,柔嫩的叶片、花瓣等可能会得不到压力而在干燥时起皱褶。

• 有的标本花果比较粗大,压制时常使纸突起。花果附近的叶因得不到压力而皱折,可将吸水纸折成纸垫,垫在凸起处的四周,或将这样的果实或球果剪下另行风干,但要注意挂同一号的号牌。

• 在标本压入吸水纸中时注意解剖开一朵花,展示内部形态,以便以后研究。

• 标本与标本之间，须放数页吸水纸（水分多的植物，应多加吸水纸），然后压在压夹内，并加以轻重程度适当的压力，用绳子捆起后放在通风之处。

• 换干纸时应对标本进行仔细整理，换干纸要勤，并应在以后换纸时随时加以整理。

• 已干的标本要及时换成单吸水纸后另放在其他压夹内，以免干标本在夹板内压坏。

• 多汁的块根、块茎和鳞茎等不易压干，可先用开水烫死细胞，然后纵向剖开进行压制。肉质多浆植物也不易压干，而且常常在标本夹内继续生长，以致体形失去常态，也应该先用开水烫死后再进行压制。裸子植物的云杉属标本，也要先用开水烫死，否则叶子极易脱落。

• 有些植物的花、果、种子在压制时常会脱落，换纸时应逐个捡起，放入小纸袋内，并写上采集号，跟标本压在一起。

D 认真观察标本的形态特征

在野外采集时，时间匆忙，同学们对所采集的每份标本的形态特征，只能大致了解，这就必须利用压制标本的机会，对每一份标本进行详细的解剖观察。因此，同学们压制标本的过程，也是一个反复观察标本的过程。

在观察标本的形态特征时，务求仔细、全面，并且要着重观察花、果的形态特征。如果有的标本上的花、果细小，肉眼看不清楚，可以将野外用广口瓶盛装的花、果标本，在解剖镜下解剖观察。对每种标本的观察结果，应该用形态学术语将采集记录表记录完整，用作以后标本定名的依据。

E 消毒

标本压干以后，应该进行消毒，以杀死标本上的害虫和虫卵。消毒时，先将盛有四氯化碳的玻璃皿放入消毒箱内铁纱下方，再将已压干的标本放在箱内的铁纱上，关闭箱盖，利用气熏的方法将害虫杀死，5~6 天后取出，即可进行装帧了。

F 固定

已经压干、消毒的标本,需固定在台纸上保存。台纸选用白色较厚的白板纸,一大张白板纸可按8开裁成若干小张,每张纸面的长宽约为36厘米×26厘米左右。

把植物标本固定在台纸上的具体操作方法如下:

a.合理布局——把标本放在台纸上,根据标本的形态,或直放,或斜放,并留出将来补配花、果以及贴标本签的余地,做到醒目美观,布局合理。

b.选点固定——根据已放好的标本位置,在台纸上设计好需要固定的点。固定点不宜过多,主要选择在关键部位,如主枝、分杈、花下、果下等处,能够起到主、侧方向都较稳定的作用。

c.切缝粘条——为了使标本固定在台纸上,同时又不因固定粗放而影响美观,可以选用细玻璃纸条来固定标本,在一定距离内几乎看不到有明显的固定点痕,这对于保持标本的完整美观、持久性等方面都有良好的效果。

用玻璃纸条固定标本,先得将无色透明的玻璃纸(不一定买整张玻璃纸,可利用各种商品包装的玻璃纸)剪成2~3毫米宽、4~5厘米长的细玻璃纸条。然后在已确定固定点位的台纸上,用锋利刀片切一个长约5毫米的缝隙。各个固定点不要同时切缝,而是固定一点再切下一点,并且第一次的固定点要选择在标本枝条的关键部位,也就是先固定主枝(茎),接着再固定旁侧枝。每次下刀切缝前要认真考虑好,不要切后又改变位置再切而影响台纸的整洁美观。一般来说,除先固定主枝(茎)外,其他各固定点的次序,可根据标本的具体情况,如枝叶的扩展、扭曲等来确定。

固定点切好缝后,用小镊子夹住玻璃纸条的一端轻轻穿过切缝,从台纸后面拉出少许;如用小镊子夹穿不便,还可配用刀尖轻轻塞穿。接着,将玻璃纸条的另一端横搭过固定的枝(茎)并穿过同一切缝从台纸的背面拉出。此时,台纸的背面已有两个纸端,可用小镊子夹住拉直拉紧,边拉边看台纸正面被固定的枝(茎)是否已被拉紧紧贴到台纸面上,然后再将玻璃纸条的两端左右分开,涂些胶水,平整地粘在台纸的背面。至此,这个固定点已经固定完毕,再依此分别固定其他各点。

G 加盖衬纸

为了保护标本不受磨损，通常要在固定完好的标本上加盖一张衬纸。考虑到取用方便，可选用半透明纸，既可防潮，又耐摩擦。衬纸宽度与台纸宽度相同，只是在固定的一端稍长出台纸 4~5 毫米，用胶水涂在台纸上端的背面，然后把衬纸的左、右、下各边与台纸对齐，把上端长出的 4~5 毫米纸折到台纸背面贴齐粘平即可。

用一般无色透明的玻璃纸做衬纸，透明度虽好，但粘着后遇潮易生皱褶，不宜使用。近年来用塑料袋封装各种标本，保存效果也很理想。

H 定名帖签

对标本进行检索鉴定，确定标本的中名、学名和科名，叫作定名。将定名的结果填写到标本签上，如上图所示，并将标本签贴在台纸的右下角。至此，一份腊叶标本就制作成了。

②盒装植物标本的制作

对于已经压干的植物标本，除了可以固定在台纸上使用、保存外（即上述的腊叶标本），还可根据需要装入标本盒内，其制作方法如下：

A 制备纸盒

根据标本的大小，预先制备出各种尺寸的标本盒。为了便于存放或展出，各种标本盒的规格最好统一。标本盒通常是用较厚的草板纸制成，分盒盖和盒底两部分，盒盖上面镶有玻璃，盒边四周糊以漆布或薄人造革、电光纸等。也可以去专门的地方购买合适的标本盒。

B 垫棉装盒

植物标本装盒以前，先在盒底放些防腐、防虫的药剂，如散碎的樟脑块、樟脑粉等。

如果是玻璃面的标本盒，还需要在盒底垫上棉絮；垫棉质量的好坏直接影响标本的成品美观。盒内所垫棉絮通常选用医用脱脂棉。市售普通脱脂棉的纤维压得比较紧，需经加工才能垫用。垫棉时要一把一把地用手将棉纤维拉顺，随拉随铺，铺齐铺平，切不可

杂乱铺垫。所铺垫的棉絮至少要高出盒底4倍左右。

C置放标本

把标本按适当布局平放在棉层上，加配的花、果等也一并置于适当的位置。棉层的右下方放好植物标本签。

D盖盒封装

把玻璃盒盖平稳地盖向盒底，盖盒过程中随时注意调理标本不使移动位置。然后在每盒边上插入2~3枚大头针，将盒盖固定牢靠。

③胶带粘贴标本的制作

为了满足传阅学习的需要，有些植物标本可用透明胶带粘贴，以利于传阅、保存。

A选择植物

宜选取含水分较少的枝、叶、花等。含水分多的植物如仙人掌类的茎、花等不易脱水，容易霉烂，不宜采用此法。

B加工整形

小型的开花植物，可略加整理，拭去浮尘，摘掉重叠的不必要的旁枝侧叶，即可准备粘贴。

枝干较粗的，可用解剖刀将枝干纵向剖去一部分。剖面要削平，以便上纸粘贴。

花朵较大的，可将花的下半部分用解剖刀去薄切平，只留完整的正面，以便粘贴胶带。也有将花朵全部剖开只粘贴花瓣、花蕊等部分结构的。

C衬纸粘贴

为了衬托花、叶颜色，先根据花、叶的原色准备好相应的颜色的电光纸，例如红花就以红色电光纸做衬纸，绿叶就以绿色电光做衬纸，把花、叶等分别放在不同颜色的电光纸上，用适当宽度的透明胶带自上而下地压住。

用圆头镊子尖沿着花、叶边缘把透明胶带各压一周圈，使胶带边缘紧紧压在电光纸上。再用弯头小剪刀把已压好的花、叶紧靠边缘剪下。剪下的花、叶标本，可在衬纸背面涂上胶水,根据标本的大小另粘在不同尺寸的台纸上,然后加贴标本签,放入书页或植物标本夹内,几天后即可取出存用。

请注意,同学们买来的透明胶带宽窄不一,有的 1 厘米左右,也有 3~5 厘米的,可多备几种,根据需要选用。透明胶带要注意妥善保存,最好放在洁净的塑料袋内,防潮、防热、防尘,保持胶带的洁净透明。

④叶脉标本的制作

叶脉标本可以用来观察叶片的输导组织,制作后又常用颜料染色作为书签,因此又称叶脉书签标本。对植物的叶片加工处理,除去叶肉即可制成叶脉标本。制作方法如下:

A 煮制法

a.选采叶片:宜选用叶形美观、质地较坚韧、叶脉网络较密而深刻的叶片,如杨树叶、桂花叶、榆树叶等。薄嫩的或将要干枯的叶片不适宜。最好在深秋季节,叶片初黄较老时采叶,采集的叶片要求完整,无机械损伤,未受病虫侵害。比如,生有褐锈病斑的叶片,煮后脱去叶肉,由于残留的病斑不易脱净,常给操作带来麻烦,这样的叶片就不能采用。

b.除去叶肉:往烧杯里放 5 克碳酸钠和 8 克氢氧化钠,加水 1000 毫升配制成溶液,用玻璃棒调匀,加热使之沸腾,然后把用清水洗净的叶片投入烧杯。为了把叶片煮匀并防止把叶柄煮坏,可以把叶柄用铁夹子夹住,每个铁夹子上平行地夹着 5~6 片叶子,用铁丝吊着放进烧杯,叶片浸入溶液,叶柄则悬起在溶液之上,这样既免去了叶片的互相粘连而浸煮不匀,又可以使叶柄免遭不必要的浸煮。浸煮叶片的火候要掌握好,浸煮时间要适当。根据火力的大小和叶片的质地,一般在煮过 10 余分钟后,要从烧杯中取出 1 片放在清水盘里,用棕毛刷轻轻拍打几下,看看叶肉的剥脱情况,如果叶肉已经达到易于脱下的程度,就应该马上停火。经验表明,浸煮到叶片表面出现大小不一的凸泡时,就是叶肉容易剥脱的时刻。煮好的叶片放人清水盘,漂净药液和脱下的叶肉残渣。这时叶肉大部分还没有脱离叶片,需要另换一个清水盘,盘内斜放一块玻璃板(或小木板),一半浸入水

中，一半露出水面。接着把单张的叶片平展在露出水面的玻璃板（或小木板）上，用棕毛刷轻轻拍打叶片，把拍打下来的叶肉冲入水盘内。拍打叶片要反正面拍打，最好先拍打反面，然后翻过来拍打正面。拍打时不可用力过猛，尤其是靠近叶柄的部位，更得轻轻拍打，以免打破叶脉，打断叶柄。

c.着色处理：为使叶脉着色鲜艳均匀，染色前要先行漂白，放在 10%～15%的双氧水中浸泡 2 小时左右，叶脉即褪色变浅，接着把漂白后的叶片放到清水中冲洗，取出后放在吸水纸上吸去残余的水分，然后平放在玻璃板上，调好染料进行着色。染料可选用染布颜料或染胶片用的透明颜料，也可用彩色水笔所用的颜料，颜色可任意选择。如用水彩笔颜料，可直接均匀滴在叶脉上，不用笔刷或浸染，叶脉即可良好着色。把已着色的叶脉放在吸水纸上，或夹在废旧书页内阴干压平，即成为一种颇有特色的叶脉标本。如在叶柄上系一条彩色小丝带，它又成了一叶别致的“叶脉书签”。

B 水浸法

将叶片浸入缸（罐）内水中，水要浸过叶面，置于温暖处浸沤。由于水中杂菌不断污染叶片，叶肉逐渐变腐，视叶肉腐变程度，当它已易于脱落时，即可按上述煮制法中用棕毛刷拍打叶片的方法脱去叶肉。接着漂白、着色，操作方法和步骤均与煮制法相同。

C 腐烂法

适合夏季。将新鲜叶片浸入水中，利用细菌作用使其腐烂，一般需半个月左右。浸的时间与气温、叶片质地均有密切关系。气温高，叶片薄，时间 1 周左右；气温低，叶片厚，时间则长些。叶肉腐烂后在水中轻轻刷去，就可漂白。浸渍时还要注意换水。

用漂白粉 8 克溶于 40 毫升水中配成甲液，用碳酸钾 5～8 克溶于 30 毫升热水中配成乙液，然后再将两液混合搅匀，待冷却后，加水 100 毫升，滤去杂质，制成漂白液备用。漂白时将叶脉标本浸入脱漂白液片刻，再取出用清水漂洗干净。最后按照煮制法的着色操作方法进行后处理即可。

⑤立体标本的制作

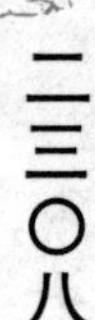

立体标本是一种即使标本脱水便于保存，又保持它新鲜时候立体状态的标本，可以供陈列展览和直观教学用。它的制作方法有两种。

A 硅胶埋藏法

事先要准备好干燥箱、真空抽气机、真空干燥器、硅胶等，把干燥箱定温在 41～42℃备用。取真空干燥器，在它的底部铺上 3 厘米厚的硅胶（硅胶事先要粉碎成小米粒大小）。然后把选择好的新鲜植物标本立在真空干燥器里，把事先准备好的硅胶慢慢倒入，边倒边用镊子整理植物，尽量保持原形。等到硅胶把整个植物标本全部埋藏起来以后，在真空干燥器边缘涂上凡士林，盖好盖子。

把这个真空干燥器放入事先定好温度的干燥箱里，通过干燥箱的上口，为真空干燥器接上抽气机的橡皮管，进行抽气。大约 3 小时以后，把真空干燥器的门关上，停止抽气，干燥箱继续保持恒温 4～5 个小时，然后切断电路，在箱里温度下降到室温的时候，取出真空干燥器。

把真空干燥器的阀门打开，让空气进去，然后取下盖子，擦净凡士林，慢慢把标本倒出来。

由于标本在恒温和真空条件下迅速失水干燥，所以基本保持了鲜活时候的颜色。为了使标本鲜艳生动，可以用喷雾器喷洒 5%的石蜡甘油溶液。

B 细沙埋藏法

取细而匀的河沙，用水洗净并且烤干。制作的时候，先把新鲜标本放在一个体积适合的盒里，按硅胶埋藏法的方法，把沙小心填满标本周围。填好以后，放在阳光下或者火炉旁，大而多汁的标本，一般需要 7～8 天，小标本 1～2 天就可以干燥。干燥以后的植物标本，必须小心取出，防止叶、花脱落，还要用毛笔刷掉粘在标本上的细沙，最后也可以喷洒石蜡甘油溶液。这样干制的植物标本，虽然色泽会有所变化，但是方法简单，容易制作。

(3) 种子标本的制作

种子标本都是风干而成。风干标本是将新鲜的植物材料置于空气流通的地方，让它

风吹日晒，自然干燥而成的标本。除种子以外，某些制成腊叶标本时不易压干的植物，如向日葵花盘、石蒜鳞茎、鳄梨等，一般都制成风干标本。

风干标本常用于生物课教学和农业科学研究。例如识别水稻珍珠矮和矮仔占的形态特征等，就要两者的全株、稻穗、谷种等制成风干标本，以比较株高、有效分蘖、穗长、种子大小等。风干标本也可用于比较不同栽培措施对棉花、油菜等作物的影响。这就要将各种栽培措施的棉花、油菜的全株风干，以比较株高、分株、结铃、结荚等。

种子风干标本的具体做法是：采集成熟的果实，除去果皮（锦葵科、豆科、十字花科等干果类），或洗去果肉（蔷薇科、茄科、葫芦科、芸香科、百合科等肉果类），再将获得的种子置阳光下晒干，待充分干透后，分别装入种子瓶内保存，并贴上标签，分类排列于玻璃柜里。制作时要注意保持不同植物种子的固有特征，如槭树、榆树、紫檀、黄檀等种子的翅，蒲公英、棉花、大丽菊、万寿菊等种子的种毛等。风干标本也要求干燥越快越好，遇上连日阴雨，则应用45℃烘箱烘干，或接在炉旁烘干，以防腐烂发黑。

标本风干后一般都会干瘪收缩，失去原来形状，颜色也有所改变，因此风干前后应作好详细记录。制成的风干标本要及时保存在瓶里，贴上标签，分类别有次序地陈列在橱柜里。大的植株可用塑料薄膜套住，密封保存。雨季因空气潮湿，要经常检查，以免霉烂。

7.植物标本的保存

植物标本的使用范围很广，种类繁多，制作方式各异，所以在保存、管理方面也就有不同的要求。但有一个最基本的要求是一致的，那就是要在一定的条件下和相当的时期内，使保存的标本在形态、结构方面完整无损。

为此，不论是浸制还是干制的植物标本，在保存期间，主要都应着重抓好防潮、防腐、防虫、防晒，以及全面性的防尘、防火等，这样才能既保存局部的标本，又维护全面的安全贮藏。尤其是对某些珍稀标本，更应倍加珍惜、爱护。

(1)浸制植物标本的保存

浸制植物标本保存的重点应放在浸液和封装两方面。

①定期观察浸液情况

浸制标本要经常注意容器内的标本浸液是否短缺或浑浊变质,如有短缺或浑浊变质,需及时查明原因,究竟是塞盖损裂还是封装不严,然后添换标本浸液,换去已损裂的塞盖或重新严密封口。

装在一般玻璃瓶(管)内的浸制标本,瓶塞多是软木或橡胶制品,接触时间一久,塞头就会老化变质而污染浸液和标本。因此,浸液不应装得太满,要与瓶塞隔开适当距离。例如,存放在指形管的小型标本,其浸液只装到管内容量的2/3即可。

②严密封装瓶口

浸制标本的玻璃瓶(管)通常用石蜡或凡士林封口。封口时先把瓶口和瓶塞擦干,略加预热,再把瓶塞浸入熔化的石蜡,瓶口也刷些热石蜡,然后趁热塞紧瓶塞,并在封口处用热石蜡补封一次,涂匀涂平,封口即告结束。为了复查瓶口是否封严,可将瓶体稍做倾斜,如在封口处发现有浸液外溢,即表示封闭不严,应立即查明原因,采取补救措施。

为了使瓶口封装更严,可在已经蜡封的瓶塞处蒙上一小块纱布,并再均匀涂上一层热蜡。

此外,还须注意,各种浸制标本,宜集中放在避光处的柜橱内长期保存,要避免反复移动或强烈震动。

(2)干制植物标本的保存

各种干制标本的保存方法基本相同,但是由于制作、使用等方式方法的不同,它们的具体保存方法并不完全一样。

①腊叶标本的保存

腊叶标本的保存要点,主要是防潮、防晒、防虫。标本的数量不多时,可放入打字蜡纸的空纸盒内,盒边贴上小标签,说明盒内标本所属的科、属,即可集中放入普通文件柜

内保存；数量较多，准备长期保存的腊叶标本，应放入特制的腊叶标本柜内。

腊叶标本柜是一种木制标本柜，分上、下两节，双开门。每节左右各有 5 大格，每一大格内又分 5 小格，小格板为活动拉板，可以调节上下间距。上节底部的隔板也是活动拉板，便于在取标本时把标本暂放在拉板上。标本柜的高度，主要是考虑取放方便，以伸手可得为度。一般柜的高度为 200 厘米，宽为 70 厘米，深为 45 厘米。在每一小隔板的左右边角处，钻几个手指大小的孔，利于柜内防腐、防虫剂的气味得以在柜内流通。为使柜门严密，可在柜门的边框上加粘绒布条。四扇柜门的正面各镶一金属卡片框，把柜内所存标本按分类标准（科、属、种等）写在卡片上。

放入柜内的标本，要经常或定期查看有无受潮发霉或其他伤损现象，以便及时进行调理。注意流通空气，添换防腐、防虫剂，室内严禁烟火，注意防尘。

②种子标本的保存

作为植物种子的标本，应选择那些成熟、饱满、完整、特征典型的种粒，并在充分干燥以后再保存。

一般展览用的种子标本，多是放在玻璃制的种子瓶里，瓶外加贴标本签。也可将各种种子分装在小玻璃瓶（管）内，封好口，贴上小标本签，然后装在玻璃面标本盒中展出。

如果需要长期保存，可以将种子分装在牛皮纸袋内，袋外用铅笔注明标本名称或加贴标本签，然后放进种子标本柜保存。标本柜的样式与苔藓植物标本柜相同，管理方法也同苔藓植物标本一样。

③胶带粘贴标本的保存

用透明胶带粘制的各种植物标本，应针对胶带的特性和标本的处理方式采用相应的保护措施，才能保证标本经久不褪色、不皱褶、不开胶。其保存要点简介如下：

A 展平压放——胶带粘制的各种植物标本，多是采用新鲜未干的实物粘制的，所含水分多从背面底纸上逐渐散出，因而易使底纸受潮变皱。为此，粘制后需根据标本的大小厚薄，分别展平夹压在植物标本夹、书册、玻璃板下或硬纸夹内。

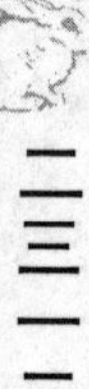

B 干湿适度——胶带粘制的各种标本不可放在过于潮湿或燥热的地方。过于潮湿，胶带和底面的衬纸容易受潮变皱发霉；过于燥热，容易由胶带的边缘开始向内干裂脱胶。因此，保存此类标本要注意放在干湿适度的地方。

C 避光防尘——胶带粘制的各种植物标本同其他生物标本一样不可让日光直晒。由于胶带不仅易于吸附污尘，而且一旦吸附了污尘，就很难去掉。尤其是胶带的边口部位黏性较大，沾染污尘之后常会出现黑边，很不美观。

D 随时维修——为了防止胶带粘制的植物标本开胶变形，以及其他诸如胶布污秽不洁、标本受潮发皱等现象，要在取用之后及时检查有无异常，并及时予以维修。保存期间，不可久置不管，一旦发现胶带微有开胶，黏性尚未失效，就要马上给予黏合，以便有效地保护标本的完整无损。此外，对于平时备用的胶带要多加爱护，防止受潮、受热、沾染污尘；操作时不要把胶带放在污秽不洁的桌面或其他器物上；胶带用毕要放在塑料袋内保存。

④立体标本的保存

把制好的立体标本放入体积相当的标本瓶里保存。为了避免标本吸湿，瓶里应该放入硅胶，并且密封瓶口。

孢子植物标本的采集与制作

在植物界，除种子植物外，还有蕨类、苔藓、地衣、真菌、藻类等类群，它们统称为孢子植物。孢子植物的各个类群，由于形态、结构、习性和分布差别很大，植物采集和标本制作的方法就各不相同，活动开展也因而有难有易。本章按照从易到难的顺序，对上述 5 类孢子植物标本的制作分别进行介绍。

1.蕨类植物标本的采集与制作

蕨类植物是孢子植物中进化水平最高的类群之一。全世界共有 12000 余种，其中绝

大多数为草本植物,在我国生长的有2600余种。

蕨类植物的孢子体和配子体都能独立生活,它们的孢子体的体型大,有根、茎、叶的分化;而配子体不但体型微小,而且结构简单。我们平时所见的都是它们的孢子体。蕨类植物分类的主要依据是孢子体的形态特征,对配子体的特点,分类中很少采用。

(1)蕨类植物的种类和分布

蕨类植物分类很广,地球上除海洋和沙漠外,凡平原、高山、森林、草地、岩隙、沼泽、湖泊和池塘,都有它的踪迹。由于生存环境多种多样,蕨类植物分为土生、石生、附生、水生等4大类型。

①土生蕨类:大部分蕨类为土生种。在土生种类中又分为旱生种、阴生种和湿生种。旱生种多生于被破坏的森林和干旱的荒山坡上,如常见的蕨。阴生种多生于阴湿的林下,如蹄盖蕨科、鳞毛蕨属。湿生种多生长在溪流旁或沼泽地带,如木贼科、金星蕨科。

②石生蕨类:石生蕨类生长在岩石缝隙中,非常耐旱,如卷柏科的卷柏。

③附生蕨类:附生蕨类大多生活在热带雨初中的乔木上,如巢蕨。

④水生蕨类:水生蕨类的种类不多,都生活在淡水中。它们当中有的漂浮在水面上,如槐叶萍、满江红等;有的则是整个植物体沉入水中,如水韭属。

卷柏

(2)蕨类植物标本的采集

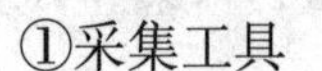
①采集工具

A 小抄网(用纱布或尼龙纱制作):用于采集水生蕨类植物。

B 掘铲或小镐:用于挖掘蕨类的地下茎。

C 采集袋:用于盛装全部采集用具用品和标本。

D 塑料袋(大小各种型号):用于临时保存标本。

E 大、小标本夹和吸水纸:用于装压标本。

F 野外记录册、铅笔、标本号牌和钢卷尺:用于记录标本。

②采集方法

蕨类植物营养器官的结构、大小和质地,均和种子植物接近,因此,采集方法与种子植物的采集类似。但应注意以下几点:

A 采集地点。大多数蕨类植物性喜阴湿,多生活在阴湿地方,所以采集时,应多到阴坡、沟谷和溪流旁查找。

B 采集的标本要完整。标本的完整性主要指以下两个方面:

a.根、茎、叶要完整。在蕨类植物中,绝大多数是真蕨纲植物,而真蕨纲植物大多没有地上茎,茎生在地下,叶大多为羽状复叶,单叶的种类很少,同学们常误将羽状复叶的总叶柄看成地上茎,将复叶上的羽片或小叶看成一片片叶,因此在采集时,往往只揪一片叶。要指导同学们将一株蕨类植物的根、茎、叶采全。

b.采集的标本孢子叶或营养叶上要具备孢子囊群。孢子叶和孢子囊群是蕨类植物分类的重要依据。有些蕨类植物如荚果蕨,叶有营养叶和孢子叶之分,对这样的种类,须同时采集两种叶;有些蕨类植物,如蕨只有营养叶,但营养叶生长到一定时期,在小叶背面出现许多孢子囊群,对这样的种类,要采集带有孢子囊群的叶。所以,蕨类植物的采集有时间性,即必须在出现孢子叶或营养叶上出现孢子囊群时进行采集,在北方,这时间大多是盛夏季节。

C 采集的标本要尽快放入小标本夹中压好。由于蕨类的叶大而零散,而且生于阴湿环境,叶面角质层薄,质地柔软。这样的标本如果在阳光下放置时间过久,或在采集袋中反复挤压揉搓,就会萎蔫变形,小叶重叠,给标本压制工作带来很大困难。因此,采集后最好立刻放入小标本夹中压好。万一做不到这一点,也应该放入大塑料袋中暂时保存。一般标本在塑料袋中只能保存 3~4 小时不萎蔫,所以不能存放时间过久。

D 做好采集记录工作。蕨类标本采集后,应及时编号和记录。

（3）蕨类植物标本的制作

①腊叶标本

采集的蕨类标本主要以腊叶标本的形式保存。其腊叶标本的制作方法，与种子植物的腊叶标本基本相同。但在制作过程中应注意以下两个问题：

A 标本压制时，要将叶进行反折，使背腹面都能展现出来，以便能同时观察叶的背腹面形态特征，尤其是营养叶背面生长孢子囊群的种类，更要将其背面在台纸上展现清楚。

B 羽状复叶如果过大，可以折叠，经过折叠还大时，可剪取部分小叶进行压制，但要将整个的形态在采集记录册中详细记录。

②乳胶粘贴法

随着工业的发展，越来越多的化学合成黏合剂可以用来喷涂粘制植物标本，例如乳胶。乳胶粘贴法在保持标本完整性以及使用、保存等方面都有良好的效果。其中有用聚苯乙烯颗粒兑水隔热加温制成糊状物来涂刷植物标本的，也有用醋酸乙烯乳液刷粘植物标本的，一般用醋酸乙烯乳液刷粘植物标本效果较好，它的主要优点是取材方便，操作简便，粘力较强，透明度高，并有速干的特点，故此乳胶粘贴法又被称为“快速制作法”。

醋酸乙烯乳液即市售“乳胶”，一种乳白色的乳状胶合剂，是黏合木材的常用品。用它粘制植物标本，不足之处是对花的保色较差，甚至变色，但对一般植物的茎（枝）叶来说，它却既可保色，而且干后能使青枝绿叶的植物标本显得更加光亮鲜嫩。

用乳胶粘贴法制作蕨类植物标本的具体操作方法如下：

选取带有孢子囊的蕨类植物叶或连同根状横茎一起挖出的整株标本，除去茎、叶上的浮尘，清理整洁后放在台纸上（如叶部太长，可折成 N 形或 W 形）。如需制作大型整株标本，则放标本的大张台纸要固定在三合板（或五合板）上。适当地翻过一些叶片，使标本上的叶片既有正面的，也有反面的。

用毛笔或小平板毛刷蘸上乳胶，在叶柄下面的台纸上涂刷一层乳胶，随即把叶柄向下压粘在台纸上；对于带有横茎的标本，也需同样处理。接着，自下而上一片一片地掀起叶片，用乳胶固定在台纸上。整个标本用乳胶固定后，再在叶面、叶柄和横茎表面涂刷一层乳胶，10余分钟后乳白色的胶层逐渐变干，形成一层平整光洁的透明薄膜，标本就显出光亮鲜嫩的外观。小型标本可在小张台纸上加贴标本签，大型标本则需另加适当字形的专题标注。

涂刷标本表面的乳胶时，也可连同整个台纸一起刷乳，效果很好，但需注意刷胶均匀，以防台纸发皱，刷胶后还要加压使之平整。

用这种方法制作标本，特点是速制速成，平整光洁，适用于课堂教学或提供科普展览。保存时最好在上面盖一张黑纸防止长期曝光褪色。此外还要注意防潮、防水。

(4)蕨类植物标本的保存

蕨类植物标本的保存和一般干制植物标本的方法基本类似，在此不赘述。

8.苔藓植物标本的采集与制作

苔藓植物是一种形体较小的高等植物，没有真正根、茎、叶的分化。全世界有23000余种，我国有2800多种。苔藓植物的营养体即配子体，它的孢子体不能独立生活，寄生或半寄生在配子体上。

(1)苔藓植物的种类和分布

苔藓植物的适应性很强，分布广泛，在高山、草地、林内、路旁、沼泽、湖泊乃至墙壁屋顶，都有它的分布。根据生长环境的不同，可把苔藓植物分为水生、石生、土生、木生等4大类型。

①水生苔藓：由于水生环境多种多样，不同水生环境又生长着不同的苔藓植物，在有机质比较丰富的水中，有漂浮的浮苔属、钱苔属；在流水中物体上生长的有水藓属、曲柄藓属、苔藓属、垂枝藓属、拟垂枝藓属、青藓属等；静水中物体上生长的有柳叶藓科；沼泽中生长的有泥炭藓属。

②石生苔藓：生长在岩石上的苔藓植物比较多。由于岩石的酸碱度和湿度不同，所

生长的苔藓植物种类也不同。如酸性高山岩石上生有黑藓属、砂藓属；干旱岩石上生长的有紫萼藓属、虎尾藓属、牛舌藓属；潮湿岩石上生长的有提灯藓属和一些苔类。

③土生苔藓：土生苔藓植物的种类最多。土壤性质不同，生长的苔藓种类也不同。在腐殖质丰富、含氮量高的土壤上，常生长着葫芦藓属、地钱属等；酸性土壤上常生长曲尾藓属、仙鹤藓属等；中性土壤上常生长提灯藓属、羽藓属等；碱性土壤上常生有山羽藓属、绢藓属等；含钙量高的土壤上，常生有墙藓属。

④木生苔藓：在林内附生在树上和倒木上的苔藓植物，有光萼苔属、耳囊苔属、羽苔科、平藓科等。

(2)苔藓植物标本的采集

①采集工具

A 小抄网：用于捞取漂浮水面的苔藓。

B 采集刀(可用电工刀代替)：用于采取石生和木生苔藓。

C 镊子：用于采取水中、沼泽中的苔藓。

D 纸袋(12 厘米×10 厘米)：用于盛装苔藓标本。

E 塑料瓶：用于盛取水生苔藓。

F 采集袋、塑料袋、曲别针(或大头针)、采集记录册、铅笔等。

②采集方法

A 对不同生长环境的苔藓植物，要用不同方法采集。

a.水生苔藓——对于漂浮水面的种类，可用小抄网捞取，然后将标本装入塑料瓶中。对于生长在水中物体上或沼泽中的种类，可用镊子采取，采集后，将标本放入塑料瓶内或将水甩净后装入纸袋中。

b.石生、树生苔藓——对于生长在石面的种类，可用采集刀刮取。对于生长在树皮上的种类，可用采集刀连同一部分树皮剥下。对于生在小树枝或叶面上的种类，可采集一段枝条或连同叶片一起采集。

c.土生苔藓——对于松软土上生长的种类，可直接用手采集。稍硬土壤上的种类，则要用采集刀连同一层土铲起，然后小心去掉泥土，将标本装入纸袋中。

B 要尽量采集带有孢子体的标本。苔藓植物孢子体各部分的特征，在分类上有重要价值。采集时，要保持孢子体各部的完整，尤其是孢蒴上的蒴帽容易脱落，要注意保存。

C 做好采集记录。标本采集后，应及时编号和填写采集记录册。

填表说明：

生长环境是指苔藓植物生活的具体环境，如林中、林下、林缘、草地、岩面、土坡等。

基质是指苔藓植物附生的物体，如水中岩石、水中朽木、树皮、树叶、土壤等。

营养体生长形式是指直立、倾立、匍匐、主茎横卧枝茎直立、主茎紧贴基质枝茎悬垂等。

孢蒴是指孢蒴做成标本后容易变化或不易区分的性状，如姿态下垂、上举、倾斜等。

(3) 苔藓植物标本的制作

苔藓植物标本的制作和保存比较简单，一般用以下两种方法。

①风干标本

苔藓植物体小，容易干燥，不易发霉腐烂，而且在干燥的状态下，颜色能长期保存。因此非常适宜制成风干标本，并用纸质标本袋长期保存。

②压制腊叶标本

各种苔藓植物都可制作腊叶标本，尤其是水生种类和附生在树枝、树叶上的种类，更适合用腊叶标本保存。其制作方法与制作种子植物腊叶标本相同。但要在标本上盖一层纱布，以防止有些苔类标本粘在盖纸上。

(4) 苔藓植物标本的保存

干制的苔藓植物标本，除用标本台纸或装盒保存外，还可放在牛皮纸袋内长期保存。

入袋保存前，先将标本放在通风处晾干，去净所带泥土，然后放入标本袋中。

将牛皮纸折叠按照图折成长方形纸袋。放入标本后，将折在背面袋口互相交叉叠

好，在纸袋外面加贴标本签，注明标本的名称、学名、采集地点、采集人等。装袋的苔藓植物标本，可放在木盒或纸盒内长期保存。标本数量较多，需较有系统保存时，要另备标本柜。与此同时，要填写标签，写明学名、产地、采集人和编号，将标签贴在标本袋上，并在登记簿上登记，然后入柜长期保存。

标本柜的大小和抽斗的多少可自行设计。标本柜的高度考虑取放标本方便；每个抽斗的宽度要以能横放标本纸袋为准，抽斗外面设有拉手和标本卡片框。标本柜宜放在干燥的地方，抽斗里放些防腐、防虫剂，同保存其他植物标本一样要注意防潮、防虫。

9.地衣植物标本的采集与制作

地衣是多年生植物，全世界共有25000余种，我国约有2000种。每一种地衣都是由1种真菌和1种藻组合的复合有机体。

(1)地衣植物的种类和分布

地衣的适应能力极强，特别能耐寒、耐旱，广泛分布于世界各地，从南北两极到赤道，从高山、森林到沙漠，从潮湿土壤到干燥岩石和树皮上，都有它们的存在。地衣因生长基物的不同，可分为附生、石生和地上土生等3大类型。

①附生地衣：本类型大多附生在森林、灌丛中的树上，各种地衣在树上的分布常有其固定的部位，呈现出规律性分布。附生在树冠上的地衣，主要是枝状地衣，如松萝属、雪花衣属等；在树干上部，由于树皮光滑，大多附生壳状地衣，如文字衣科、茶渍科、鸡皮衣科等；在树干中部和基部，树皮粗糙，多少都贴生着苔藓植物，因此，树干的这两个部位大多附生叶状地衣，如梅衣属、蜈蚣衣属、牛皮叶衣属、地卷属等。

②石生地衣：在裸露岩石上主要是壳状地衣，如茶渍科、鸡皮衣科、黑瘤衣科、石耳科、黄枝衣科、橙衣科、梅衣科等；在有苔藓植物的岩石上，主要是叶状地衣，如梅衣科、胶衣科、地卷属、石蕊属等。

③地上土生地衣：在本类型中，既有壳状地衣，也有叶状地衣，如石蕊属、皮果衣属和猫耳衣属等。

(2)地衣植物标本的采集

①采集工具

A 采集刀:用于采集树皮上的壳状地衣和叶状地衣。

B 锤子和钻子:用于采集石生地衣。

C 枝剪:用于剪取树枝上的各种地衣。

D 采集袋、放大镜、包装纸(可用旧报纸)、小纸袋、钢卷尺、采集记录册、铅笔、号牌等。

②采集方法

A 壳状地衣的采集:此类地衣,由于没有下皮层,髓层的菌丝紧紧贴在基质上,很难与基质分离。采集时,必须连同基质一起采;对地上土生的可用刀挖取;对树枝上着生的,可用枝剪连同树枝一起剪取;对在树干上着生的,可用采集刀连同树皮一起切割;对石生的,须用锤子和钻子将所着生的石块敲打下来。

B 叶状和枝状地衣的采集:这两类地衣,前者具有下皮层,后者植物体圆筒形,体表均具皮层。因此,以皮层上的假根和脐固着在基质上,与基质的结合不太紧密,容易剥离。采集时,不能用手抓(注意这是同学们常用的方法),要用刀从基质上轻轻剔剥下来,防止将地衣碰碎。

采集地衣标本,不受季节限制。因为除了有些不产生子囊果的种类外,一般地衣在一年四季都能产生子囊果和子囊孢子。因此,一年四季均可采集。

③记录

地衣标本采集后,放入小纸袋中,纸袋上写清采集号数,然后在采集记录册中进行记录。

(3)地衣植物标本的制作与保存

地衣标本制作与保存比较容易。一般多用风干的方法,使标本自然干燥,然后放入小纸袋中保存。对于叶状和枝状地衣,也可以按照种子植物腊叶标本压制方法,用标本

夹压干,装帧成腊叶标本保存。

10.大型真菌标本的采集与制作

真菌有 10 万余种,在植物界中,其种类之多仅次于种子植物。真菌的种类虽多,但大多数的种类体型微小,不易发现。对同学们来说,容易观察和采集的是大型真菌。

大型真菌是指真菌中子实体较大的子囊菌和担子菌,全世界共有 10000 余种。常见种类有盘菌类、木耳类、银耳类、多孔菌类、伞菌类、腹菌类等。这些大型真菌的子实体,形态多种多样,有盘状、碗状、马鞍状、羊肚状、伞状、球状、扇状、笔状、脑状、耳状、块状、喇叭状等。子实体的质地也不相同,大多为肉质,有的为革质,还有的为木质、木栓质,以及胶质、膜质等。子实体的不同质地,使得采集和标本制作方法各不相同。

(1)大型真菌的种类和分布

大型真菌分布广泛,山林、草原、田野、庭院等处都能见到它们。根据其生长环境的不同可分为以下几种类型。

①地生真菌:大型真菌大多为地生,如各种伞菌、盘菌、腹菌等真菌,都生长在沃土或粪土上,利用土中丰富的有机物形成地下菌丝和子实体。

②木生真菌:木生真菌有的寄生在活的树木上,有的腐生在枯立木、倒木或伐木桩上。各种多孔菌、银耳、木耳等都是木生真菌。

③共生真菌:伞菌、多孔菌和盘菌中的一些种类,其地下菌丝常与某些种子植物的根结合在一起,形成菌根。共生真菌通过菌根,一方面,从种子植物根上吸取自己需要的有机养料;另一方面,又将自己吸收来的水分、无机盐供给种子植物使用,从而增加了种子植物的吸收面积,形成了共生关系。

(2)大型真菌标本的采集

①采集工具

A 平底背筐或塑料桶:用于盛放各种真菌标本。

B 掘铲和小镐:用于挖掘地生真菌标本。

C 采集刀、枝剪和手锯:用于采集木生真菌标本。

D 硬纸盒若干个:用于存放珍贵或容易破碎的标本。

E 漏斗形白纸袋(用光滑洁白的纸临时制作):用于包装肉质标本。

F 采集袋、采集记录册、铅笔、号牌等。

②采集时间

采集大型真菌,首先要了解它们子实体的发生时间。子实体在春季发生的比较少,仅羊肚菌属、马鞍菌属等发生于春末,多数真菌发生于夏秋两季,尤其是多雨的 7~8 月份出现最多;多年生的多孔菌如灵芝属,一年四季均可采到,但以春季和晚秋采集最为适宜。

③采集方法

A 地生和共生真菌的采集:同学们遇到各种地生真菌时,常常用手去拔,这样做,既容易损伤地上的子实体,也很难将子实体菌柄下端的地下菌丝拔出土外。正确的做法是用掘铲和小镐小心挖取,如果没带掘铲和手镐,可用手轻轻捏住子实体的菌柄基部,缓慢地将菌柄转一周,然后拔出,这样就能将地下菌丝带出土外。在整个采集过程中,要注意保持子实体的完整,对各部分都不要损伤,如菌环、菌托、盖面、柄上的绒毛和鳞片,以及菌幕残片等,都要注意保护。共生真菌的采集方法与地生真菌的采集相同。

B 木生真菌的采集:应将标本连同一部分基物一起采集,可用采集刀、枝剪、手锯等工具采集。

④标本的临时保存

标本采集后,要立即分别包装,以免损坏和丢失。不同质地的标本,包装方法不同。

A 对肉质、胶质、蜡质和软骨质的标本,可用光滑洁白的纸做成漏斗形的纸袋包装(现用现做,其容积随标本大小而定)。包装时,菌柄向下,菌盖在上,放入牌号,包好上口。然后将包好的标本放入筐或桶内。如采到稀有、珍贵或容易破碎的标本,可放入硬

纸盒内，周围充填洁净的植物茎叶，并在盒壁上穿些孔洞，以利通风。

B 对木质、木栓质、草质和膜质的标本，采集后，先拴上号牌，再用白纸分别包装即可。

⑤野外记录

标本采到后，根据标本特征，在采集记录册中逐项填写。

填表说明：标本采集部位是指木生菌类的标本在树上的着生部位。

填表说明：

生长环境：生物生长地域的环境。

基物：指地上、腐木、立木、粪上等。

生态：指单生、散生、群生、丛生、簇生、叠生等。菌盖包括直径、颜色、黏度、形状等，均须记录。

菌肉：包括颜色、气味、伤后变色等。

菌褶：包括宽度、颜色、密度、是否等长和分杈等。

菌管：包括管口大小和形状、管面颜色、管里颜色、排列状态等。

菌环：包括质地、颜色等。

菌柄：包括长度、直径、颜色、基部形态、有无鳞片和腺点、质地、是否空心等。

菌托：包括颜色、形状等。

孢子印：包括颜色等。

附记：包括用途、是否有毒、产量等。

⑥采集中应注意的问题

大型真菌中，有不少有毒种类。在采集中，同学们对采到的真菌标本鉴定时绝不能口尝，更不能随便把一些不认识的种类，当作食用菌带回食用。

(3) 大型真菌标本的制作和保存

①浸制标本

凡是白色、灰色、淡黄色、淡褐色的标本，可选用下列浸制液配方中的一种：

配方 1——甲醛 10 毫升、硫酸锌 2.5 克、水 1000 毫升。

配方 2——50%酒精 300 毫升、水 2000 毫升。

凡是颜色深的标本，为保持颜色，可用下列配方保存：

A 液——2%～10%硫酸铜水溶液；

B 液——无水亚硫酸钠 21 克，浓硫酸 1 克，溶于 10 毫升水中，再加水至 1000 毫升。

保存时，先将标本放入 A 液中浸泡 24 小时，取出用清水浸洗 24 小时，然后转浸入 B 液中长期保存。

②风干标本

对木质、木栓质、革质、半肉质和其他含水分少不易腐烂的标本，可作干制标本。其做法：先将标本放在通风处风干或放在日光下晒干。如果阳光充足，肉质标本也可晒干做成干制标本。标本干后，放入标本盒，并加樟脑粉和干燥剂，盒外贴上标本签，即可长期保存。

③腊叶标本

肉质标本还可以制作腊叶标本。其方法是取一张薄的白板纸，在纸上涂一层 15%的动物胶或蛋清，使其干燥。同时，将肉质标本纵切成均等的两半，将其中一半的菌伞和菌柄内的菌肉挖空，只剩下一层薄壳；另一半沿纵轴切下一层薄片，这薄片应完整地表示出子实体的各部分。然后将上述薄壳和薄片两个标本贴在涂有动物胶的纸上（薄壳的空腔朝向动物胶），再在上面放一层纱布，放入标本夹中压制，这样压干的标本不会卷缩。压干后，再贴在台纸上，按照腊叶标本装帧的方法做成腊叶标本。

④制作孢子印

能做孢子印的真菌，大多属于担子菌。当担子菌的子实体成熟时，菌伞张开，大量的孢子就从菌褶上散落下来。此时，用特别准备的纸接取，被粘在纸上的孢子就叫作孢子印。各种担子菌的孢子形态、颜色、菌褶大小、菌褶和菌管形态不同，彼此的孢子印也就不一样。这样，孢子印就成为鉴定真菌标本时不可缺少的一个根据。

用来制作孢子印的标本，应该是菌伞已经张开，但不过熟，而且菌伞必须完整。把标本选好后，取一张稍厚的纸，涂上15%的动物胶或蛋清，干燥后待用。纸的颜色视孢子的颜色而定。如果是黑色孢子，则用白纸；反之，则用黑纸；如果不知道孢子颜色，则把一半白纸一半黑纸拼接使用。在准备纸的同时，用铁丝做一个比菌盖稍大的圆圈，铁丝的一端弯向圆圈中央，使其末端向上弯曲成短柱状。

上述准备工作完成后，用刀片将标本的菌柄齐菌盖处切掉，用铁丝短柱插在菌盖中央的菌柄切断处。然后将这套装置放在涂有动物胶的纸上，为了防止风吹孢子或落上灰尘，应罩上玻璃罩或纸套，静置4~24小时，成熟的孢子就会落到纸上，形成了一张与菌褶或菌孔排列方式完全相同的孢子印。

孢子印制做好后，要及时记录新鲜孢子的颜色，并将其编上与其他同种标本相同的号数，一起保存，以备鉴定时查用。注意不要用手抚摸孢子印，以免造成损坏。

11.藻类植物标本的采集与制作

采集藻类标本要以各种藻类的生态环境、生活习性为基础。藻类主要分布在水中，如湖、河、海洋，可分为固着、漂浮、浮游3类。在陆地潮湿处也有分布。从气候条件看，一般在温暖季节，藻类的种类和数量较多。有一些种类如蓝藻在气温较高时生长特别繁盛；也有些种类如硅藻、甲藻在气温凉爽时较多。

(1)藻类植物的种类和分布

藻类在自然界分布很广，江河、湖泊、水库、小溪、池塘、积水坑、沼泽、冰雪、温泉、土壤、岩石、树皮、墙壁乃至花盆外壁上，都有它们的踪迹。根据各种淡水藻类生长环境中水的多少和有无以及藻类本身的生活方式，将它们分为以下几种生态类型：

①水生藻类——水生藻类是生活在各种淡水水域中的藻类植物，根据它们在水中的生长方式，又分为浮游藻类、附生藻类等。

A浮游藻类是淡水藻类中种类最多的一类。它们自由浮游在水中，身体大多由单细胞组成，体型微小，肉眼无法观察。在它们当中，有的种类具有鞭毛，能自由运动；有的不具鞭毛，只能随水漂浮。裸藻门、绿藻门、金藻门、甲藻门、黄藻门、硅藻门、蓝藻门中，都有淡水浮游藻类的存在。

正因为淡水浮游藻类由不同类群的藻类组成，它们对水质的要求和生长季节常不相同。例如各种裸藻喜在温暖夏季有机物丰富的水中生活；各种绿藻在春、秋两季生长旺盛，其中的鼓藻喜微酸性水质；各种金藻多在寒凉的秋末至次年早春出现；各种甲藻喜在温暖夏季碱性水中生活；各种硅藻喜在冷水中生活，春、秋两季出现较多；各种蓝藻在夏季生长旺盛，喜在营养丰富的水中生活，常集聚水面，形成“水花”。因此，采集浮游藻类前，应先了解它们的生态习性，否则不易采到所需的标本。

B 附生藻类附生在水中各种物体上，如石块、木桩、水底高等植物及其他藻类植物体上。它们多数是分枝或不分枝的丝状体，少数为群体和单细胞类型。

②亚气生藻类——亚气生藻类大多生长在潮湿土壤表面、潮湿岩石表面、树干基部和水花飞溅处等处。生长环境潮湿，藻体半沉浸在水中。

③气生藻类——气生藻类生长在树皮、树叶、岩石、墙壁、花盆壁等处。藻体暴露在空气中，生活期的大部分时间缺水，但仍能生存，一旦遇到雨水，立即恢复生命活动。

(2)藻类植物标本的采集

①采集工具

A 浮游生物网：用于采集各种浮游藻类。浮游生物网可以自己制作，一般用 25 号(网孔为 0.06 毫米)筛绢做成。在湖泊内应用的浮游生物网为圆锥形，口径约 20 厘米，网长约 60 厘米。

制作时，可用直径 3~4 毫米的铜条或粗铅丝作一环，来支持网口，使它呈环形。用金属(如铝、钢精或铜)或玻璃小筒，套结在网底，通常称为网头，用来收集过滤到的藻类。由于滤液内有浮游动物，如时间放得较久，往往藻类有不少被浮游动物吞食，所以若不马上观察，需用固定液固定。若用来分离藻种，可用 13 号筛绢(网孔 0.1 毫米)再将滤液过滤一次备用。有些地方购买筛绢较困难，也可不用浮游生物网，而用采水瓶，或一般器

皿。但因藻类个体较少，最好多采些水样，待沉积后观察。

B 采水瓶：采取垂直分层定量藻样和水样需用采水瓶。这种工具式样规格繁多，如图是可以自制的简易采水瓶，比较实用。

制作方法是取一个 500 毫升（或 1000 毫升）的广口瓶，瓶底附一块重 1.5 千克的铅块（或不锈钢块），用铅丝固定在瓶底。瓶口橡皮塞穿 3 个孔，一孔插进水的长玻璃管，一孔插排气和出水的短玻璃管，一孔插温度计。进水管与出水管的上端都高出塞面 3 厘米左右，进水管下端接近瓶底，出水管下端接近塞底。用一根长约 24 厘米的软橡皮管，一头紧套在排气管上，不使脱落；另一头则较松地套在进水管上，并在此处扎一根细绳（既要扎牢，又不能影响以后排水）。还要在瓶颈上扎一根较粗的绳子，以沉下或拉起水瓶。

采样时，将采水瓶沉没到规定水层，向上拉细绳，使橡皮管与进水管脱开，水即可迅速进入采水瓶（为使进水速度快些，玻璃管内径最好粗些，在 10 毫米以上）。待 3~5 分钟后，将瓶提出水面，先看水温，再倒出水样。

C 小桶：用于临时盛放或采集水生浮游藻类标本。

D 标本瓶：用于盛取水生藻类。

E 吸管：用于吸取浅水中的浮游藻类。

F 小铲、采集刀和小锤：用于采集附生藻类和气生藻类。

G 采集袋、纸袋：用于盛装亚气生、气生藻类。

H pH 试纸：用于测试水体 pH。

I 温度计：用于测量气温和水温。

J 镊子、采集记录册、铅笔、号牌等。

K 固定液（甲醛固定液和鲁哥氏液）：用于固定保存藻类标本，其配方见本书标本制作部分。

②藻类采集的一般方法

藻类分布极广，在不同环境条件中，藻类的组成成分是不同的。因此，采集不同环境中的藻类,应根据它们的生长情况,采取不同方法。

A 着生藻类:对于生长在其他物体上较大型藻类,一般用手或镊子采取。应尽可能采取整个植物,包括它们的基部等。生长在石上的,最好用采集刀刮取;生长在水生高等植物上的,要用镊子取下生长藻类最多的部分叶、茎一同保存(尽可能记下植物名称);生长在土壤上的,最好用采集刀或小铲取,尽可能少带泥土(如专门做土壤藻类研究,则应分层采土,进行培养);生长在树干上的,要用采集刀削取。

微型藻类中也有不少是着生的,更有一些混生在其他植物(如苔藓等)之间,在有这类藻类生长的部位,常具有各种颜色的斑点、斑块、颗粒、黏质层、皮壳状、薄膜等标志,应选择生长最多部分用刀刮取或削取。岩石上不易刮下的种类,如急流中或海岸岩石上的藻类可敲取或取小石块一同保存。

B 漂浮藻类:在各种静水水体中,常漂浮一些丝状藻丛。采集时应注意取同一藻丛上不同颜色部分或不同颜色的藻丛,特别是变成黄褐色部分常为生殖时期的植物体。如采集较长的、分枝的藻类,不宜折取一段藻体,而应尽可能采整体。

C 浮游藻类:先准备好浮游生物网,然后在水面较宽、较深水体中采集。

③各种藻类的采集

A 蓝藻

a.生活环境及主要形态特点

a)念珠藻属:生活在水中、湿土或石头上。念珠藻是由许多丝状体埋于胶质中构成的胶质球,放在低倍显微镜下观察,可见丝状体的细胞呈圆球状顺序排列,连成弯曲的丝,每条丝外被有胶质鞘,整体如同念珠,故名念珠藻。供食用的地木耳、发菜和葛仙米都属念

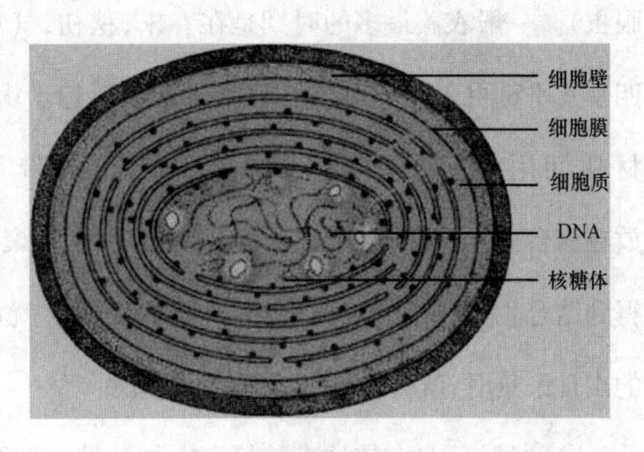

蓝藻细胞图

珠藻。

b)颤藻属:颤藻是最常见的蓝藻,生活于湿地或浅水中,特别在污水中生长最为旺盛。污水中生长旺盛的颤藻呈暗绿色(或稍带褐色,呈泡沫状),一片片浮生于水面。低倍显微镜下的颤藻为蓝绿色的单列细胞丝状体,高倍显微镜下观察颤藻,可以见到丝状体作左右摆动运动,故名颤藻。

b.采集要点

a)念珠藻可在雨季湿地或阴湿的石块上找到。采集时用长镊子轻轻夹起,放入容器内带回实验室镜检。

b)颤藻在污水沟或有机质丰富的湿地上都能采到。颤藻暗绿色,块状或片状,有臭味,手摸有滑腻感,握时有气泡发生。用长竹筷或大镊子挑取采集,放入容器内带回实验室镜检。

B 绿藻

a.生活习性及主要形态特点

a)衣藻属:衣藻分布很广,绝大部分在淡水中。一般生活在有机质丰富的不流动的水沟、水池或临时水洼中,在流动性的或清洁的水池里较少。南方农民用的粪池或粪缸中(一般在粪不多而上层有较多水的缸),经常有纯粹的衣藻群,致使水呈绿色(有时还有眼虫)。一般衣藻最多的时期是在春末、秋初,气温在10~20℃,在上海、江浙一带,一年四季几乎都可采到。形成胶鞘体的常在渐趋于竭的水池岸边。如欲得到较多且纯粹的材料,可用大的广口瓶盛入2/3有衣藻的池水带回。瓶的一面用黑纸遮起,另一面承光,放在窗台上。这样,由于衣藻具有趋光性,大量聚集于光亮面,然后用吸管吸取备用。要得到结合生殖时期的衣藻,当气候骤然变化时就可能采到。如在上海,当冬季寒潮到来的次日采集时,就会发现结合状态的衣藻。

b)水绵属:多在较洁净的静水中如池塘、湖泊中生活,很少生活于流水中,是淡水中分布很多的绿藻。植物体是由长筒形细胞连成的丝状体。每个细胞里有一条或几条叶绿体。叶绿体呈带状，螺旋式地盘绕于外围贴壁的细胞质中。细胞壁外层有果胶质，手感滑腻。

b.采集要点

a）衣藻：在有机质较多的池塘、湖泊污水中，养鱼缸里，雨季的积水处，衣藻可形成纯群。大量繁殖时，能使水面呈草绿色。采集时，用塑料勺舀水倒进水桶或广口瓶，带回实验室后再置换到透明玻璃缸或玻璃瓶里，放在有阳光处，过了不久，即可见玻璃缸（瓶）壁与水面交界处的向阳面有绿色衣藻的纯群，这是衣藻向光驱动而集聚的结果。用吸管自衣藻的纯群处吸一滴绿水镜检。

注意两点：一是当外界气温低于10℃时往往不易采到衣藻；二是切忌将眼虫藻误认为是衣藻。

b）水绵：开春化冻至结冰之前，在静水池塘或积水处均可见到鲜绿色的结成块状成团浮于水面的绿藻，用解剖针挑取少许，手摸有滑腻感，便可初步认定是水绵。用水网或大竹镊子捞取，放入塑料桶内，带回实验室镜检。

C 裸藻

a.生活环境及主要形态特点：眼虫藻属是一种常见的绿色裸藻类，在春、夏、秋三季中常生活在小的污水沟中，附着在水底杂物上。生长旺盛时可形成纯群，使水呈草绿色。眼虫藻有1条或2条、3条鞭毛，是能游动的单细胞植物。细胞呈纺锤形，细胞内中有叶绿体（也有无色的类型），后端较尖或不明显。因其体表有一层周质膜、无纤维素的细胞壁，所以运动时可不断变形。低倍显微镜下可以看到靠近细胞前端一侧的细胞质中有一红色的眼点。

b.采集要点：在污水沟中，取草绿色的水放进小塑料桶带回实验室镜检。

镜检时要注意区别眼虫藻和衣藻：a）两者的细胞形状不同；b）两者细胞内叶绿体的形状不同。

④采集记录

每采一份标本，都应写好号牌，将号牌投入标本瓶或小纸袋内，并及时填写采集记录册。

12.藻类植物标本的制作与保存

(1)风干标本

气生、亚气生藻类标本，可直接装入纸袋中，风干保存。标本橱中应放入樟脑防虫。

(2)腊叶标本

附生藻类可制成腊叶标本保存。藻类植物腊叶标本的制作方法与水生种子植物的腊叶标本的制作方法基本相同，但由于藻类标本所含的胶质多，压制时，应在标本上覆盖纱布，以免粘连在吸水纸上。藻类植物腊叶标本的制作方法主要有以下几个步骤：

①漂洗标本

不论是从湖泊还是沿海一带采回的各种藻类标本，均须放入盛有淡水的桶(盆)中漂洗，把标本上残存的泥沙和盐分洗净。

②移到纸上

洗净后的藻类标本再次放入清水桶(盆)内。根据标本的大小，取一张较厚的白纸(一般的图画纸或小块台纸)放在托板(薄木板或塑料板)上，左手持板入水，右手从桶(盆)内选取标本，将标本移放在托板的白纸上，用毛笔在临近水面处调理标本姿势，然后斜向将托板轻轻取出。出水过程不可操之过急，既要使白纸不漂离托板，又要使标本不离纸、不移位。出水后的标本，仍须调姿梳理，最好采用小皮头吸管适量地喷冲调姿的办法。

③加压脱水

把托板上的标本连同白纸一起取下，放在标本夹内的吸水纸上。根据标本的大小，取一块棉纱布盖在标本上，主要是防止带有黏胶质的藻类与吸水纸粘连在一起；然后再在标本上盖几张吸水纸，另放其他的藻类标本。全部标本放好后压紧标本夹，放到干燥处脱水。初放进标本夹的藻类标本当天需换纸两次，换纸的同时也要另换干燥的纱布。

在比较干燥的室内条件下，一般每天换纸1次，经5~7次后即可压干。

④台纸固定

由于藻体表面有黏胶质，加压后干燥标本已较好地粘在白纸上，无须再加工固定。如需将粘在白纸上的标本移放到植物标本台纸上，可在白纸背面沿边缘适当涂些胶，粘在台纸上就行；有些较长的标本不易粘稳，可用玻璃纸条予以固定。

漂洗标本时可去掉标签；用托板移取标本前要在白纸上用铅笔注明标号（或名称）后再撤掉标签，以免混淆标本的序号或名称。

（3）浸制标本

浮游藻类和附生藻类都可以制作浸制标本。浸制标本所用的固定液种类很多，常用的有以下几种。

①甲醛水溶液。为最常用的固定液，用于固定浮游藻类时，一般可用2%~4%的浓度。其中，固定蓝藻可用2%；固定裸藻和绿藻可用3%；固定鼓藻除用3%浓度外，还要滴加几滴醋酸；对于附生藻类，可用4%~6%的浓度。

②鲁哥氏液。鲁哥氏液最适于固定保存浮游藻类，其优点是能防止鞭毛收缩，并使绿藻的淀粉核变为蓝紫色，便于识别和计算藻体数量。

配方：碘4克、碘化钾6克、蒸馏水100毫升。

配法：先将6克碘化钾溶于20毫升蒸馏水中，搅拌均匀后再加入4克碘，搅拌溶解后，加入80毫升蒸馏水即成。

由于鲁哥氏液中的碘容易挥发，在配成24小时后，须加3%甲醛液，标本才能长期保存。

（4）玻片标本

对微小藻类，制作玻片标本的基本步骤，一是杀生、固定，二是冲洗及脱水，三是染色，四是透明及封藏。以下介绍几种方法：

①甘油封片不染色制作法

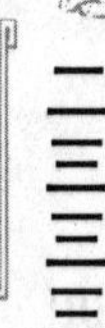

a.标本用4%福尔马林固定,时间12~24小时。

b.载玻片上滴一小滴10%甘油液,吸取沉淀于福尔马林液中标本,滴在甘油液中,用针轻轻搅动,使标本均匀散布。

c.将载玻片放在干燥器或其他容器内,注意防尘,使甘油中水分逐渐蒸发,时间随干燥情况而定。待甘油浓缩至原来1/2时,即可加1滴20%甘油,再静置使水蒸发,然后再加40%甘油。待甘油浓缩至原来容量1/2时,即可加盖玻片,仍使继续蒸发。

d.2~3天后,甘油近于无水状态,此时即可进行密封。

e.密封:需用洪氏两液,其配方为阿拉伯树胶20克、蒸馏水20毫升、水合氯醛17克、甘油3毫升、冰醋酸2毫升。用毛笔蘸上此液,涂在盖玻片四周边缘部分(0.5~1毫米),过1~2天,用刀轻轻刮去盖玻片四周不平整处,再用瓷漆在四周加固密封。

②甘油封片染色制作法(材料以丝状绿藻为例)

a.标本用弱铬酸-醋酸液固定24~48小时。

b.将材料倾入广口瓶中,瓶口用纱布包扎,然后在自来水龙头下冲洗(水量可小一些),以除去标本中固定液,时间至少24小时。

c.移入2%铁矾液中2小时。

d.再用自来水冲洗30~60分钟。

e.用0.5%海氏苏木色素染色3~24小时后,用水冲洗30分钟(苏木色素溶于蒸馏水中需10天,在这段时间中,需经常摇晃玻璃瓶,以加速溶解。此液配好后,需等两个月,待其自然氧化成氧化苏木色素后才能使用)。

f.用2%铁矾溶液分色,直到满意为止(如染色较浅,4~5分钟已足够)。再在水中冲洗30~60分钟(冲洗必须彻底,否则封藏后仍继续分色,最后完全失去颜色而失败)。

g.将标本放于2%甘油中,以后根据不染色法使甘油水分蒸发,逐级加浓,加盖玻片,以洪氏两液密封和瓷漆加固。

③甘油明胶法

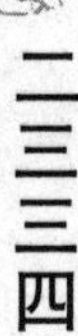

把含有藻类的一个水滴放在载玻片上，然后加上一滴3%甘油，用表面皿把标本盖上，再把标本拿到干燥地方放一昼夜，使水分蒸发。结果，藻类就停留在一薄层甘油中，然后把材料放入甘油明胶中。

甘油明胶的制备方法：先把4克明胶放在24毫升蒸馏水中浸2~3小时，然后加入28克甘油和一小块石炭酸晶体。把这些东西倒入烧瓶中，再放在水浴器内煮热，直到明胶完全溶解为止。不要煮得太久，否则就不易凝固。如果甘油明胶在过滤后仍然浑浊，那么要在溶解的甘油明胶中加入蛋白，使发生沉淀，再重新过滤。配成的甘油明胶在冷却后应为透明的半固体，其黏度可使制成片子侧立在切片盒中时材料不往下沉落。如没有达到这样黏度，可能因为所用明胶质量不好或其他成分不纯。

把材料放入甘油明胶的方法：将经过甘油脱水的材料从甘油中取出，或不需脱水材料（质地较硬，不会发生变形的）从固定剂中取出，在吸水纸上放片刻。然后取适当分量放在洗净载玻片上。材料所占面积的直径不可超过1厘米（用大盖玻片的不在此限），越小越好，立刻加上一块甘油胶，甘油胶多少，因材料大小而不同，通常比火柴头稍大即可。在有深罩的100瓦电灯下，用载玻片上的甘油胶熔化，也可用酒精灯代替电灯，但不可使玻片上的温度升得太高。另外也可将整瓶甘油胶在温水中熔化，用玻璃棒把一小滴甘油明胶加到玻片上，但此法有一个缺点，就是甘油胶一再熔化容易变质。

用镊子去掉已熔化甘油胶表面气泡，静置几分钟待其再度凝固，加上一片洗净盖片。用18毫米或22毫米方盖片，其大小视展开的甘油胶面积而决定。在盖片上轻压，使甘油胶展开成一薄层。在天气寒冷时，将手指在盖片上轻按片刻，使甘油胶能稍熔化而展开，展开后的甘油胶应为圆形，位于玻片中央。盖上盖片，使载片保持水平状态，直到完全凝固为止，过1~2周后，用火漆或指甲漆封住盖片边缘。

甘油明胶装片法是简便的低等植物玻片标本制作法。除简便外，还有另一个优点，就是不需要乙醇和二甲苯。至少有4点好处：一是经济；二是省时间；三是易保存材料原色，尤其是蓝藻和绿藻的颜色；四是材料不会发生明显收缩或变形。其中最后一点最重

要,因为这一类材料在乙醇及二甲苯中特别容易变形。但这种方法有一个重要缺点,就是制成片子不能持久。即使在盖片边缘用加拿大胶或漆封得很好,在应用中仍不能像用加拿大胶装作片剂所制片子那样经久耐用。并且在制作时还需十分小心,不能让丝毫甘油胶溢出盖片外,否则封边时就不能封密,因为甘油胶不易擦干净。

④甘油胶-加拿大胶改良封片法

此法是针对上述缺点加以改进,方法是在做好甘油胶装片后,且慢封片,而在盖一边加一滴稀加拿大胶,任其自行渗入盖片下空处而围在甘油胶四周。需要注意加拿大胶只能在一处加入,并注意浓度要适当。如在盖片边缘上两处同时各加一滴胶,盖片下就容易保留空气而形成气泡。

在封得好的片子中,甘油胶与加拿大胶的交界处应该是一条整齐的交界线;封得稍差的交界线内外有油滴或水滴;更差的交界线屈曲如齿状,甚至杂有气泡,这些缺点的原因可能是:载片或盖片未洗净,致使甘油胶在屏开时边缘不齐(在制作这一类不染色玻片标本时,未用过的新盖片及载片经肥皂水洗过或煮过,再用清水多次冲洗即可,不必用清洗液洗);或者加入加拿大胶后,盖片下有气泡,用针将气泡压出不尽时,可产生上述缺点。